# 穿過了

從人類服裝史發掘全球製衣體系背後的祕辛

# Worn

## A People's History of Clothing

索菲・譚豪瑟—著
林士棻—譯

Sofi Thanhauser

獻給父親，薩達・譚豪瑟

# 目次 *Contents*

## 第三篇　蠶絲



## 第四篇　合成纖維



## 第五篇　羊毛

# 序

我喜歡衣服。

在我從小長大的瑪莎葡萄園島（Martha's Vineyard Island）上，離家不遠處有個被當地人戲稱為「垃圾堆」（Dumptique）的地方。因為《紐約時報》旅遊版已經爆料太多島上居民的私房景點，我無法再昧著良心寫出它的確切位置，但不妨試著想像：在一片低窪的田野中，周遭長滿枝節扭曲、飽受風霜而發育不良的低矮橡樹，距市立掩埋場幾百碼之外，有座獨立卻不遺世的簡陋木屋，裡頭堆滿鍋碗瓢盆、書刊、老燈、破舊的拼圖以及好幾箱二手衣，直逼鐵皮浪板屋頂。

「垃圾堆」的東西都是免費的，每年夏天來島上避暑的有錢人總會留下一些平常人穿不到的衣服，混埋在丟棄的手作材料包之中，等著被眼光獨到的有緣人發現。年少時期，每週六我都會去「垃圾堆」挖寶，這樣一來我就能擁有從來無緣接觸、更別說是擁有的衣服，比方說深橄欖綠的羅登厚呢大衣、英國 Barbour 外套、一九五〇年代的鵝黃軟緞襯裡粉紅絲質小禮服、七〇年代的芬蘭 Marimekko Design Research 綠色連衣裙、綴著精美扇形邊的瑞士製襯衣、駝毛襯衫、Arche 女靴等等。漸漸地，我無可避免地被這些二手珍寶養刁了胃口。本來除了「垃圾堆」，我還會去法爾茅斯（Falmouth）的 TJMaxx 百貨逛街，如今對那些平價服飾完全看不上眼，我對衣服的眼光變得相當挑剔，再也回不去了。

在「垃圾堆」，我開始注意到舊衣的作工幾乎總是比新衣來得好，也更耐穿，這一點我在老電影裡也有同樣的發現。不管是洛琳．白考兒（Lauren Bacall）的西裝套裝還是安娜．卡麗娜（Anna Karina）完美的針織上衣，即使透過電影膠卷呈現，也完整保留了衣物的質感與端莊細膩，這在珍妮佛．安妮斯頓（Jennifer Aniston）身上穿的鬆垮人造絲襯衫是完全見不到的。

雖然老電影和「垃圾堆」的舊物只能帶我回顧二十世紀初期的過去，但「垃圾堆」西邊大約三英哩處有棟座落在小溪畔、建於一七四〇年左右的老屋，當時有位清教徒大家長在此築壩，他曾在菲力浦國王戰爭（King Philip's War）中擔任將軍，一戰成名。就如同許多英格蘭殖民時期屋宅的設計，這棟房子內沒有衣櫥，更確切地說，當時的人只需一個掛鉤或一根釘子就夠用了，證明那個時代家裡每人只有兩套衣服：一套週日穿，另一套週間穿，每兩天換洗一次。它們肯定相當耐穿。

在我看來，美國衣物的品質與耐久度每況愈下，這一點從我媽年輕時的回憶就足以佐證。她成長於一九五〇到六〇年代麻塞諸塞州的謝菲爾德市（Sheffield）。她念高中時，大家常把「她的衣服都是自己做的嗎？」當作笑話來揶揄只會念書或不受歡迎的女孩子。我媽說，這其實是在暗諷對方很窮的意思。可見在六〇年代的美國，除了高中生蠻橫無禮，自己做衣服仍然比在店裡買便宜。這也難怪，因為當時生產成衣是工會的工作，技術高超的衣匠在此付出勞力，賺取工資餬口並享受醫療保障。當時國際女裝服飾工會（International Ladies Garment Workers' Union，簡稱ＩＬＧＷＵ）是美國最大的工會之一。

時至今日，自己做衣服不再比買現成的便宜。這項過去大家習以為常的普通家務如今成了一種深奧的小眾嗜好，所需的針線活是大多數美國人難以企及的技能，其花費甚至讓人望而卻步，因為做襯衫的布料往往比直接買件新的還貴，果真是風水輪流轉。

曾在北卡羅萊納州老牌丹寧布料大廠 Cone Mills 擔任設計工程師，也在一九七〇年代負責替 Levi's 501系列牛仔褲生產布料的洛夫．塔普（Ralph Tharpe）這樣問過我：「從六〇年代到現在，福特貨車的售價已經漲了十倍，為何吊帶褲的價錢始終數十年如一？」一九六〇年代以降，不少大規模生產的流程開始自動化，唯獨縫紉例外，想到這一點，這個問題就變得更令人費解。縫紉機問世至今，並未對縫製衣服的流程帶來重大變革，布料是一種複雜而難以預測的材料，它與金屬片不同，仍須以細膩的張力來進行操作，而這只能仰賴真人手工來完成。

究竟為什麼會這樣呢？

若能穿越時空回到五百年前，見識當時人們身上親手縫製的衣物有多華美、繽紛多元，說不定我們會為之折服不已。你會看到用胭脂紅染手紡棉布剪裁而成的墨西哥惠皮爾（Huipil）[1]、日本靛藍絞染絲綢和服、亞洲北方赫哲族（Hezhe）[2]以鮭魚皮製成的傳統服飾、用某種熱帶樹木心材提煉的染料染紅，繡有繁複幾何紋樣的非洲庫巴族（Kuba）棕櫚葉纖維織品、亞麻材質的俄羅斯直筒連身裙，上面繡著以當地地衣染成的深藕紫色絲線。我們會看到上千種微環境（microenvironment）[3]底下的動植物搖身變成布料，比如生長在英格蘭北部坎布里亞（Cumbrian）高地的賀德威克（Herdwick）綿羊，其質地粗糙的羊毛在當地是製作粗花呢的首選。衣物的顏色來源五花八門，有地衣、貝殼、樹皮、木藍、番紅花、樹根還有甲蟲。布料結構及圖樣本身也令人驚豔，包括各地特殊的編織式樣及手法、隱含神祕魔力的數字、趨吉避凶的祝禱、氏族家紋、集體打造的圖騰、象徵個人的紋樣花飾等。這種地域色彩與貿易共生並存，世界各地的農業群體都存在著小規模的紡織製造業，且蓬勃發展。

在現代，無論去到英國、俄羅斯、中國、墨西哥、肯亞或是烏拉圭，我們所見的各種衣物，包括T恤、牛仔褲、外套和裙子，原料大多不出棉花及石油兩種。同時不論在哪裡，製造這些衣物的生產體系都變得更加消耗資源，且集中並掌控在少數大型企業手中。二〇一九年，全球服飾及鞋類的零售額達到一兆九千億美元[4]，是該年全球消費電子產品銷售額的兩倍多[5]、全球軍武銷售額的四倍。此外耐吉（NIKE）運動用品的市值[6]亦達福特汽車的四倍有餘。但曾經是世界上最普遍、分布最廣泛的大眾藝術——織物製作——如今幾乎從織匠手中銷聲匿跡。

人類學家估算，在工業革命以前，人類投入織布的時間與勞力並不亞於糧食生產。但隨著紡織從日常生活中退場、改由工廠生產，我們的日常節奏出現了不容忽視的巨大轉變，前後兩種世界有如天壤之別，最起碼就像棉布跟聚酯纖維一樣南轅北轍。

現代成衣業的產值或許可觀，但所生產的衣服並沒那麼有價值。二〇〇〇至二〇一四年間，全球衣物產量呈現翻倍成長。這不無可能，因為衣服幾乎已經完全變成穿過即丟的消耗品。這近十五年內[7]，消費者的購衣量比過去平均多出六成，但每件衣物留存的時間只有從前的一半。到了二〇一七年[8]，平均每秒鐘就有滿滿一輛垃圾車的衣物（五千七百八十七磅，相當於二點六二五噸）被焚銷或運往掩埋場。

快時尚的警鐘已經敲響，大家開始注意到它帶來的惡果：化學毒劑的汙染及勞力剝削。但這些都是老生常談了，眼前最新的問題是該產業的規模。自從工業化以來，紡織及成衣生產[9]的勞工始終暴露在危險之中，史上四起死傷最慘重的成衣工廠事故中，有三起發生在二〇一〇年代。幾百年來，紡織業[10]不斷破壞環境，時至今日，該產業產生的工業廢水占全球總量的五分之一，碳排放量亦貢獻一成。

上世紀九〇年代，「快時尚」一詞在短短十年內流傳開來，但它並非無中生有，也不是近三十年才出現的問題，而是某個好幾世紀以來的沉痾最新的徵兆。我希望刨挖出問題的根源，探索現代服裝體系究竟是如何形成的。

我寫這本書，不是為了介紹布料包羅萬象的歷史以及它在世界各地的生產概況與重要性。相反地，我想講述我所發現的故事，關於人類穿衣習慣的改變，如何從日常的自製衣物演變成複雜神祕的製造體系所生產的成衣，使我們不再動手發揮創意巧思、與土地失去連結，更被剝奪了身為消費者與勞動者應有的權益。

不事縫紉的人，可能無法直覺瞭解到衣服是人做的，而不只是機器。事實上，就連我自己也是等到親自動手做衣服時才真正認清這一點——當時我九歲，想自己做一件珍妮佛康納莉（Jennifer Connelly）在《魔王迷宮》（*The Labyrinth*）裡所穿的米白色罩衫。這聽來或許荒謬，但我記得看過某個在曼哈頓長大的年輕人學到一件事：種下蘋果籽，就能長出蘋果樹。在今日這樣一個農業與工業完全脫鉤的文化中，類似的事情或許也會發生。開始縫紉後，我發現衣服本身就是圓筒與平面的組合：將平面的布料鋪排在立體的人身上，打洞釘上亮晶晶的鈕扣、折疊收攏抓出褶皺、沿著下擺車縫摺邊。為了做一件衣服，我得仔細研究袖管與衣身的接合方式以及肩膀可活動的範圍。我瞭解到衣領開口必須夠大才能讓堅硬的腦袋瓜順利鑽出、扣上鈕扣，使襯衫貼合頸部。我體認到衣服是種非常獨特的雕塑品，既要呼應身形，又必須改變它：蓬蓬袖能讓手臂產生豐盈的視覺效果，有如鳥類鼓脹的翅膀；寬大的喇叭褲配上小腿腿型，使其化為一只欣喜若狂的鐘。自己動手縫紉，不只讓我學到如何欣賞服裝之美，也領會到當中的藝術價值與勞動之可貴。

當我試著不用布料做衣服，這才明白它有多重要。

十幾歲時，我相當搞怪，很愛唱反調。二〇〇二跨年前夕某日，我發表了一項謬論，認為人類對於衣料的選擇過於保守、食古不化，實在太可悲。自古以來，大家就認定只有布料才能拿來做衣服，但顯然還有許多合適的材料可以選擇。因此我向朋友提議用紙來做裙子，在跨年夜上穿。

我們約好在萊拉家集合，她家在提斯伯里大池（Tisbury Great Pond）畔，沿著長長的泥土路走到底，她家的綿羊就在一路延伸到池畔的牧場上吃草。我家在一九九五年從佛蒙特鄉下搬來麻州之前也養過羊。我們一群人從快中午開始，準備了一大堆報紙、雜誌跟包材，全部一字攤開。漢娜只選了《Vogue》雜誌封面和透明膠帶來做，任憑她男朋友柯林用剪刀裁剪裙擺，短到屁股蛋幾乎呼之欲出。路克用報紙給自己做了一套帥氣的西裝，萊拉則是用 Stop & Shop 超市的亮面廣告插頁做出一件百褶裙，還把「糖果樂園」（Candy Land）桌遊附贈的七彩紙板轉盤戴在太陽穴上當作頭飾；將白色列印紙剪成條狀，在後肩及窄扁的胸部上貼成紙環，有如放射的光線，整套服裝相當別出心裁。凱特用紙做了一串同心圓耳環，正面用細帶子綁在一起；我則是用報紙跟捲筒衛生紙分別做出洋裝和耳環。大家都捲了頭髮。

但在派對上，我們精心製作的服裝暴露出設計上的缺陷：它們一扯就破，不堪一擊。從我們一下車就開始掉，接著不管是跳舞、走路、坐著，甚至舉杯暢飲，無時無刻不在瓦解。最後回家時，所有人幾乎衣不蔽體。有了這次經驗，讓我對布料心生敬意。

衣服是用布做的，布的原料有植物性（棉花、亞麻）及動物性（羊毛、蠶絲）兩種來源；十九世紀以後，合成材料及加工技術問世，又多了將植物纖維素處理成液體後壓抽而成的人造絲（又稱嫘縈）以及各式各樣的石化合成纖維（尼龍、彈性纖維、聚酯纖維）等。

本書從亞麻的身世談起：從舊石器時代到十九世紀，北歐人的衣著主要是用某種除了少數權貴菁英以外，現已相當罕用的布料製成——亞麻布。考古紀錄中年代最久遠的織物就是用亞麻或相關的植物纖維製成，第一部分將著眼於織物的早期起源。在許多文化中，織布一直都是女性的工作，即使到了現代，女性在服裝業的勞動力比重依然高達三分之二以上[11]。女性勞動的價值與工資高低取決於所生產的布匹，反之亦然。我也會探討女性勞力在布料邁入工業化生產的初期，具有何種重要性。

第二篇講的是棉花。棉花是一種非常耗水的作物[12]，栽種過程中也密集使用化學藥劑，占全球農藥用量將近二成。我實地走訪那些因發展棉業而導致生態浩劫的地區，同時探究建立起這些現代生產體系的殖民骨架。棉業對勞工造成的殘酷剝削不亞於它對土地的傷害。古今中外的人道悲劇，舉凡英國對印度的殖民、美國南方蓄奴以及現代中國新疆維吾爾族面臨的生態大屠殺，棉花都扮演不可或缺的核心要角。

第三篇介紹絲綢。絲綢幾乎是奢華的同義詞，在此我將追溯人類用絲綢製作華服的發展歷程，並探討它如何被用來表徵身分地位。人類慎重地用服飾來定義自己的尊卑貴賤；政治權力不僅以服裝形式作為宣傳手段，有時也能透過對個人穿著及跨國織品貿易的巧妙利用與操作來達成目的。本部分從古代中國談起，從法王路易十四再到現代的超大型時尚品牌，探究服裝與權力、階級之間相互滲透入裡、密不可分的關係。

第四篇的主題是合成纖維。我們從古代的絲綢之路轉入現代的貿易路線與生產體系，追溯合成纖維在二十世紀及本世紀初期興起的始末。二〇〇〇至二〇〇八年間[13]，以石化原料為基底的石化纖維取代了棉花，成為地球上最多人穿的布料。上個世紀，服裝製造業一度短暫走出血汗工廠，但在政府的支持鼓勵下，又走回剝削基本勞權的倒退老路。時至今日，合成化纖加上低廉勞力，生產出便宜的平價服飾，就像速食一樣，戕害著土地以及製作這些衣服的勞工。

最後，在羊毛的故事中，我們發現過去被稱為平民布料的這種原料，此刻成了前衛紡織實驗的主角，顛覆傳統想像。這些實驗一方面試圖復興服飾工藝，同時又想設法利用紡織機械來滿足人類生活，而非對生存造成威脅。本部分介紹以小型生產模式為主的再生計畫，值得讚頌的是，在眾多參與者之中，有些人以自身行動訴說著衣物與人們、勞動、先人及土地之間的連結，開創全新的篇章。

無論是歷史或當前，衣服在人類的生命經驗中從未缺席。服裝的歷史同時也是人類尋求保暖的歷史，而人類的遷徙與這兩者脫不了關係。研究者相信，人類是在失去體毛很久後才開始懂得穿衣，而這可能是讓最早的遠古人類得以踏出非洲、適應酷寒冰河時期的關鍵技術。若說人類是因為有了衣物才開始遷徙，反過來說，正是基於對它的渴求才促成人類移動，亦同樣成立：十七世紀最早進入現今美國及加拿大內陸地區的歐洲人，就是為了與當地原住民進行毛皮交易而來。

衣服驅使政府制定政策並且界定環境的用途，服裝製造業的發達帶動經濟發展。同時，衣著及其所傳達的許多訊息也影響著我們日常的人際互動——無論是被警察開交通罰單、參加畢業典禮時或在判斷陌生人的社會地位時。作家維吉尼亞・吳爾芙（Virginia Woolf）曾說，服裝「改變我們對世界的看法，也改變世界看待我們的方式。」作為社會符碼的交換場域，服裝是資源、勞動及財富具體交換過程下的產物。想精確理解這些相當特殊的物品，我們就必須接受自己在眾多階層結構中所處的位置。試著去解開全球製衣體系背後的祕密及形成始末，或許也能讓我們對這世界有所改觀。

本書結合採訪報導與歷史考證，雖然我為此走遍世界各國——中國、越南、宏都拉斯、印度、英國及美國各地，但書中介紹的歷史與報導內容其實更有助於我們瞭解美國在建立一個無所不及的全球服裝貿易體系的過程中究竟扮演著何種角色，進而質問美國在一手造成時尚產業的災難後，面對國際間紛紛開始檢討業界倫理的聲浪，為何始終默不作聲、置身事外？二〇一三年，孟加拉達卡（Dhaka）發生成衣工廠倒塌意外，一天內奪走上千名工人性命。這樁慘劇促使歐洲消費者聯合起來向服裝品牌施壓，正視勞權與安全問題。在那之後，有些品牌採取了具體而有意義的行動來防止悲劇重演，但美國並沒有出現類似的反省力道與行動，諸如GAP及沃爾瑪（Walmart）等連鎖品牌亦未做出任何重大回應，依然如常營運，彷彿沒事發生。

我在投入研究寫作的這幾年裡挖掘出不少故事，有些教人鼻酸，但也不乏值得稱許的佳話。過程中我遇到許多人，他們不斷摸索，希望照自己的主張打造出心目中的布料，不讓別人專美於前，證明自己也能做出既實用又美觀的東西。我第一個採訪對象是五指湖羊毛廠的傑・阿爾戴（Jay Ardai），他發明了一種方法，將二十世紀初期的老機器重新改造，用來幫小型養羊戶梳理羊毛並紡成毛線，讓他們可以用自家生產的毛料製作織品。後來我在鳳凰城認識一群納瓦荷

（Navajo）印第安原住民婦女，她們在一所老舊的高中學習傳統編織，希望能重新修補被種族同化政策切斷的文化傳承命脈。此外我還造訪了I－80州際公路上某家鄉間小店，那裡賣的羊毛皆用本地植物染色而成；我在英國坎布里亞認識當地的養羊戶，他們根據環境地質與地被植物選擇合適的綿羊品種，建立永續的生產系統。最後，我也認識了傳統織布工作者蕾比．古蒂（Rabbit Goody），她沿襲十九世紀的社會合作社模式，在紐約州北部經營一間小小的織布工坊。

布的意象經常被用來象徵人與人之間的連結網絡，從生活中常見的「社會結構」（social fabric）、「社會被撕裂」、「組成聯盟」、「道德素質」（moral fiber）等說法可見一斑。人從出生到老死，始終跟布料與衣物有著密不可分的關係，幾乎可以說，我們透過衣服與布料，與那些這輩子永遠無緣得見的製作者產生了連結。製衣者與穿著者之間的種種關係或許複雜難解，但我希望這本書能成為引路的指南。

小時候我非常喜歡看羅傑斯的兒童電視節目《Mister Rogers》[14]，尤其是介紹工廠的單元。每星期他們會帶著一群充滿好奇的孩子到處參觀，這週是牙膏工廠，下週就是蠟筆工廠。當我四周充斥著起源成謎的日常物品——比方說衣服——心裡突然有種說不上來的感覺，既奇怪又教人洩氣。我寫這本書的目的之一，就是為了回應那股想探究事物根源的衝動，或說是渴望。畢竟，我們所穿的衣服不只是來自工廠或標籤產地的成衣製品，而是源自我們的歷史。

# 第一篇◆亞麻

# 第一章　新罕布夏最後一件亞麻衫

當火遇上麻屑，那可是相當危險的……

——〈巴斯婦人的引子〉，傑弗瑞．喬叟《坎特伯里故事集》

二〇一二年，我和我媽從麻州的伍茲霍爾（Woods Hole）開車出發，途經秋河市（Fall River）及新貝福市（New Bedford）這兩處早已落魄不堪的紡織重鎮，前往羅德島州的波塔基特（Pawtucket），參觀設於西爾瓦納斯布朗之家（Sylvanus Brown House）的博物館特展。西爾瓦納斯布朗之家是棟建於十八世紀中期新英格蘭地區的民宅，修復後成為歷史景點，旨在讓遊客認識美國早期的常民生活樣貌。我們此行目的是要去看現場展出的新英格蘭殖民時期紡織工具，了解先民在工廠生產時代來臨前是如何織布的。

顧名思義，亞麻布是用亞麻製成的布料。亞麻是種細長的植物，可以長到二至三呎高，開淡藍色小花。它的正式學名為 *Linum usitatissimum*，又稱亞麻籽（linseed）或亞麻（flax），莖的外皮堅韌，內有柔細如絲的纖維。這些纖維看似脆弱易斷，但經過絞捻、集結成股後會變得強韌無比，能藉此接合成更長的繩索或麻線，這些線就是製作亞麻布的原料。

亞麻在田裡種得愈稠密，莖就愈細，連帶做出來的麻線也愈纖細。新英格蘭居民習慣在每年三月底或四月初種植亞麻。約翰．威利（John Wily）在《論綿羊繁殖、毛線製作及亞麻的栽植與製作》（*A Treatise on the Propagation of Sheep, the Manufacture of Wool, and the Cultivation and Manufacture of Flax*）中寫道：「亞麻應該（像小麥或燕麥等）隨意撒種，但要密集一些……一英畝的土地得種上一個半蒲式耳[1]的亞麻才足以製作麻布或紗線[2]。」到了七月葉子變黃後，亞麻就能採收並曬乾。接著，將乾燥的亞麻用粗麻梳刷去種籽，浸在溪水或置於有露水的溼田裡，利用水分來軟化表皮的細胞組織，使其腐爛以便抽取纖維。威利寫道：「沒有任何人能明確說出要在溪水或田裡浸上幾天才能將亞麻泡爛。」他要農民自己決定。將浸至軟爛的亞麻順著莖桿碾壓，破壞表面韌皮，露出所謂的絲束或麻纖，然後進行打麻——用木刀敲打並刮除表皮，讓絲束掉到地上。最後以針梳拉整，汰除短細的纖維，梳理好的麻纖就能拿來紡線、織成布料。

西爾瓦納斯布朗之家的導覽員身穿十八世紀的古裝，一襲長裙，披著披肩，頭上戴著圓帽。她是個身材魁梧的女性，操著濃重的羅德島口音。她為我們介紹捶麻機，外型就像一架大型的木製裁紙機，並拿出一把乾亞麻親自示範：將亞麻置於中間，以一英吋左右為間隔，一邊往前送，一邊上下擺動木片，將表皮壓碎。她還向我們展示了鐵釘做的粗麻梳及梳毛刷，毛刷上綁著成排的起絨草，也就是川續斷屬開花植物的刺果，非常適合拿來梳整大量纖維，將之拉成平直的細線。

到了樓上，導覽員帶我們去看織布機，偌大的機器占據整個房間。行程最後一站是參觀紡車以及旁邊木地板上的溝狀凹痕，那是紡線婦女長期來回走動所踩出的足跡，這種特殊的大型紡車稱為「走紡車」（walking wheel），必須邊操作邊走動，將纏在紡錘上的纖維拉長，同時轉動紡車將之絞捻成線。導覽員說紡車三不五時就得挪動位置，以免在木板上留下太深的凹痕。我跟我媽面面相覷，眼睛睜得老大。緊接著，她以新英格蘭人特有的直白坦率，毫不客套、不帶一絲歉疚地宣布她的值班時間結束了。

我反覆思索「我的值班時間結束了」這句話苦樂參半的深意。一來對新英格蘭時代的農婦而言，紡織是永無止盡的工作，這一點從手紡車旁塌陷的凹槽就足以證明。二來，她所紡的線及所織的布——實際上包括家中所有衣物的原料——通通來自屋舍周遭的那幾畝地。美國自然作家、生態保育人士，同時也是農人的溫德爾・貝瑞（Wendell Berry）說過：「吃是一種農業行為。」穿衣亦然。布朗太太知道家裡吃的飯菜產自何處、製布原料是哪裡採收的。這是一項由來已久的傳統。工業革命前新英格蘭農村就在使用的這種亞麻製作技術，在人類歷史上已經延續了數千年之久。而在這片無人知曉、看似不存在的新英格蘭土地上，這項技術正逐漸被人淡忘，靜靜地度過它的遲暮之年。

人類大約在四百萬年前開始直立行走，並發展出現代手腳的特徵；口語及文字則分別在十五萬至十萬年前、三千五百年前形成。洛杉磯西方學院（Occidental College）語言學及考古學系榮譽教授伊莉莎白・韋蘭・巴伯（Elizabeth Wayland Barber）專門以語言及人類學的角度來研究古代織品，她表示繩子是在人類學會說話很久之後、學會書寫之前才出現[3]。

人類最早的衣服很可能是動物毛皮製成的。研究人員透過蝨子的DNA確定[4]，人類很可能在十七萬年前就懂得用獸皮遮身蔽體。接著，在文字發明之前這段荒廢的悠長時光中，人類在某個關鍵時刻學會了用植物纖維來製作織品。由於布料在考古遺址鮮少被保存下來，我們很難斷定其最早的用途。二〇〇九年，一支由喬治亞、以色列及美國組成的跨國考古小隊在喬治亞共和國境內高加索山脈山麓的祖祖瓦那洞穴（Dzudzuana Cave）發現上千根亞麻纖維。這些微細纖維是在古老岩層裡找到的，經放射性碳定年法鑑定，該岩層年代可上溯至三萬六千年前。當中有少數纖維[5]呈現黑、灰、粉紅、土耳其藍等顏色，研究團隊認為是染色的結果。這些細碎的纖維粉末就是現今人類使用亞麻最早的證據。

布是由數百條經緯線交錯或以無數個結編織而成。在人類懂得織布之前，他們必須先學會編繩製線。製作繩子的歷史始於舊石器時代晚期，這時人類開始從非洲往外遷徙，足跡遍及地球上每個宜居的生態棲位（econiche）[6]。據巴伯表示，這兩項發展有著密切的關聯：繩子的出現帶動人類居住場域的快速擴張。有了繩子，人類得以編製網罟、陷阱、繫繩、拴繩、釣線，並把物體綁在一起做成複雜的工具，創造出捕獵和採集食物的新方法。

在某些最早描繪人類穿著植物纖維（而非獸皮或動物肌腱）製成的衣物雕像中，可以看出他們穿的不是布，而是繩子。這些用獸骨及石頭雕成的女性形體，也就是所謂的史前「維納斯雕像」，出土於今日俄羅斯及東歐一帶，即考古學家口中格拉維特文化（Gravettian culture）的東緣。這些雕像大多為裸體女性，但其中有部分——最早可追溯至西元前二萬年——穿著用歪曲粗線製成的裙子，明顯有別於動物性的筋繩，因為製作者仔細刻劃出繩線末端磨損的痕跡。這些裙子的儀式意義大於實用目的，用意是象徵並提高生育力，同時作為女性在懷孕期間的護身符。加加里諾的維納斯（Venus of Gagarino）就是一例，它僅在正面的恥骨到胸部間披掛著一件繩裙，私處及雙乳則毫無遮蔽。

接下來的兩萬年內，這一帶始終存在著身穿繩裙的女性雕像。考古紀錄顯示，大約從西元前一千三百年開始有真正完整或局部的繩裙遺物被保存下來。最早發現的植物纖維繩索實體證據的年代更加久遠，可追溯至西元前一萬五千年，來自法國南部的拉斯科洞窟（Lascaux caves）。當時有位修道院長在臨摹洞穴內的遠古壁畫時，偶然「拾起一塊密實的黏土塊」[7]，掰開後發現裡面竟然有「某種碳化的絲帶印痕，土塊有多長，這些曲折歪斜的線段就有多長。」考古紀錄中年分最早的繩子成分都是植物纖維，比如亞麻、大麻、黃麻、苧麻、絲蘭、榆、椴、柳等等。

考古史上第一塊完整無缺的布料[8]跟上述在喬治亞祖祖瓦納洞穴發現的微細殘留物一樣，成分也是亞麻。一九八八年，考古學家在土耳其查耀努（Çayönü）遺址挖掘時，發現一小塊亞麻布包覆在某個鹿角材質的工具手柄上，由於它與骨頭中的鈣接觸，因而奇蹟似地保存至今。經過放射性碳測定，這塊布的年分可上溯至西元前七千年。當地植物種子的分析結果顯示，該片布料的亞麻與喬治亞洞穴布料纖維使用的野生亞麻不同，是經過馴化的品種。世界上最早的農民是在中東底格里斯河上游種植小麥及大麥的居民，他們也馴化了亞麻，跟糧食作物一樣種來當作製衣的原料。

巴伯認為，直到青銅器時代（於西元前三千年始於近東[9]）之前，織品生產在幾乎所有人類社會中都是女性的工作。很大一部分的原因在於紡織這項活動不會妨礙育兒，也不像狩獵那麼危險，可以將小孩安全地帶在身邊。到了西元前一千二百年左右的青銅器時代晚期，貿易及專業分工日益興盛，男性也開始從事織造，但不是自家使用，而是為了謀利（若受人奴役，就是替主人賺錢）。大約在西元前一千五百年，古埃及的男性開始織造有圖案的裝飾性布匹，為此他們使用直立式的織布機——也就是現在的掛毯梭織機——來生產昂貴的圖紋織品，定出適當的排列方向，避免歪斜。當時埃及地區的女性用水平式織機製作素亞麻布的歷史已長達三千年之久[10]。

或許就是因為這種與女性根深柢固的關係，織品在考古上往往不如其他種類的古文物受重視。此外織品腐爛分解的速度也相當快。然而實際上，若有幸保存下來，反而是這種低人一等的地位讓它們受到冷落，面臨在歷史上澈底「被消失」的危機，但若稍加注意，是可以輕易避免的。這幾乎就是考古史上年代最久遠的亞麻衫的命運寫照。這件衣服是在埃及塔爾汗（Tarkhan）的第一王朝陵墓（First Dynasty Egyptian tomb）出土的，年代在西元前三千年左右。一九一二至一九一三年間，英國考古學家威廉・馬修・弗林德斯・皮特里爵士（Sir William Matthew Flinders Petrie）在該遺址探掘時挖出許多亞麻布料，這件衣服也是其中之一。他將它與發現的文物放在一起。這件塔爾汗服後來被收藏在倫敦大學學院，裝在貼著「喪葬用布」的儲存容器內，無人聞問，任其崩壞。直到一九七七年，兩位女研究員將它挖了出來，才發現大有學問：那是一件精心製作的襯衣，有著繁複的褶皺設計，讓手臂可以舒適地移動伸展，同時貼合身形，展現輪廓。

栽種亞麻來製作布料是歐洲最古老的人類活動之一，尤其是在德國萊因河西岸的萊茵地區（Rhineland）[11]。考古學家在瑞士伯恩西部侏羅山脈（Jura Mountains）諾沙泰爾湖（Lake

Neuchâtel）沿岸的新石器時代農業聚落中發現亞麻織品，其製作手法相當精良：這些住在瑞士湖濱的石器時代紡織者將果核穿洞，仔細縫在織著條紋的織物上。這種編織文化沿著萊因河一路傳到低地地區。

古羅馬作家普林尼（Pliny）在西元一世紀觀察到，日耳曼婦女都會織造亞麻布並做成衣服穿。到了九世紀，歐洲有許多地方種植亞麻，但從今日瑞士西部一路延伸到萊因河出海口的走廊地帶是最古老的大規模商業亞麻及亞麻布生產地。中世紀晚期，日耳曼地區生產的布料幾乎銷遍整個歐洲，產量在全世界無人能敵。

但就在這時候，亞麻織工成了社會上某種奇怪偏見的受害者。中世紀德語有句話是這麼暗諷的：「寧願去剝皮也不要當織布工[12]。」另一項聽了讓人毛骨悚然的流行語則說，紡織工比那些「把梯子抬到絞刑架上的人[13]」更可惡。歷史學家認為，織工之所以被惡意中傷，是因為他們在當時雖已專業化並組成行會，但仍無法阻止自製的亞麻布品進入市場。行會組織在十二至十五世紀之間大量興起，遍及歐洲各地，但許多製造用來交易的物品——比方說紡織品及肥皂——直到十九世紀為止也都能在家自行生產。行會針對入會資格、培訓方式、製造品項及商品交易的方式等制定繁雜的規則，目的主要是為了將專業生產與家庭自製區分開來。亞麻織造這項工作遲遲未與家庭脫鉤，人人皆可自行生產——也是一般行會常見的包袱——更是使該行會蒙上汙點。

十七世紀，各行會面臨原始資本生產模式（proto-capitalist mode of production）帶來的全新壓力。為了找尋更便宜的布料銷往外國市場，業者到中歐農村探查門路，以現金向農戶收購商品。農村家庭從此變成外銷布料的生產中心，成為行會的主要競爭對手。這些家庭業者能夠以低於都市織匠的價格出售，是因為他們可以不受規範，盡情使喚家裡的人力；加上本身從事農業生產，就算收入不足以打平生活成本，也不致於斷炊。

行會組織與農村生產體系之間緊張的關係最後演變成公開的敵視對立。一六二〇年代，亞麻行會成員集結起來進軍農村，攻擊競爭對手，放火燒毀他們的織布機。一六二七年二月，德國齊陶（Zittau）行會的師傅襲擊奧德維茨（Oderwitz）、歐伯斯多夫（Olbersdorf）及黑維斯多夫（Herwigsdorf）等村莊，砸毀當地家庭織工的紡織機，並搶走紗線。

長久以來，工會一直排擠家製織品，不讓它進入市場。他們在垂死掙扎時找到一項強而有力的新武器：性別。在中世紀歐洲，儘管女性在家從事織造大多以自用為主，但也有不少人過去曾是工會的專業織匠。在最初的中世紀工會中，女性可以自由加入成為職人。以中歐西利西亞（Silesia）及上勞席茨（Oberlausitz）為例，當地工會的規章就明定婦女為紡織師傅。十三世紀的巴黎有八十個不限性別、十五個以女性為主的職業工會，後者包括金線、紡紗、絲綢、製衣等。工會瞧不起家戶生產的情形一直持續到十七世紀中葉，原因就在於家庭業者不受工會規範、缺乏專業，卻相當具有競爭力。當時紡織被視為女性專屬的工作，工會成員無法與廉價的家庭織工競爭，便想方設法將女性全面逐出市場。他們設下禁令，拒絕讓單身女性獨自入會。女性的職業角色被限縮到只剩女傭、農工、紡紗工、織工、攤販、奶媽等。到了十七世紀末，就連某些傳統上女性專屬的工作，比方說釀造啤酒、接生等，也沒有她們的立足之地[14]。

這時期的女性在勞動市場被全面封殺，靠的不只是工會的操作，還有法律、文學及文化等各層面的手段。整個十六世紀到十七世紀，單身女性失去從事經濟活動的合法權利。在法國，她們在法律上被稱為「低能者」，無權跟人立約或代表自己在法院出庭；義大利愈來愈少見到婦女出現在法庭上為自己所受的虐待傷害發聲、加以譴責；在德國，中產階級婦女喪偶後，照慣例必須指派一名監護人來管理其日常事務。誠如專研中世紀歷史的史學家瑪莎・霍威爾（Martha Howell）所言：「這個時期的喜劇及諷刺文學……經常將市場婦女或開店的女性描繪成潑辣的悍婦，在描述時不僅對她們在市場生產中所扮演的角色多所嘲諷責難，甚至經常指控她們性侵別人。」[15]這時期產生了許多斥責放蕩女性的文學作品，比方說莎士比亞的《馴悍記》（*The Taming of the Shrew*, 1590-1594）、約翰・福特（John Ford）的《可惜她是個妓女》（*Tis Pity She's a Whore*, 1629-1933）、約瑟夫・史威南（Joseph Swetnam）的《對淫穢、懶惰、冒失與無常之女人的指責》（*The Arraignment of Lewde, Idle, Forward and Unconstant Women*, 1615）等。在宗教方面，新教改革者與反對改革的天主教派也在教義上確立了女性天生不如男性的論點。

在這段被稱為歐洲理性時代的時期，社會成功將女性逐出勞動市場，將她們改頭換面，塑造成維多利亞文學中常見的甜美可人、消極被動的人格形象。遭人指控潑婦罵街的女性會被套上一種名叫「口鉗」的鐵製刑具，壓住舌頭，使她無法張嘴講話。妓女則是被抓去浸水，施以鞭刑並關進籠子裡；通姦定罪的婦女會被判處死刑。

這種仇視女性的文化不僅是種消遣性的病態虐待，更成功塑造出一種意識形態，對經濟產生久遠的重大影響。政治哲學家席維亞．費德里奇（Silvia Federici）認為，這種對女性的全面驅逐是一項大規模的干涉，應該與圈地法案（Enclosure Acts）及帝國主義並列為促成資本主義崛起的三大暴力掠奪。

與此同時，從十六到十七世紀[16]，英格蘭的鄉紳地主奪取了傳統上由農民共同使用的公有地或佃戶租用土地的控制權，使得部分佃農再也無地可種，有些人則被強行驅趕，離開農村。圈地運動導致農民的生計斷炊，也意味著佃戶再也無法靠土地養活一家大小。在這過程中，反抗最激烈的往往是女性，她們被冠上崇拜魔鬼的罪名並視為女巫活活燒死。

女性對圈地行動的抵制之所以如此激烈，部分原因就在於她們是受害最大的一群。失去賴以維生的土地，代表農戶再也無法透過農產品的生產——例如布料——來維持生計，而必須仰賴金錢收入，但女性卻被澈底排除在勞動市場之外，根本無法工作賺錢。正如勞工歷史學者艾莉絲·克斯勒·哈里斯（Alice Kessler-Harris）所言：「在前工業化社會，幾乎每個人都在工作，但鮮少有人以賺取工資為目的。」[17]在十六及十七世紀，金錢關係開始主導歐洲的經濟生活。正當工資成為攸關溫飽的關鍵之際，女性卻遭大多數的有薪工作拒於門外，被迫陷入長期貧窮及經濟依賴的困境。一七七一年，首座現代化工廠——同時也是英國第一間棉紡廠——在德比郡開張，注定為將來的日常生活模式帶來天翻地覆的轉變。

同一時間，大西洋彼岸也開展出另一段全新的故事。在英國，圈地運動造就出一批失去土地的勞動人口，這些失業農民很快就受到新興的棉紡廠吸引，成為工廠工人；而在北美，獨立的小型農業似乎正要迎來一個全新的黃金時代。套用歷史學家勞瑞·撒切爾·烏利齊（Laurel Thatcher Ulrich）的說法，十七世紀與十八世紀之交的美國，就是一個「任何人都能擁有土地」[18]的世界，且「生產布料成為農業的延伸。」

新英格蘭地區最著名的亞麻布產地是倫敦德里（Londonderry）。當地出產的布料會在每年的鄉村節慶上販售交易或交換。雖然這些亞麻是種在各自的田裡，但當時的日記也記錄了村民合力分擔採收及加工等農務的情形。比方說有人寫道：「早上幫傑姆·亨利捶麻，下午換自己的。」[19]另一天則說：「替傑米森剝了十八捆，我的十四捆。」男人採收亞麻及剝除韌皮，女人則負責打麻、梳理纖維、紡線、編織。於是，製麻加上捕魚及務農就成了當時農村自給自足不可或缺的經濟活動。

這種與世無爭的田園環境孕育出美國早期的工業，但現實並不像表面上如此理想美好。雖然亞麻生產者擁有充足的土地與自由，能夠照自己的意願勞動，其他人卻沒有這麼幸運。

在梳整亞麻的過程中，與細軟的長纖維分離開來的粗短韌皮稱為絲束（tow）。根據傑瑞米．貝爾納普在一七九二年的記載，絲束紡成線後可織成粗布，「輸出至南方各州，做成衣服給農園的黑人穿。」[20]倫敦德里這片土地上的居民才剛被驅離。一七一三年，就在阿爾斯特蘇格蘭人（Ulster Scots）踏上新大陸前不久，麻薩諸塞和新罕布夏兩處殖民地的官員在今日緬因州南部的卡斯科灣與來自數個阿貝納基族群的代表會晤——該族是北美原住民阿岡昆語族的一支，原鄉範圍橫跨現在新英格蘭北部大部分地區，並延伸至加拿大魁北克及海洋省分——簽署《和解條款》（Articles of Pacification），阿貝納基族從此成為英國安妮女王（Queen Anne）的子民，並允諾殖民者擁有在「東部地區」[21]狩獵、捕魚及開發的自由。一七五九年，正值法國印第安戰爭期間，位於倫敦德里恬靜優美的鄉村市集北邊的聖方濟（St. Francis）發生襲擊事件，英軍對當地的阿貝納基陣營發動突襲，某個參與人士回憶說，士兵接獲命令，所有婦孺一律不准留下活口，但當一名小嬰兒抬起頭來看著他時，他卻猶豫了。「斬草務必除根。」[22]他的指揮官說，接著便親自痛下毒手，殺了那名嬰兒。隨著歐洲移民陸續占領新大陸的土地，他們紛紛為屠殺美洲印第安原住民（始於菲力浦國王戰爭）的罪行找理由開脫，指控這些人都是魔鬼的崇拜者，就跟歐洲獵殺女巫時期，女性若抵制圈地運動、堅持捍衛公有地使用權，就會被說是魔鬼附身的情況如出一轍。

倫敦德里過去是當地佩納庫克人最喜歡的捕魚地點。他們會在秋天時聚集在梅里馬克河（Merrimack River）最大的落差——阿莫斯凱瀑布（Amoskeag Falls）[23]捕撈準備出海的幼年鯡魚、鰣魚、八目鰻及鮭魚，到了春天再來攔截逆流而上準備回到出生地產卵的成魚，這已是上萬年來的傳統。鮭魚會回到牠們誕生的小池塘產卵，一次產下好幾千顆。就在牠們精疲力竭死去後，腐爛的屍體將成為後代孵化後第一份入口的食物。考古學家巴伯表示，就是如此令人難以置信的繁殖力，古希臘人及早期的斯拉夫民族才會將魚視為生育及豐饒的象徵，用其形象做成裝飾圖案來助孕，就像遠古格拉維特文化長達數千年的女性繩裙傳統。梅里馬克河本身就象徵著大西洋鮭魚的生命，因此對牠們來說，當自身肉體被當成誘因，吸引人類前來對生命之河展開連續兩波的開發時，肯定是種難堪的歷史反諷。然而事實證明，這兩次人為開發種下了梅里馬克河鮭魚滅絕的禍根：牠們遭到慕名而來的移民者濫捕，並直接攔河築壩，斷絕其生機。

來到這裡的移民者是阿爾斯特蘇格蘭人。十七世紀初期，英國當局為了吸引新教徒移居愛爾蘭北部，提供肥沃的大片莊園土地及低廉租金作為條件，不少蘇格蘭人因此遷居當地。阿爾斯特（Ulster）地區氣候溼潤，相當適合亞麻生長，是盛極一時的麻布生產中心。

當時有人誇口向阿爾斯特蘇格蘭人保證，說梅里馬克河有「世界上最多的鮭魚與各類魚種」[24]，他們因而遠渡重洋，並且很快就讓此地聲名大噪，但靠的不是鮭魚，而是故鄉的特產——亞麻。倫敦德里所產的亞麻布口碑極佳，名聲大到當地鎮民要求保護「倫敦德里」這塊招牌，避免遭人假冒，與任何一種舊有的亞麻製品魚目混珠。一七三一年，新罕布夏省議會通過決議，譴責「在本省境內假冒倫敦德里製造之名義，販售外地亞麻製品之欺騙行為。」[25]在一七四八年的鎮民大會上，居民要求打造專屬圖章，以「維護本地製造者的聲譽，確保買家及顧客不會受騙，買到假冒本鎮名義的外來亞麻製品。」[26]

雖然倫敦德里的亞麻布在新英格蘭地區有口皆碑，但以歐洲標準來看，殖民地所生產的亞麻布普遍仍嫌土氣且專業不足。英國的政策為了保障本國布料在美洲的銷售，禁止新大陸發展商業化的亞麻生產，因此美洲殖民地的亞麻製造業並未發展成類似英國的規模及專業水準。當時南方殖民地迅速發展出菸草和大麻產業作為與英國交易的資源，因而始終有英國織品可穿；反觀北方麻塞諸塞灣一帶的殖民者，由於缺少原物料，只能靠自家生產的紗線與手工織品滿足日常所需。每位外地訪客在描述十七世紀末新英格蘭地區的經濟生活時，都會提及小規模的織品生產，看在歐洲人眼中簡直就像開倒車。

另一件歐洲人覺得相當奇怪的事情是，殖民地區的織布工大多是女性。一六三〇年代從東英吉利（East Anglia）來到新英格蘭的殖民者留下發達的製造業經濟基礎，從事織造的不是女性，而是男性。他們也將這種性別勞動分工帶了過來。然而在新大陸，隨著更多適合男性的商機出現，織造很快又變回女性專屬的職業。在新罕布夏，織造進入女性工作領域的同時，該殖民地的木工經濟亦日益成熟。

儘管紡紗及織布往往被視為家庭經濟的一環，幾乎看不出其商業內涵，但仍是一種工作，有時工人也會反抗。根據法庭起訴書的記載，一七六七年一月二十日，麻塞諸塞灣省的哈德利鎮上有位名為莎拉．巴特勒的「紡紗女工」在午夜時分，右手持著蠟燭、心懷怨恨，蓄意點燃了「一捆亞麻紗、一捆生亞麻及絲束。」[27]

曬乾後的亞麻就跟稻草一樣相當易燃，以堅韌外皮製成的絲束、細軟內部纖維紡成的麻線亦然。但儘管如此，我們還是無法確定莎拉在放火時是否蓄意燒毀雇主的屋子。附近某位名叫伊莉莎白．波特的女孩在日記上寫道：「住在馬許上尉家裡的莎拉．巴特勒坦承她是故意放火……為了燒毀某些被人發現打了假結的紗線。」[28]說不定她就只是想燒掉那些東西而已。

就跟其他出身貧戶的新英格蘭女孩一樣，莎拉被送到雇主家裡當紡紗女工，包吃包住，有時還能讓她多紡一些紗線來賺錢貼補嫁妝。像她這樣的紡紗工人是根據所紡紗線的長度——以打結為記——來計算工資的，因此打假結就形同欺騙雇主。這時期的史料顯示，某些年輕女性就算工作好幾個月，依然無法還清對雇主的欠債，或許莎拉就是一直在極力避免這種命運。

有關早期英格蘭織造歷史的紀錄中，充斥著拒絕妥協的小故事，但並非每個人都像莎拉縱火這麼戲劇化。十九世紀初，佛蒙特州的若倫德鎮有位憤怒的丈夫在當地報紙刊登了一首詩，昭告天下不再替他那懶於織布的妻子償還所積欠的任何債務，內文是這麼寫的：

她既不紡紗也不織布，
卻呆坐原地，遊手好閒；
她坐在那兒，時而噘嘴，時而大笑，
彷彿被魔鬼上了身；
她既不縫紉也不織衣，
我只有一身破爛可穿；
再會了，蘇姬；永別了，妻子！
等妳能過上好日子再說。[29]

此處用的魔鬼上身，不該只被視為作者對格律及譬喻的用心——畢竟距離歐洲的獵巫運動結束迄今還不到一個世紀。

然而，像這樣的家醜基本上是少數的例外。廣泛瀏覽一下十八世紀晚期美國婦女的日記，不僅能聽見織機從早到晚不間斷的嘈雜聲響，還能了解到女性究竟投注多少時間在紡織上。一七七五年，住在康乃狄克殖民地科切斯特鎮的貝蒂・富特寫道：「我整天不停織衣，像個牧師一樣；娜貝也是。」[30]一個星期過後「我還在織。」到了三月中旬，她開始紡亞麻線，一週只有星期天休息。

當時她正在接受培訓，準備去學校教書，因此生活有了些許變化。例如某個週日，她「待在家裡學習閱讀和算術。」[31]但即使貝蒂學過數學，我們也必須注意到，她的日記跟當時所有婦女一樣在計算上都有點小問題，那就是數字相當奇怪。由於女性勞動是沒有報酬的，為了讓數字對得起來，就得參閱同時期男性所寫的日記。

新罕布夏的蘇格蘭農民馬修・派頓——他所住的貝德福鎮僅隔著梅里馬克河與倫敦德里相望——在一七八一年七月十三日的日記上寫道：「我去戈夫斯鎮找羅伯特・史必爾斯，借了二百三十七塊舊大陸幣給他，等他把妻子手上在織的細布賣掉之後，就換成新幣還我。」[32]只要史必爾斯太太在，她織的布匹就能拿去賣錢。她就像一個零，而史必爾斯先生是個整數，透過她的加乘，就能讓丈夫的身家增加十倍。

在新英格蘭殖民地，只有富裕人家的未婚女性才能靠紡織賺錢。一七九〇年代，漢娜．馬修斯在家裡工作，衣食無虞，並且擁有自己的記帳本。她仔細地在帳本左右兩側分別記下借款及存款數字，並接受別人以玉米、亞麻、羊肉、豬隻、豬油及偶爾的現金作為紡織、梳毛理線等勞務的抵償。她不僅照字母排序編列目次，還將帳本取名為《漢娜．馬修斯．亞茅斯財產清冊，一七九〇年六月十一日》（*The Property of Hannah Matthews Yarmouth June the 11th 1790*）[33]。但在她嫁人後，記帳就突然中斷了，不過她那節儉的丈夫不想白白浪費剩下的紙張，直接拿來當成自己的帳本繼續使用。

到了十八世紀末，隨著紡織成為美國爭取獨立過程中的重要議題，長久以來新英格蘭婦女在紡錘及織布機旁度過沒沒無聞的漫長時光，突然跳脫私人日記的範疇，成為社會注目的焦點。一七六〇年代，英國國會對殖民地徵稅，引發北美移民抵制英國商品以為抗議。突然間，自家生產的紡織品被賦予政治意義，新英格蘭地區「自由之女」（daughters of liberty）集結起來齊力紡紗的新聞攻占了報紙的頭條版面。

在一七九一年出版的《製造業報告》（*Report on Manufactures*）中，美國開國元勳亞歷山大．漢米爾頓（Alexander Hamilton）認為美國必須在經濟上實現自給自足才能鞏固其獨立於英國的政治地位。要怎麼做呢？就是發展紡織製造業。為此，他認為美國必須仰賴他們最好用的資源：水力、女性及小孩。他表示在英國，「勞動力不足是成功最大的阻礙」[34]，因此他們正在開發新型的紡織機械來讓女性「更有用，讓（小孩）早日派上用場」。

對於美國的願景，漢米爾頓否決了傑佛遜（Thomas Jefferson）所信奉的田園主義——希望保留未被工業化的農業經濟。面對擴張主義掛帥的歐洲殖民列強，儘管漢米爾頓的主張確實可能是最適合美國的發展模式，但也不難看出，何以傑佛遜等人始終對純樸的農業社會——農人所穿的亞麻衫皆為家裡自種自製——眷戀不已。德比郡第一間棉紡廠開張後，許多業者紛紛起而效尤。英國北部展開工業革命後，當地立刻可見雙頰凹陷的婦女及孩童俯身操作機械的悲涼場景，這一幕似乎更適合出現在倫敦德里。若誠如考古學家所言，紡織工作最初被交付給女性是出自育兒安全的考量，那麼進入工業化時代後，由婦孺來操作機械生產織品的新邏輯則澈底違背了這項考量。工廠對婦女和孩童而言是相當危險的環境：吹開棉絮會損壞肺部，震耳欲聾的機器會損害聽力，頭皮被紡織機皮帶扯下的意外亦時有所聞。

漢米爾頓發展紡織以強化經濟的論點和積極鼓吹利用女性與大自然這兩項成本低廉的資源主張，獲得全國上下的廣大認同，廉價的女性勞力與被視為消耗品用完即棄的土地從此成為服裝製造業的基礎。

紡織工業化的技術很快傳到美國，迅速終結自製亞麻織品的時代。一七九〇年代初期，英國業界有位名叫山謬．斯萊特（Samuel Slater）的人違反當時禁止擁有新型紡織機械知識的工程師移民海外的法律規定，將併條機的施作圖縫在外衣口袋內偷渡來美。一七九三年，他與投資人摩斯．布朗在羅德島的波塔基特開設了美國第一間工業棉紡廠——斯萊特紡織廠（Slater Mill）。同年，伊萊．惠特尼（Eli Whitney）發明軋棉機，其鋼齒每小時加工的短絨棉能抵上一班黑奴整天的產量。亞麻從此被淘汰，由棉花取而代之成為市場的新寵兒，帶來無限商機。

斯萊特紡織廠創立後，仿效者在新英格蘭各地如雨後春筍般紛紛冒出。一八一〇年，倫敦德里鎮民投票決定以當時的英國紡織大城為名，將鎮名改為曼徹斯特。在壯闊的阿莫斯凱瀑布西岸，設立了一間擁有新型紡紗設備的小工廠。一八二二年，有人送給斯萊特一件「精美的鮭魚標本」[35]，用的是在瀑布捕獲的鮭魚，希望吸引他來投資這間新紡織廠。斯萊特躍躍欲試，找來波士頓聯合公司（Boston Associates）——該公司於十八世紀靠著經營蘭姆酒、黑奴及糖的運輸事業而致富——加入，並在卡巴特（Cabot）和洛威爾（Lowell）設立工廠，進行造鎮。他們聯手收購當地的房產、農場及水權，最後整條梅里馬克河都落入其掌控。該公司在上游建了一座巨大的U型水壩，並在周圍打造新市鎮，工廠、寄宿公寓、家庭代工住宅、學校及教堂等設施一應俱全——整個造鎮的目的只有一個，就是生產布料。

幾千年來，人類製作布料始終受到自然環境的限制。如今在曼徹斯特，他們扭轉局勢，使之完全屈從於人類的意志底下，達成製布目的。像波士頓集團這樣澈底支配自然的作法，生產效益相當驚人：在全盛時期，全國最大的阿莫斯凱紡織廠（Amoskeag Mill）每小時能產出五十英哩長（約八十公里）的布匹。

家庭自製亞麻布的時代已經畫下句點。一八三一年，《新英格蘭農民誌》（*New England Farmer*）指出：「如今在家生產的亞麻上衣（就跟）白色的小公馬一樣少見。」[36]麻州哈德利鎮的歷史學者席維斯特・賈德（Sylvester Judd）於一八六三年寫道：「再也看不到全身穿著沾滿麻屑、纖維及泥土的亞麻衣料又灰頭土臉的人；捶麻機及木刀的打麻聲已成絕響，男孩不再用梳過的絲束生火，紡紗女工的歌聲與紡紗機啪地斷裂的聲音皆不復存。」[37]接下來，他或許直接引用了聖經的《傳道書》，繼續哀嘆：「街門關閉，推磨的響聲微小，雀鳥一叫，人就醒來，唱歌的女子也都衰微。」

時至今日，阿莫斯凱瀑布的鮭魚早已絕跡多年，亞麻市集和棉紡廠也皆不復存——如今曼徹斯特的居民不再捕魚、不再生產亞麻或從事紡棉，這裡成了一座沉悶乏味的後工業城鎮，復健機構與治療中心林立，相當發達。二〇一七年夏天，我來此參加當地的駐鎮計畫，打算順便參觀某間由紡織廠改建而成的博物館，該館前身是阿莫斯凱紡織廠區的三號廠房，歷史相當悠久。我在咖啡館認識了在地人史蒂芬妮，她決定跟我同行。據她表示，雖然她在曼徹斯特土生土長，但念書時從沒聽過這些紡織廠的歷史。

在博物館特展的開幕式上，某個刻有鹿頭雕飾的磨具的解說牌如此寫道：「梅里馬克河一帶的原住民過著自給自足的生活，部落日常所需的每樣物品皆為親手打造。雖然沒有金屬工具，但他們用石頭製造出各種器具，可說是新罕布夏地區最早的『工業家』！」

館內有個展廳重現了曼徹斯特風光一時的「全盛時期」，有汽水店、鞋鋪和糖果屋。這座擁有百年歷史的工業城鎮自從紡織廠紛紛歇業後，究竟經歷了哪些變化？博物館的牌匾清楚寫著，這座曾經以每小時能生產五十英哩長的棉布而聞名的傳奇棉業重鎮如今已不復存，但仍語帶驕傲地說這些過去機器與工人作業的舊廠房經過翻新後，現改由數十間小型商家進駐，有牙醫、髮廊及餐廳等。可口可樂公司打造出一款濾水器來淨化第三世界的水源；兒童博物館有座巨大的阿莫斯凱紡織廠樂高模型，規模是北美最大。展區盡頭是一面名人牆，紀念對曼徹斯特有所貢獻的知名人物：「謹此致敬『眼光遠大的投資先驅，他們在河川下游的洛威爾及勞倫斯（Lawrence）開發紡織新市鎮並挑戰大自然，利用阿莫斯凱瀑布的巨大水力作為生產動能。』致革命將士——『光榮的開國先驅』約翰．史塔克（John Stark）將軍、麥當勞創始人——理察（Richard McDonald）與莫里斯（Maurice McDonald）兄弟，以及影星亞當山德勒（Adam Sandler）。」

我在禮品店買了一件T恤，上面寫著「紡織廠女孩，為女性開闢新道路。」我不禁心想，過去那些真正的「紡織女孩」看到這件衣服應該會滿頭問號，無法苟同吧。

新英格蘭地區的女孩和被迫棄農從工的英國女孩不同，她們家裡大多仍擁有自己的農地，但其主要經濟功能已經被取代。新英格蘭女性去到紡織廠工作後——或者就像某些歷史學者所說的，「跟著」工作走出家門，進入工廠——發現當女工賺錢並不比在家輕鬆，辛苦程度不相上下。一八四五年十月八日，麻州洛威爾市某位名叫黛博拉．希伯特的年輕紡織女工在寫給妹妹莎拉的信中表示：「我一個人得顧四台織布機，在這裡待了快一年半，銀行存款只有九十元。」[38]

不管曼徹斯特博物館的館長如何宣稱，十九世紀中期的觀察家也注意到當時對女性苛刻不公的工作條件。先驗論者奧瑞斯特．布朗森（Orestes Brownson）在一八四〇年代談及洛威爾女工時寫道：「許多人犧牲健康，做到心力交瘁、幹勁全失，但比起剛來時，家境卻沒有絲毫改善。我們必須坦言這些工廠村鎮的死亡率並不特別高，因為那些可憐的女孩再也無法賣命工作時，她們就只能回家等死。」[39]

年輕女性在洛威爾工作的歲月，傳統上就是和家鄉姊妹們一起紡紗織布，產出大量的亞麻製品，好為將來結婚存本。隨著工業機械化興起，製造商試圖用傳統的觀念框架來建構年輕女工對嶄新時局的認知，強調這份工作不但能讓她們出外賺錢養家，還能為將來的婚姻做準備。但是這種新型態的勞力安排會危及傳統勞動單位——也就是家庭——存在的必要性，而讓廠方無法編造複雜的理由來自圓其說，解釋女性的工資為何如此低廉。為了確保廉價的勞力來源，雇主無不竭力掩蓋這些矛盾的現實，但正如我們所看到的，家庭經濟總是藏汙納垢且背負著各種壓力。說到祕密，亞麻織品自有其獨特的隱匿方式，向來深藏不露的貼身衣物——內衣——其實暗藏許多不為人知的祕辛。

# 第二章　女人內衣的祕密

……昨晚妳在我房間過夜，
現在床單聞起來都有妳的香味。

——紅髮艾德（Ed Sheeran）〈妳的樣子〉（*Shape of You*）[1]

Bustle 網站上分享的〈十七種在分手後照顧自己的方法，用最健康的方式找回前進的動力〉其中第五項是：「把所有東西都洗過一遍[2]，例如你一直不想碰的衣物、毛巾、（尤其是）床單等等。而且你知道嗎，如果這段感情談了很久，錢對妳來說又不是問題的話，建議直接換件新的床單，高紗織數[3]的那種。但說真的，把前任的氣味以及存在感澈底從所有纖維製品上消除掉，確實是不錯的開始。」

許多電子及傳統雜誌都不斷重申這一點。生活達人們也一致認為根除痕跡才是療癒情傷的重點。

關於這帖處方，首先必須注意到當今世上許多地方，床單跟性愛有著密不可分的關係。「床單」（sheet）一詞最早出現在一二五〇年，泛指寢具，出自「Schene vnder schete, and beyh heo is schendful」[4]這句話，大致翻譯就是「她在床上的樣子美麗動人，但卻是個妓女。」說到sheet這個字早期的用法，在七五〇年左右原本指的是繃帶，到了一〇〇〇年前後延伸為裹屍布，從此只要提到傷口及屍體就少不了它，後來才演變成情人的窗簾布。到了一三四七年，從喬叟的詩句更可以看出，它已經成為普遍的日用品，甚至是種權利：「他們不知羽絨與漂白的床褥為何物」[5]（No down of fetheres ne no bleched shete Was kyd to hem.）。

床單跟貼身衣物一樣，最初以亞麻布製成，直到十八世紀晚期廉價、大規模生產的棉布問世才被取而代之。因為這層緊密的關係，亞麻布在中世紀成為床單及內衣的借喻，衍生出「襯裡」（lining）、「收納毛巾或床單桌布的壁櫥」（linen closet）、「女性內衣」（lingerie）等字詞。在法國，「亞麻」（linen）一詞[6]在十三世紀時從形容詞轉為指代亞麻家用品及內衣的名詞，成為普遍用法。中世紀富裕人家的財產清單開始列出貼身衣物，其所用的布料通常比外衣更細緻。相較於床單、裹屍布、桌布、餐巾及「toualles」（某種可兼作毛巾的餐巾）等常見亞麻家用品，用來製作內衣的亞麻布料在此時雖屬少見，但就連窮人也不陌生。十七世紀的亞麻布商兩者都賣（前者稱為「linger」，後者叫做「lingerie」）；十七至十八世紀的法國人將之分別稱為「大亞麻布」（gros linge）及「小亞麻布」（menu linge）。某本十七世紀的辭典甚至列出各種不同類型的亞麻織品，包括桌巾、細麻布、厚麻布、日用及夜用麻布等。

到了十八世紀，穿內衣成為女性普遍的習慣[7]，但當時的內衣跟現在卻不太一樣。一七六〇年代，細心嚴謹的夏姆伯格夫人（Mme de Schomberg）整理了一張清單，列出她衣櫃裡的所有物品，可看出她擁有襯裙、襯衫、斗篷（睡袍）、無袖短披肩、裙褶（裝飾襯裙的褶邊）、帽子、長襪等各式各樣的貼身衣物，構成她為數頗豐的庫藏。

現代內衣要等到衛浴發明後才順勢興起。當時女性為避免悶熱引發私處念珠菌感染，大多不願穿緊貼胯下的衣服，這種情形要等到她們有辦法定期沐浴、清洗衣物之後才有所改善。直到二十世紀早期，歐美地區的婦女[8]依然穿著內有襯裙的長裙；燈籠褲（又稱長內褲）自十五世紀以來只有歐洲上層社會的女性偶爾會穿，但這股風潮到了十七世紀基本上已經消失殆盡。這種褲子長及膝蓋，穿法是在腰間及兩膝分別以絲帶或繩子束緊，形成燈籠狀的褲管。至於當代女性內衣則要等到兩種殖民時代的產物——棉花及製造橡皮筋所需的橡膠——興起後才得以問世。

儘管外型跟現代內衣截然不同，但在中世紀歐洲人的想像中，這些貼身衣物就跟床單一樣，暗示著不可告人的非法關係。用亞麻布料來指代「內衣」最早的紀錄出現在十四世紀的某部編年史：「他們身穿如牛奶般潔白的內衣，逃之夭夭」（Alle pei fled on rowe, in lynen white as milke）[9]；而在一六〇七年某齣詹姆斯一世時期復仇悲劇中，它成為男女幽會時所穿的服裝：「他與公爵夫人在夜裡穿著內衣相會。」[10]

莎士比亞這位才華洋溢的造詞大師，似乎就是在一六〇〇年寫成的《無事生非》（*Much Ado About Nothing*）這齣戲中創造出「床第之間」（between the sheets，在劇本中原指信紙，後來就「床單」一意引申為就寢，暗喻男女交歡）這句話，台詞是這麼寫的：「她寫好了信，把它讀過一遍，卻在字裡行間發現培尼狄克與貝特麗絲的名字剛巧寫在一塊兒。」[11]然而，早在十六世紀，教會就透過某種怪誕的公開羞辱儀式承認了床單與性愛之間的關聯。這項儀式後來隨著英國殖民被帶到北美，通姦者僅以一條白床單裹身，手持蠟燭或木棍，被押到市場或教堂前公開示眾。根據一五八七年的歷史記載，「妓女及其姦夫……裹著被單，在教堂與市場馬車上公開懺悔……遭受眾人斥責。」[12]亞麻一方面象徵著外表的體面，另一方面又扮演蒙蔽恥辱的遮羞布，這種一體兩面的矛盾始終纏繞著它，陰魂不散。

自十六世紀以降，不管男性或女性，其社會地位皆與內衣的精細及乾淨程度息息相關。當時人們認為身體有許多孔洞，容易經由水的傳播染上瘴氣，因此平常很少用水洗滌，潔白無瑕的內衣於是成了乾淨的代表。某種程度上內衣確實發揮了清潔作用，因為人在更衣時也能一併將汗水抹除，但主要功能還是作為身分地位的表徵。

近代早期的「禮儀文化」當中有項信條是這麼說的：衣物髒汙代表靈魂不潔。某本一七四〇年出版的禮儀手冊則是強調保持內衣的乾淨有多重要：「因為你的衣服要是潔淨，特別是內衣若能保持純白無瑕，就毋須以華服加身；即使貧窮也能充滿自信。」[13]但對窮人來說，堅持這樣的理想有相當的難度。水在城市裡取得不易，價格又高昂，且布料經過反覆清洗後容易損壞，想保持個人乾淨就必須有足夠的內衣與衣服可供替換，才有時間慢慢清洗。

潔白的亞麻織品成為彰顯家庭禮教高人一等的宣傳手段，這項重任主要落在女性身上，因為她們就是家中負責洗濯的人。正如我們所見，十六至十八世紀的歐洲女性不管在法律上或社會上，地位皆受到削弱。新興的女性身分認同著重她們在家庭中的功能，於是女性成了家庭主婦，仰賴家庭經濟維生，能做的就只有維持自己及全家的外貌形象，包括保持衣物及亞麻織品的整潔。

歐洲人在拓展野蠻的殖民事業時弄髒了自己的雙手，對於潔白無瑕的亞麻布的迷戀亦隨之與日俱增。一七八〇年代初期[14]，巴黎流行將家裡的亞麻織品送到當時名為聖多明戈（Saint-Domingue）的海島殖民地（即今日的海地）接受漂染，以當地的陽光曝曬成藍白色。雖然在法國大革命之前，肥皂已經取代草木灰燼廣泛用於洗衣，巴黎人的亞麻布依然泛著淡黃色調。在赤道的豔陽下，以當地木藍漂染的麻布散發出一種明亮的淡藍色澤，誠如沃博朗伯爵（comte de

Vaublanc）所言：它「帶有某種細緻的質感以及如天空般湛藍的潔白無暇，與法國的亞麻布截然不同。」[15]一七八二年，上百艘船隻組成的艦隊自該地返抵國門，他回憶道：「巴黎街頭充斥身穿漂亮亞麻衫的男男女女，他們的衣服都是在聖多明戈漂染的。這種潔白的衣料吸引了所有人的目光……有人將之與泛黃的巴黎亞麻布相比，從那日起，衣物的洗濯變得非常困難，根本不可同日而語。」

※　※　※

在新英格蘭，精美的白色亞麻布展現出社會的階級差異。最富裕的殖民者家裡壁櫥掛著鑲有花邊的亞麻布、錦緞及花紋織巾。初代移民的清教徒仕紳擔心，對於精美布料的執著恐使人心萎靡。麻薩諸塞灣殖民地總督約翰．溫思羅普（John Winthrop）於一六三〇至一六四九年間留下的日記提供了相當豐富的史料，有助我們具體瞭解當地早期的生活樣貌。他提及波士頓有位婦女，從倫敦帶來「一包相當細緻貴重的亞麻布，整天魂不守舍，心神都放在它身上。」[16]某天晚上，她的女傭不小心把鼻煙燭台的餘燼掉在上面，將布燒得精光。「但上帝很高興，失去這匹布對她有益無害……能將她的心從世俗的物質慰藉中解放出來。」溫斯羅普寫道。由此可看出，在當時的文化背景下人們既要透過精美的亞麻布來展現社會階級，又必須保持適度的淡泊心態來看待這件事。

服裝史學者丹尼爾·羅什（Daniel Roche）指出，無論在城市或鄉村，年輕女性投入大量時間及精力來準備嫁妝，衣櫥塞滿了家用及個人的亞麻織品，但其實根本用不到，而是作為婚禮當天的展示品，且絕不會拿去變賣。女性會與母親一起準備這些結婚用的裝飾織品[17]，其中部分會成為將來女兒的嫁妝，代代相傳。英文裡，母親這邊的家族關係（matrilineal side）[18]又稱為「distaff side」，「distaff」原指「紡紗桿」，正如妻子（wife）這個字的由來也與「編織、織布」（weave）有關。

對大多數女性來說，亞麻織品是她們唯一能擁有的財產。女兒只有在結婚時才會分得屬於自己的家產，父親去世時她們是什麼都拿不到的。在近代早期的歐洲及美國，房屋土地等不動產係採父子繼承制，女兒只能分到帶得走的東西，也就是牛隻以及家用品等「動產」（movables）。構成新英格蘭遺產核心物件的動產通常包括家具及紡織品，其中後者比前者值錢得多。十八世紀的新英格蘭有個名叫約翰·品瓊的人，在他列出的家庭物品清單上，客廳壁櫥只值三英鎊，但裡面收納的桌巾價值竟達十三英鎊以上。美國歷史學者烏利齊指出，「擁有不動產使男性權力得以鞏固。在此制度下，女性本身成了動產，當她們從原生家庭移動到另一個男性戶長家庭時，不只姓名，就連身分想必也隨之改變。」[19]

美國女性的財產權確立在英國普通法關於已婚婦女身分的概念基礎上：女性一旦結婚[20]，作為個人的法律存在將隨著「夫妻合一」（marital unity）這項法律擬制的成立而廢止，意思是夫妻結婚後即視為一體，妻子的法律存在完全依附在丈夫底下[21]。

在這項制度下，已婚婦女在法律上不能擁有任何東西，但實際上亞麻織品屬她們所有，已經是種約定俗成的認知。「已婚婦女的法律身分」（coverture）[22]一詞最早出現在一二〇〇年左右，本來指的是床罩或被褥，而在被褥之下的床單，理所當然就是屬於女性的領地。根據當時法律規定[23]，女性不具有子女的親權，因此已婚婦女一旦獲准離婚或者離開丈夫，就再也見不到小孩。但丈夫可以索討妻子在外所賺的任何工資，並擁有絕對的性愛求取權。在婚姻關係中，妻子的意願屬於默示同意，因此依法所有與性相關的活動都是合法的。

女性既無權繼承土地財產，子女與身體也不歸屬自己所有，她們只能在亞麻布上留下印記，宣示所有權。不像土地可以透過地契來查明，就定義來說，動產並不在法律的規管範圍內，但關於女性財產的繼承，儘管稍嫌簡略，依然是有跡可循的，原因就在於她們會費心在亞麻織品繡上身分標記，如果不是全名就是縮寫。當時某份財產調查指出：「有兩套床單上面繡著EC，部分新品則是MC，還有一套繡著漢娜這個名字。」[24]女性用自己的姓名與徽飾妝點織品，有時是想留下自己存在的足跡，不甘被世人淡忘，誠如某位十八世紀女性所繡的詩句所言：

我死後入土，
身腐化枯骨，
睹物亦思人，
倩影永不忘。[25]

在工業革命改變工作的性質之前，家庭是最基本的生產單位。然而到了十九世紀，家庭的生產功能被剝奪，工廠布料取代手工紡織，菜園和罐裝食材成了加工食品。不過有些家務工作卻屹立不搖，並未隨之出走。照顧小孩[26]及其他或許能幫忙下田，但無法出外賺錢的家庭成員——比方說殘疾者或老年人——此刻變成女性肩上的重責大任，這同時也使她們失去與男性平等從事有薪工作的機會。

十九世紀中葉以降，資產階級普遍存在著一種理想的家庭形象，認為賺錢是男人的事，女人就該待在家裡操持家務，從事無酬的勞動，這種觀念使得家庭被塑造成遠離事業與競爭的避風港。勞工歷史學者哈里斯認為這是十八世紀所發展之「家庭規範」（domestic code）概念的延伸，認為女性在家庭內扮演的角色是衡量其道德品性的標準。

竊取英國織機技術帶回美國創業的法蘭西斯・卡巴特・洛威爾（Francis Cabot Lowell）以

「既能存錢籌備嫁妝，又能供兄弟念完大學或者替家裡還債」為誘因，吸引農村的單身年輕女性加入，目的就是為了讓紡織廠的工作也能見容於家庭規範對女性角色的制約。他於一八二一年在麻州洛威爾開設紡織廠，安排年輕女工住進管理嚴格的宿舍，並向父母保證，透過勤奮工作與紀律的陶冶，她們將來一定會成為賢妻良母。宿舍的女舍監每晚十點嚴格實施宵禁，誠如波士頓聯合公司的公告所言：「經常缺席安息日公眾禮拜或已知觸犯悖德罪行者，本公司一律不予採用。」[27]這些女工每天工作十二個半至十三個半小時左右，週薪約為美元二塊半，但須扣除一塊二毛五的膳宿費。

一八四〇年代，儘管只有一成的美國女性從事有薪工作，但總人數加起來卻占了全國工廠勞動人口的一半。在紡織、製帽及製鞋業，女性勞工的比例甚至更高。新英格蘭地區部分的紡織廠，有高達八至九成的作業員是女性。由於女工相當便宜，無怪乎工廠都要僱用女性。整個十九世紀，女性工資始終只有男性的三分之一到二分之一不等，單身女性連要養活自己都不容易了，更何況要扛起家計。然而證據顯示，在工廠工作的女性經常扮演家庭經濟支柱的角色。在英國，與馬克思共同創建馬克思主義的恩格斯（Friedrich Engels）在一八四五年觀察到，比起昂貴的男性勞工，工廠經營者更喜歡採用廉價的女性及童工。他對此感到相當絕望，認為這種勞力安排「使男人失去身為男性的價值，讓女人一點都不像女人。」[28]但另一方面，他又精闢地說：「如果說因為工廠制度而造成婦奪夫權的必然結果有違人倫常理，那麼丈夫自古以來對妻子的支配操控肯定也是同樣道理。」

即使有大量證據顯示事實剛好相反，工廠業者依然不斷找藉口合理化女性工資偏低的現象，宣稱家庭收入能貼補其不足的部分。

堅持女性應該勤儉持家的「家庭規範」並非對真實情況的描述，而是一種意識形態。在美國，這種觀念在種族及階級歧視的加乘之下成為對女性的懲罰。畢竟女性若想贏得社會敬重，關鍵在於她必須待在家裡相夫教子，不能參與勞動，因此那些被排除在外者有很大一部分是新移民與黑人，與白人不成等比。一九〇〇年以前，美國的有薪勞動人口中白人女性的比例不到二成，但黑人女性至少是她們的兩倍。黑人男性找不到好工作，加上剛解放的非裔族群普遍貧窮，導致黑人女性必須出來工作賺錢養家活口[29]。

若說女性因為能靠家裡養所以工資低廉是種迷思，那麼把家庭視為不食人間煙火的避風港也是錯誤的想法。事實上，女性大多待在家裡從事有薪的計件工作。十八世紀婦女繡製的是自家的亞麻織品，到了十九世紀，新一代的女性在家替人穿針引線，賺取微薄工資。

一八二〇年代，美國城市開始有人以縫製成衣維生，當時新英格蘭的女性也開始進入紡織廠工作。事實上兩者相輔相成，互為因果。在手工織造的時代，製作布料必須花上更多的時間與成本，手工剪裁亦然。相較之下，工廠製造的布料要便宜許多，因此成衣量產順理成章成為紡織業的下一步。成衣經過剪裁後由批發商分派給婦女，她們不是把衣服帶回家就是在裁縫店加工。截至一八四〇年代，工廠生產的成衣大多為男性內衣，包括汗衫與長度及膝或小腿的緊身內褲（pantaloons），到了一八五〇年代又多了女性的緊身胸衣（corset）。緊身胸衣（束腰）在十九世紀極盛一時，服裝史學者羅什稱之為「內衣崇拜」（cult of underwear）。資產階級追求華麗的服裝風格盛行，吹起女性穿戴束腰的風潮，這意味著她們必須套上厚重無比的蓬裙，忍受腰部被勒到喘不過氣的痛苦，著裝之後根本寸步難行，更遑論工作。羅什表示，「毫無生產力的女性形象透過這種服裝一覽無遺，這是一種純粹的展示、純粹的消費，但在性別議題上卻暫時性地完全噤聲。」雖然資產階級婦女的緊身胸衣多少帶點炫耀的意味，顯示它們並不適合穿來工作，但製作這些內衣的裁縫女工一天通常得工作長達十四小時。

十九世紀中葉的美國女性若想靠工作養活自己，除了工廠幾乎別無他選。在歐洲她或許可以去當家庭教師，但這項工作在美國並不常見。不然也可以自己開店或辦學，但兩者都需要資本。沒有資金，除了下海當阻街女郎以外，縫紉是唯一的選擇。雇主便是利用這種極度缺少選擇的劣勢，肆無忌憚地剝削女性。

十九世紀裁縫女工的處境是出了名的悲慘。《紐約先驅報》（*New York Herald*）在一八五三年寫道：「就我們所知，沒有任何一種女工的待遇比她們更差，生活過得比她們更窮苦。」[30]「一個裁縫花兩天做一件外套可以賺五塊，襯衫女工每天工作十二至十四小時，最多只能領一塊半。」她們按件計酬，每週平均收入二塊半美金，但有二成五的人僅能賺到一塊半。英國詩人湯瑪斯．胡德（Thomas Hood）曾寫道，一般裁縫女工幾乎連自己的裹屍布都買不起。他特地為這些女性寫了一首流行小調《襯衫之歌》（*Song of the Shirt*）：

手指磨破了，又疼又瘦，
眼皮千斤重，又累又紅，
她衣衫襤褸，不像個女人，
手持針線，不停地縫、縫、縫！
饑貧交迫，蓬頭垢面，
仍哼著悲涼的曲調——
但願能將心聲傳入富人耳裡！
——唱出這首《襯衫之歌》[31]

十九世紀的美國社會賦予女性的選擇相當有限，卻允許白人男性力爭上游，創造階級流動。的確，就是這個時代定義了所謂美國男性「白手起家」的奮鬥神話，而當代中期最偉大的創業故事之一，就是縫紉機改良者——伊薩克・梅瑞特・辛格（Isaac Merritt Singer）從無到有的發跡歷程。

一八二九年，紐約州的羅徹斯特已經是繁華大城，吸引鄰近鄉下的年輕人前來發展，包括當時十七歲的辛格。他在十二歲時離開紐約州奧斯威戈（Oswego）的老家，來到羅徹斯特投靠哥哥。翌年，十八歲的辛格在一間替農民和工匠製造及維修機器的店家當學徒，四個月後，他得到一紙在奧本（Auburn）的工作合約，負責生產製作車床的機器，從此出師自立門戶。辛格身上有種不斷前進、求新求變的特質，正如法國歷史學家亞歷希斯・托克維爾（Alexis de Tocqueville）在一八三一年所觀察的，他寫道：「（美國人）沒有積習，亦不墨守成規……人人都想發達致富，出人頭地。」[32]

此外辛格還加入劇團四處巡演，他在該團團長愛德溫・狄恩（Edwin Dean）面前秀了一段《理查三世》（*Richard III*）的獨白，說服對方錄用他。晚年時，他老愛吹噓自己是「當代最傑出的理查代言人之一」[33]。但說起來他也不是沒有批評者，當時某位劇評家就形容他的表演「粗俗而浮誇」[34]。一八三五（或一八三六）年，他搬到紐約並在印刷廠找到一份工作，但他對戲劇始終無法忘情。翌年春天，他拋妻棄子，加入流浪劇團擔任先遣人員，到處演出。他居無定所，沒什麼演出工作時，就靠打零工養活自己。

伊利運河（Erie Canal）開挖成功，帶動一連串的運河建設。一八三九年，辛格在芝加哥當工人，當時他哥哥正好承包了伊利諾及密西根運河的工程。辛格就是在這裡做出他的第一項發明：用曲柄操作的鑽岩機。他以二千元的代價將專利售出，這在當時是筆不小的數目。大賺一筆之後，他說服情婦瑪麗・安・史波斯勒（Mary Ann Sponsler）到芝加哥來找他，兩人在當地成立劇團，取名為梅瑞特劇團（Merritt Players），演出戒酒劇及莎士比亞。儘管辛格從未答應瑪麗安的要求，與元配離婚並正式娶她為妻，但對外她就成了眾所周知的辛格夫人，顯然她是妥協了。他們巡迴各地演出，四處漂泊，直到一八四四年，一家人（包括蓋斯、芙勒蒂、約翰、芬妮等兒女）才在俄亥俄州菲烈德利斯堡（Fredericksburg）安頓下來，辛格在當地找到一份雕刻字模的工作。

當時美國的報紙標題都是用木製字模印的，必須靠手工雕刻，相當吃力，於是辛格開始著手研發可以自動刻製木版的機器。他曾經靠發明嘗到甜頭，這次打算如法炮製，希望能再大賺一筆。他找來喬治・齊伯（George Zieber）合夥投資，齊伯帶他去當時出版業的重鎮——波士頓——尋找買家。辛格在哈佛廣場十九號一樓租了一間工作室，投入活字製版機的研發。在同樣是租來的隔壁房間內，有群機械技師正試著解決另一台新式機器的故障問題。該台機器由勒羅及布洛傑特公司（Lerow and Blodgett）生產，係根據伊萊亞斯・豪爾（Elias Howe）於一八四六年發明的專利模型製造，用意是為了取代人工，從事過去只能仰賴雙手完成的工作——縫紉。

豪爾發明的早期縫紉機型裝有彎曲的縫針及鎖線用的飛梭，後者在縫紉時會不停旋轉，進行圓周運動。但這款縫紉機有個缺點，就是不能變換方向，因此僅適用於直線車縫，此外它還經常故障。當時齊伯建議辛格暫時放下製版機，試著幫忙修理縫紉機，據說他是這麼回應的：「這機器實在太邪惡了……女人就只有在縫衣服時才會安靜，竟然有人想讓這手工活消失。」[35]

儘管心存疑慮，辛格還是修好了縫紉機並加以改良，使其能變換任何方向，從而創造出第一台真正實用的縫紉機，並且以腳踏板來取代用手拉柄帶動的方式，相當方便。齊伯相當高興，開始著手申請專利。後來兩人找來他們工作店家的老闆奧森・菲爾普斯（Orson Phelps），三人合夥成立公司。辛格是個身材魁梧的大男人，高達六呎五吋（約一九六公分），不希望自己的名字出現在如此女性化的機器上，所以一開始就沿用跟著馬戲團大亨巴納姆（P.T. Barnum）來到美國的歐洲女歌手之名，把這台縫紉機稱為「珍妮琳德」（The Jenny Lind）。但經過一番考慮後，辛格他們認為這個名字總有一天會過時，於是改名為「勝家」（The Singer）。

辛格在一八五〇年初次見到縫紉機之前，已經有不下四個人做過類似的發明。一七九〇年，英國有位名叫湯瑪斯・聖特（Thomas Saint）的家具木匠為他所設計的裝置申請專利，該裝置有許多特色後來被辛格用在縫紉機上。但這款機器從未真正問世，其設計圖被埋沒在另一項專利文件裡，介紹各種用黏膠製作鞋子的新方法。

第二款縫紉機的發明者是法國人巴瑟米．蒂莫尼埃（Barthelemy Thimonnier），他是位經驗老到的裁縫師，住在當時法國紡織中心里昂附近的昂普勒皮（Amplepuis）。他在一八三〇年發明了一種鏈式縫紉機並取得專利，但這款機器速度緩慢，操作起來相當笨拙，只能縫製鏈狀線跡（不同於鎖式線跡，鏈狀線跡的線要是斷了就很容易脫落）。儘管如此，他還是順利找到金主，在巴黎開了一間工房。一八三一年，蒂莫尼埃手下有八十名女工替他做事，專門生產軍裝。當時有一群裁縫師傅（大約二百名），察覺到蒂莫尼埃的縫紉機已經威脅到他們的生計。眾人深恐飯碗不保，於是衝進工房，將縫紉機通通丟出窗外。蒂莫尼埃逃回昂普勒皮，研發出另一款改良版的縫紉機，取名為「couso-brodeur」。但就在他試圖東山再起時，一八四八年爆發法國大革命，他的工廠在戰火中再度毀於一旦，為了保全性命，他決定逃往英國。

一八三四年，美國人瓦特．杭特（Walter Hunt）在紐約的阿莫斯街發明了第三款縫紉機，此外他也是安全別針及旋轉式掃街機的發明者。他本來有意將縫紉機送給女兒卡洛琳作為縫製胸衣之用，卻被拒絕。她表示當時許多裁縫女工過著有一餐沒一餐的生活，這麼做可能會危及她們的生計。於是杭特打消這個念頭，同時也放棄了這項發明。

不久之後，另一位美國人也發明了縫紉機。一八四六年，伊萊亞斯・豪爾製造出改良版的縫紉機並申請專利。他遠赴海外開發市場，卻為此吃盡了苦頭。豪爾的第一位買家是倫敦戚普塞街上的束腰業者，他被對方占盡便宜，吃了大虧，最後身無分文地返回美國。事實上，他窮到連妻子小孩在早他一天出發前往美國時，去跟洗衣婦拿回衣服的錢都付不起。

因此，縫紉機在當時仍然是種新奇的玩意兒，其價值並未立即受到矚目。一八五一年，倫敦水晶宮舉行的世界博覽會上展出了幾台縫紉機，但乏人問津。對此，義大利《羅馬報》（*Giornale di Roma*）記者寫了一篇相當生動的描述：

> 再往前走幾步，在一台小小的黃銅機器面前停下。跟燉鍋差不多大小，你以為那是烤爐，但根本不是。哈！哈！它是一台裁縫機器。沒錯，就是貨真價實的縫紉機。放上一塊布，它會突然躁動起來，扭來扭去，發出刺耳的尖銳聲響——這時剪刀伸出——布被剪開，針車開始動作。仔細瞧，它正如火如荼縫紉著，走三步不到，就有兩片無以名狀的東西扔到你的腳邊，而那台失去耐性的機器，焦躁不安又氣沖沖的，似乎正等著你趕快遞上手上的第二塊布。[36]

縫紉機歷經許多人的發明。在美國，一八四〇至五〇年代出現的主要製造商都很快地申請並取得各種改良的專利，最後演變成彼此互告侵權的亂鬥局面。

豪爾兩手空空地從英國回來後，堅持對任何生產類似機器的人提告，且態度相當強硬。到一八五三年為止，除辛格以外，其他四家最大的縫紉機製造商都接受了豪爾的條件，並在他的許可下生產。當時豪爾表示願意將權利賣給他，辛格一聽勃然大怒，揚言要把他從機械工廠的樓梯踢下去。

一八五六年十月，這場專利權之爭發展到緊要關頭：三家主要競爭廠商——勝家、惠勒與威遜（Wheeler and Wilson）、葛洛佛與貝克（Grover and Baker）——各自派出代表齊聚紐約州的奧爾巴尼（Albany）互訴對方專利侵權，準備開庭審理。葛洛佛與貝克公司的委任律師奧蘭多．波特（Orlando Potter）想出絕妙的解決方案，提議集結並整合各家公司的技術專利，組成縫紉機專利聯盟（Sewing Machine Combination），最後豪爾被説服加入。任何有意生產縫紉機者皆能向該聯盟申請授權，代價是每賣出一台必須繳納十五元作為權利金，並另付五元給豪爾。這種法律上的創新作法對後來的汽車、收音機及其他商品等製造業產生重大影響，美國司法部反托拉斯署的成立，主要就是為了處理這類專利集中授權（patent pool，又稱為專利池）長久性的影響。

由於縫紉機是最早針對消費者市場大規模生產的複雜機器，其生產機具只有在兵工廠才找得到，因此第一批縫紉機其實是在兵工廠做的。直到一八六〇年代縫紉機製造業才真正獨立出來，自成一家。一八六三年，《紐約每日論壇報》（*New York Daily Tribune*）的記者參觀了某間工廠後倍感震撼，以激昂的筆觸寫下所見所聞：「（所有零件）看起來幾乎一模一樣，加工完成後通通丟進某個盒子裡，一個個都是組成機器不可或缺的部件，而且完全不須再用銼刀加以調整。」[37]一八五八年，《英國機械師雜誌》（*English Mechanic's Journal*）向讀者說明：「在美國，縫紉機是在專門大型工廠以改良過的機器設備製造的，因此以機械部件而言，縫紉機本身的構造就是最完美的。」[38]

勝家公司在一八五七年自家發行的《公報》（*Gazette*）上自誇，稱該公司在曼哈頓莫特街新蓋的工廠價值高達四十萬美元。除了槍枝以外，這是首次有如此大規模的資金投入消費性商品的生產。一八五六年，勝家公司生產了二千五百六十四台縫紉機；一八九〇年，產量更高達一萬三千台。

勝家牌縫紉機在市場上大勝其他競爭對手，原因在於辛格善於宣傳，天生就是最佳的廣告代言人。他早年當過劇團演員的歷練在此刻派上了用場，他即將扮演此生最偉大的角色，以本人的身分巡迴全國各地行銷。他不僅在租來的會場、市集和嘉年華會上親自示範操作，甚至獻唱自己詮釋、令人聞之鼻酸的《襯衫之歌》。他必須說服那些花錢不眨眼的美國農民，讓他們相信家裡也需要擺上一台過去從來用不到的新機器，而這玩意兒最初竟然要價一百二十五美元。

當時縫紉機製造業者面臨的各種挑戰中，最困難的莫過於如何在美國這樣一個仍以自給自足為主的農業社會順利將機器推銷出去。過去家戶所需的任何日常用品不是自己製作——比如亞麻織品和家具——就是能以低廉的價格買到，比方說鍋碗瓢盆。唯一的例外是槍。但槍的功能無可取代：它可以提供食物，並在前線保家衛國。至於縫紉機就不同了，有個東西能替代它，就是女性的時間與精力。一八五九年，法蘭克．萊斯利（Frank Leslie）的《圖畫週報》（*Illustrated Weekly*）刊登了一則漫畫，上頭寫著：「普朗利先生[39]再也不想自己縫外套，決定買台縫紉機。於是他買了一台永遠不會故障也不用花錢維修的機器（圖中是名年輕女性）。結婚幾個月後，普朗利先生相當失望，因為他發現想擁有這台機器確實需要付出某些代價（上圖那名女性已經變成一名嘮叨不休的妻子）。」

用機器來做家務在當時是相當新穎的概念，雖然在勞動力匱乏的美國，創新的機械發明受到農民及工廠業者的青睞，但在家庭場域中是否亦然仍有待商榷。由於買縫紉機的通常都是男性，但實際上女性才是真正的使用者，因此不免令人質疑，買下這種能夠替女人省下大把時間的發明究竟能有什麼好處？女人會把多出來的空檔拿來做什麼？一八六六年，《哈伯斯週刊》（*Harper's Weekly*）刊登了一則漫畫，描繪某個推銷員向一群太太示範操作縫紉機的畫面。圖說寫著：「媽媽，這發明實在太棒了，快又有效率！天啊！我想不出女人現在除了讓自己變聰明之外還有什麼事可做！」[40]

打從一開始，勝家公司的廣告文宣就鎖定女性。他們的宣傳手冊宣稱：「縫紉機的重大意義」[41]在於它省下了無數的時間，「讓孩子有更多時間與機會及早接受教育及訓練；就是因為少了這種磨練，才會有那麼多人一事無成，宛如可憐的殘骸散落在人生海岸上。」文中還自誇「它（縫紉機）為女性開闢了無數的就業管道，並讓所有人都能享受到過去只有少數富人才能享有的舒適生活。」

某些觀察者——例如發明家杭特的女兒卡洛琳——擔心襯衫女工會因此飯碗不保，但其實是多慮了，過去手裡掐著針線的縫紉女工如今轉型成為針車操作員。但成衣加工不像縫紉機的鑄鐵外殼可以用機器鍛造，從以前到現在，服裝業者都必須仰賴龐大的人力來處理布料，這是始終省不了的成本，而大型成衣製造商為了從中擠出利潤，往往將這項工作派給女性來做。

成衣的概念始於一八二〇年代，雖然跟縫紉機的發明無關，但它的出現確實大幅加速並奠定了成衣的發展。到了十九世紀末，縫紉機日漸普遍，加速服裝業的集中化，工作競爭更形激烈。製衣廠的工作條件是出了名的惡劣，就像傳統襯衫女工戰戰兢兢，深怕飯碗不保，針車操作員同樣受盡壓榨。無良業者對時鐘動手腳，拉長工時；鎖住工廠大門，工人未經允許不准上廁所。他們還以容易遺失的小紙條作為發薪憑據，工人必須妥善保存這些紙條，日後才能支領工資。當時整個服裝業充斥著以出賣身體來換取輕鬆工作的風氣。

在那個「高尚」女性被工廠拒於門外、窮人婦女卻做得要死不活的時代，性的道德領域出現了更虛偽的假象。社會上認為資產階級理應都是純潔的良家婦女，反觀勞動階級，為了生計而下海賣身者卻是屢見不鮮。事實上在整個十九世紀，妓院與針線對身無分文的底層女性而言有如天秤的兩端，她們在兩者之間來回擺盪，游移不定。

威廉・桑格（William W. Sanger）是紐約布雷克威爾斯島（Blackwell's Island）[42]的住院醫師，根據他在一八五七年所做的估算，島上大多數的女性居民都是娼妓：在貧民所約占五成，監獄則將近百分之百。當時有不少女性利用賣淫來賺外快，可見她們的工資有多低。一八八八年[43]，美國勞工委員會的報告指出，訪談的三千八百六十六名娼妓中，有近三分之一的人曾在私人住宅、飯店或餐廳提供「服務」，另外三分之一沒有其他有薪工作，剩下三分之一則是從事各種非技術性的低薪職業。在注重體面的工作場所，雇主採取了某些作法：一八八〇年代，百貨公司經理拒絕聘用不住在家裡的女性來當售貨員，因為他們擔心對方會迫於經濟壓力而去賣淫。

俄國作家契訶夫（Anton Pavlovich Chekhov）在一八八九年發表短篇小說《神經發作》（*An Attack of Nerves*），故事主人翁是名學生，他與朋友去逛完紅燈區後，感受到道德淪喪的危機，因而徹夜未眠，試圖解決女性賣淫的問題：

> 他回顧這個問題的歷史和文獻，花了一刻鐘的時間在房間來回踱步，試圖將現時能拯救這些女性的一切方法都記在腦海裡……有人替她們贖身，為對方租了一間房，買了一台縫紉機，於是她成了裁縫女工。無論這是否他的本意，他替女子贖身，讓對方當起他的情婦，卻在完成學業後拋下她離開，將她託付給另一個正派的好人，彷彿移交物品一樣。但女人一旦墮落就無法回頭。有人則是為對方找了單獨的住所，不可免俗地買了縫紉機，教她認字讀書、向她傳道，還給她看書。女人覺得新奇有趣，就會住下來，做起針線活。後來厭煩了，便開始偷偷接客，或乾脆逃回妓院，回到那個可以睡到午後三點，有咖啡喝還有豐盛晚餐可吃的地方。[44]

今日我們所想到的內衣形式，最早就是始於這些歡場女性。不同於象徵高尚體面的緊身胸衣，歷史學者史都華・艾文（Stuart Ewen）認為女性內褲的出現與妓女有關，而且「內褲穿在女性身上散發出強烈的情色氣息——比不穿更濃烈。」[45]據時尚藝術史學者安妮・哈蘭德（Anne Hollander）表示，法國康康舞的發明就是為了「迎合這種特殊的異色好奇心」[46]，展示舞者裙擺下的花邊內褲，而蕾絲花邊通常也是維多利亞時代色情畫作描繪的重點。

賣淫這項職業本身即意味著男性在婚姻之外，並不用像維多利亞時代的女性一樣謹守三從四德、潔身自好，還是可以到處拈花惹草。這種雙重標準的最佳示範非辛格莫屬。他喜歡勾引那些被他找來示範操作縫紉機的漂亮女孩，已經成了公司上下皆知的祕密。

他在紐約時財富正值巔峰，他決定要大肆炫耀一番。為此他設計了一輛鮮黃色的加長馬車，繞著中央公園來回遊行。馬車可容納三十一人，兩側還伴隨著十六人的樂隊及隨扈。他養了三個家庭，一個對外公開，另外兩個並未曝光，家人毫不知情，三戶用的都是不同的假名。

一八六〇年八月，辛格在外金屋藏嬌的事東窗事發。當時眾所周知的辛格夫人——為他生了十個孩子的瑪麗安——搭著馬車行經第五大道，目睹辛格與名叫瑪莉．麥高尼格（Mary McGonigal）的年輕女子共乘敞篷馬車從對向迎面而來。瑪麗安一時之間無法反應，只能放聲尖叫，她後來回想：「當下我一句話都說不出來。」這場桃色風暴導致一發不可收拾的醜聞。瑪麗安大發雷霆，卻被辛格打得不省人事。這絕非她第一次挨打，卻是她首次鬧上警局，控訴辛格打算活活掐死她。

這時瑪莉已經跟辛格在一起九年了，還替他生了五個小孩。為了躲避隨之而來的醜聞騷擾，辛格於一八六〇年九月十九日，帶著瑪莉年僅十九歲的妹妹凱特遠走歐洲。瑪莉對於自己被公開羞辱深感顏面盡失，於是帶著孩子移居舊金山並改名馬修，靠著縫紉——不然還有其他選擇嗎？——拮据度日。

如同紡織業，成衣業一開始是從女性的工作中應運而生。正如漢米爾頓所言，女性勞力就像瀑布，是一股豐沛、廉價又強大的力量。但光憑這一點並不足以促成我們所知的全球服裝業，還有賴於另外兩項關鍵因素，那就是西方企圖染指世界各地的殖民統治及跨國黑奴買賣，加上這兩股力量合流，才造就出今日的棉業貿易。

# 第二篇◆棉花

# 第三章　德州的棉花田

現代人的隱喻是機械的隱喻。我們將自己視為萬物的主宰後，開始將造物本身及我們對它的概念機械化。我們開始把天地萬物視為原物料，用機器將世界改造成人造的桃花源。[1]

——溫德爾．貝瑞（*Wendell Berry*）

隨著工廠生產的棉布出現，亞麻很快就從歐洲人及北美殖民者的床上及身上絕跡。在棉花面前，歐洲人的古老服飾潰不成形。這種植物有著某種怪異的美感，鬆軟的棉鈴[2]可以拿來紡紗織布，具有相當不錯的柔軟度。棉花的纖維長在棉鈴內，待蒴果成熟裂開，便光明正大地露出，不像亞麻暗藏在莖桿裡。若是對歷史毫無所知，看著這種柔弱的植物，很難想像它背後所隱瞞的真相：過去五百年內，有些人之所以能靠棉花大發利市，是因為他們對別人的苦難往往表現出一種難以形容的冷酷淡漠。製棉過程中，工人的性命被視如敝屣，自然景觀也遭受同樣殘暴的對待。與亞麻不同的是，棉花栽植不僅是美國過去的一大特色，也是造就它今日面貌不可或缺的一部分。

二〇一二年十月，我前往德州拉巴克市（Lubbock）參觀棉花收成。

我跟丹尼斯・麥吉（Dennis McGeehee）坐在採棉機前端的駕駛艙，低頭就能看見白茸茸的棉球被眼前一排黃色的分叉機械手臂團團吸起。手臂共有八支，各自負責一路，順著筆直的動線前進，沿路採摘。採收機大約是坦克車的兩倍高，我們駛過平坦的棉田，邊採邊將棉花輸送到後端的貯存艙。我從後視鏡裡看見身後留下一大片光禿的褐色莖桿，了無生氣，枯索蕭然。我們眼前的棉花不久前才噴過乙烯利[3]（Ethephon），纖細枯乾的莖桿上綻放著碩大迸裂的棉鈴。乙烯利在植物體內代謝後會變成強效的乙烯荷爾蒙，有助催熟，因此果農會用它來幫助水果「除青」，以決定果實熟成的時機。同理，棉農也會在田裡噴灑乙烯利，好讓所有棉鈴同時迸裂，方便採收。

美國是世界上最大的棉花出口國，占全球生棉貿易總量的三分之一。這主要是因為世界前二大棉花生產國——印度及中國（美國位居第三）——必須將產量留給國內大規模的紡織業使用所致。反觀美國，雖然揚棄了過往生產丹寧、燈芯絨、帆布及法蘭絨等布料的棉織廠，仍堅守著自己的棉花產業，不肯任其荒廢。

丹尼斯將手輕輕靠在採收機的方向盤上，實際上採收機是自動駕駛，透過GPS定位，沿著近乎完美的直線前進。這應該是世界上最平坦的地方了，我想。這根本不是一塊地，而是笛卡爾的座標平面。一個半世紀以前，美國軍隊與科曼奇（Comanche）原住民的戰爭接近尾聲之際，白人士兵在此受平坦廣闊的地形所惑，分不清楚東南西北，因而在作戰時屈居下風，吃盡苦頭；當地的科曼奇人則是透過對周遭植物變化細微的觀察，成功掌握方向。

時近傍晚，夕陽快要下山。駕駛室的警示聲鳴起，提醒我們後艙快滿了。我們得先停下來，讓運棉車——其實就是槽車——將棉花卸下、載到田邊，接著整批倒入壓模機，以數千噸的油壓將棉花壓製成型，看上去儼然一條巨大的土司麵包。壓好的棉磚堆在田邊，最後再用半拖車載到軋棉廠進行加工。

丹尼斯是拉巴克當地的棉業集團大亨之一。在美國人的想像中，棉花是屬於南部的作物[4]，但一九二〇年後，工業化生產的大型「棉花農場」開始發展，將棉花生產從南部轉移到西部。在我造訪時[5]，拉巴克周遭地區已經成為美國耕種面積最大的產地，無人能出其右。當地地形平坦[6]，相當適合使用棉花採收機進行機器作業。這裡的農場幅員遼闊，以丹尼斯的棉田為例，占地就廣達數千英畝。

在我們等待裝卸作業時，丹尼斯跟我說他們再也不必擔心棉鈴象鼻蟲害。這種蟲子是棉花的殺手，遇上牠必死無疑。「科學家在棉籽中加入一種毒素，能殺死棉鈴蟲。」但他們還有另一個棘手的問題，那就是地鼠。「牠們前排長著陳年的大門牙，會鑽進土裡把『帶子』咬破二十次，」他說。他口中的「帶子」在拉柏克指的是「滴灌膠帶」，是鋪設在地底下的灌溉水管。「他們認為不該殺死這些可惡的傢伙。但我們覺得大有必要。」我嚴肅地點了點頭。

一七九〇年[7]，美國總共種了一百五十萬磅（約六十八萬又三百八十九公斤）的棉花。一七九三年，惠特尼發明軋棉機；過了七年後，國內棉花產量在一八〇〇年來到三千六百五十萬磅（約一萬六千五百五十六噸）。到了一八二〇年，更高達一億六千七百五十萬磅（約七萬五千九百七十七噸）。軋棉機問世後的三十年內，美國國內有上百萬名黑奴被賣至深南地方（Deep South）從事棉花栽植，到了一八三〇年，全美有十三分之一的人口——以黑奴占多數——都在種棉花。

橫跨大西洋的黑奴買賣於一八〇七年明令禁止[8]，但美國本土的蓄奴風氣仍方興未艾，農園主人對奴工苛刻的程度不亞於其對土地的剝削。只種植單一作物會損耗地力；美國作為主要棉花生產國，過去只要農田地力耗盡，園主就會繼續尋找其他土地取而代之：先去南方，接著是西部。棉田經過蹂躪後貧瘠不堪，致使業者必須不斷尋覓肥沃的土地另起爐灶，這種需求帶動了美國建國初期的領土擴張。任何新開發地區的土地一旦耗竭，為了獲取新領土，就必須將當地的原住民除之殆盡。

一八三八年，切羅基人（Cherokee）被逐出位於喬治亞州的原鄉，被迫將土地讓給白人種棉。「我打過內戰，目睹成千上萬的人慘遭屠殺，被子彈打得體無完膚。但驅逐切羅基人是我見過最殘忍的事。」[9]某位後來加入南方邦聯的喬治亞志願士兵寫道。在田裡被逮的原住民眼睜睜看著家園陷入一片火海。耕地快速枯竭的壓力迫使棉花業者西進德州，面積最大的新興棉花栽種區就座落在一八四八年從墨西哥搶來的土地上。

南北戰爭使棉花農業失去黑奴的勞動力，種棉業者與經濟學家都急切地想知道在沒有黑奴可用的情況下，怎樣才能便宜地生產棉花。一八六五年春天，喬治亞州的《梅崗電訊報》（*Macon Telegraph*）寫道：「我們眼前最大的問題是該如何將全國的黑人勞力據為己有。」[10]

戰後獲得解放的黑奴被剝奪了土地的使用權，加以生計受到諸多限制，無法藉由狩獵、捕魚、採集水果及堅果、在公有地畜牧等其他方式謀生，他們被迫淪為分成制的佃農，勞力無形中遭到「竊據」；無法透過租佃制度達成的剝削，則在《黑人法典》（*Black Codes*）的授權下，允許地方當局以輕微的違法情節為由逮捕解放黑奴，強迫他們從事非自願性的勞動。

強迫黑奴回去種棉以重建美國南方棉業版圖的策略相當成功，成為全世界仿效的典範。到了一九〇〇年，這種透過懲罰性的終身債務制度來脅迫佃農種植棉花作為經濟作物的手段，成為業界最常見的作法。

二十世紀初，無論白人或黑人佃農皆深受這種制度之害。一九三〇年代，小說家詹姆斯・艾吉（James Agee）被《財星》雜誌（*Fortune*）派往南方撰寫有關白人佃農家庭的報導，他在那裡陷入道德恐慌，最終催生出他那沉重不堪的名作《讓我們來歌頌那些著名的人們》（*Let Us Now Praise Famous Men*）。專題進行到一半，艾吉目睹農民赤貧的悲慘境遇以及債主的貪婪無饜，於是致信給他多年好友兼心靈導師費萊神父，說這本書「情況非常不妙」。在他看來，這個主題「如果不將它置於一個自己或任何人都無法處理的中心位置，也就是攸關人類存在的本質與整體性的問題，就無法被嚴肅看待。」[11]

從南北內戰到羅斯福新政（New Deal）期間，美國農業普遍抱持著一種基本信念，認為年輕人只要努力，就能從雇工、佃農、租地自耕一路往上爬，最後擁有自己的農場，成功脫貧。但對其他不像艾吉汲汲於探究問題本質的人來說，若要為白人佃農始終無法出頭天的心酸慘況找到一個假設性的說法，就只能訴諸天生低人一等的種族劣勢。在德州，銀行、地主及信貸業者皆宣稱墨西哥人、黑人及那些「可憐白人」之所以無法出人頭地成為農場經營者，是因為他們缺乏能力；成功的德州白人則是將貧窮的同胞「種族化」，藉此區分高低優劣，說他們是白人文明中的「殘渣與廢物」。在保守派律師麥迪遜・葛蘭特（Madison Grant）及洛斯羅普・史托達德

（Lothrop Stoddard）等力主優生學的「種族科學家」推廣之下，人們普遍相信「北歐」人面臨的威脅，不僅來自深色人種的「崛起浪潮」[12]，還包括那些「有缺陷」的白人。在東岸都會區，義大利人、猶太人、斯拉夫人及愛爾蘭移民都逐漸同化「漂白」，歷史學者尼爾·佛利（Neil Foley）對此表示：「德州及南方各地的貧窮白人正好背道而馳——他們失去了白種人的身分及其所賦予的特權。」[13]一九三〇年代，曾經撰文探討德州棉花文化的學者愛德華·艾佛列特·戴維斯（Edward Everett Davis）認為維持南方白種人「種族衛生」[14]的唯一方法，就是廢除棉花農業，因為它為「弱智低能」的白人提供了賴以維生的生計。但不論這些人怎麼說，在一八九〇年，德州已經超越各州成為美國最大的棉花產地。

參觀完丹尼斯的棉田後，我與艾德溫·路易斯開車繞著拉巴克逛了一圈。艾德溫是丹尼斯的朋友，跟他同樣是家裡種棉的第三代。他已經退休了，但還是開車載我去他兒子的棉田看看。廣闊的土地上，道路兩側散落著一座座的抽油泵，有些就架在棉田上，不斷運轉抽送。地底下是由石油、鹽水、鹵水及淡水堆疊而成的複雜地層。德州拉巴克地區的地下水是範圍廣闊的奧加拉拉地下水層（Ogallala Aquifer）的一部分，它從德州延伸到南達科他州，是世界上最大的含水層。

奧加拉拉地下水層像個被困在砂岩顆粒孔隙間的巨大水團[15]，自上個冰河期結束後就存在至今。眼前平坦的地形過去曾是崎嶇多岩的山地。這些古老山脈上蘊含水分的沉積物在距今八千萬至七千萬年前的拉臘米造山運動（Laramide orogeny）中隨著洛磯山脈抬升，自山頭散落。時至今日，地下水保護區仍保留遠古時期的地形特色：水層在過去的凹陷地形相當深厚，但在古老的山上則較淺。一八二三年，美國在購入法屬路易斯安那的土地[16]後對該區環境進行調查，報告指出「當地幾乎根本不利耕種，當然也就不適合仰賴農業維生的美國人居住。」[17]但多虧有奧加拉拉地下水層提供灌溉水源，使這一帶搖身變成美國重要的糧倉。

如今奧加拉拉地下水層卻面臨存亡之秋。二十世紀中期，美國開始在該區裝設柴油泵浦抽取地下水。堪薩斯州是美國主要的小麥產地，產量占全球六分之一，灌溉完全仰賴奧加拉拉的地下水。二〇一七年的研究[18]發現，該州西部的地下水位下降高達六成，而同樣靠該水源來種棉的德州情況更加嚴峻。

我們把車停在一間抽水機房前，艾德溫指著某個裝有氮氣的大型塑膠方箱開始解說：地下水抽上來後會先經過系統過濾、加入液態氮，接著再用地下水管輸送到棉花田裡。這些塑膠管上戳了許多小洞，讓水透過這些孔洞滲出直接灌溉根部，同時注入養分。

未被棉花吸收的氮肥會隨著農業廢水一路流向下游，注入墨西哥灣，導致沿海水質優養化。換句話說，水中含氮量太高會使藻類過度生長，這種藻類繁生的現象[19]稱為「藻華」（algal bloom），會使得陽光無法穿透水面，造成藻類下方的水生生物缺氧，形成不利多數物種生存的環境。這在墨西哥灣被簡稱為「死亡水域」（dead zone）[20]，面積年年變化。美國國家海洋暨大氣總署（National Oceanic and Atmospheric Administration，簡稱NOAA）研究顯示，二〇一九年該水域面積約為六千九百五十二平方公里，相當於一個紐澤西州的大小。

在我們回到車上之前，艾德溫指著機房兩側延伸的鐵絲圍籬說：「這在我們當初買下這塊地時就有了。我們沒動它，就這樣放著，但現在底部已經看不見了。」他說的沒錯，圍籬有一半被埋在沙土裡，沙漠正逐漸侵蝕著農田。

我問他是否會擔心奧加拉拉地下水層遲早會乾涸，他說不用怕。「因為有逆滲透作用。」他語氣平靜地說，彷彿了然於心。他活了多久，這些水井的水就抽了多久，很難想像會有枯竭的一天。艾德溫的祖父在一九一三年從波斯特（C. W. Post）手中買下拉巴克的房產。波斯特靠著出售西德州的大片土地致富，這些地方本來是當地科曼奇人的領土，直到一八七五年正式向美國軍隊投降後才被收歸國有。波斯特賣地大賺一筆後便回到東岸，開了聞名至今的早餐穀片公司。艾德溫接著說，然後他就開槍自殺了。

「為什麼？」我問。

沉思片刻後，他說：「大概是找不到事做了吧，我猜。」

我們開車經過艾德溫和他太太剛結婚時住的房子，那是一棟漂亮的老屋，門廊正對著棉田。

我們來到田邊另一座破舊的牧場，這裡是艾德溫自小長大的老家，沒有室內廁所，也沒有水電。現在是雇工在住，也就是他口中的「西班牙人」。

二十世紀，隨著技術的機械化，棉花農場紛紛整併，拉巴克的棉業新貴地位也大大提升。我們參觀過他兒子的棉田及老家後，艾德溫驅車帶著我來到他和太太琳達後來移居的新開發區。此處的土壤曾經布滿山核桃樹根，如今已經改建成地下籃球場。這裡每棟房子都別具特色，充滿不屬於這個時代的異國風情：有英式都鐸風格豪宅、義大利式莊園別墅以及中世紀的歐洲古堡，艾德溫的家則走英國愛德華時代的鄉村莊園風。路上有棟興建中的新屋，屋主是亞歷桑納的石油商，艾德溫在它門口停了下來，好讓我瞧瞧。這棟豪宅占地七萬平方英呎（約一千九百六十七坪），地下室有座高爾夫練習場，車庫天花板高達三十英呎（約九公尺）。艾德溫對這些數字似乎相當感興趣。

進艾德溫家門前必須先脫鞋。屋外塵土飛揚，四處飄散著棉絮，就連拉巴克北端的高速公路上也隨處可見。這些棉花有的是運往軋棉廠途中從半拖車上散落，有些是田裡採收機的漏網之魚，有些是從堆放在田邊，猶如巨型白土司的棉磚上掉落的棉絮。但在屋裡，上蠟的地板光潔如新，四周悄靜無聲，沒有半點回音，彷彿置身殯儀館。

我們進門，琳達上前迎接。她無法想像我在外面冒著風沙及烈日高溫有多麼怡然自得。時序已進入十月，但拉巴克正深陷破紀錄的熱浪之中。

「不，我逛得很開心。我還坐進了採棉機呢！」我說。我跟她提起，下午我們去看過了她跟艾德溫剛結婚時住的老家。「我們在那裡過得相當開心。」她說，帶著不失禮貌，對某種難聞氣味視若無睹的表情。

琳達接著走進緊鄰廚房的小房間，裡面有一台專放飲料的冰箱。它的外觀一塵不染，塑膠層架上堆著兩排平行的礦泉水及百威淡啤酒。她拿出兩瓶水，打算給我跟艾德溫一人一瓶；又抽了兩張餐巾紙鋪在客廳茶几上墊著。

這片廣袤的棉田一路延伸至艾德溫夫妻所住的新開發區，放眼所見只有藍、棕、白三種顏色：藍天白雲、白皙的棉花及棕褐土地，毫無半點綠意。成千上萬株棉花無止盡地鋪展，綿延成一望無際的地平線，沒有野草，更無任何綠葉。時序尚早，無法發生致災性的霜凍讓棉花枯萎，但前陣子田裡已經噴灑了巴拉刈。

巴拉刈是種使用相當廣泛的除草劑，綠色植物的組織一旦接觸就會遭到破壞，導致植物枯死。根據製造商瑞士化工大廠先正達（Syngenta）公司表示，二〇一五年光是美國國內就有一千五百萬英畝的農地使用巴拉刈，用量高達七百萬磅（約三千一百七十五噸）[21]。巴拉刈於一九六二年在美上市，就在前一年，越戰開打，另一款類似的落葉劑「橙劑」（Agent Orange）被當成化學武器用在越南的叢林中。美軍戰機將橙劑傾倒在森林樹冠上，企圖破壞越共的掩護及食物來源，使其無所遁形。至於在德州，巴拉刈則是用來使棉花枯萎，避免採收時葉子被捲入機器造成堵塞。在巴拉刈出現之前，棉農都是看天吃飯，等到棉花被霜凍死才開始採收。如今，他們已經可以自己製造冬天。

二〇一七年美國國家衛生研究院（National Institutes of Health）的研究指出，美國農民罹患帕金森氏症恐與使用巴拉刈有關[22]，幼年時接觸過巴拉刈亦可能導致白血病。歐盟自二〇〇七年起明令禁止使用巴拉刈[23]，就連素以毒物管制寬鬆著稱的中國也從二〇一二年開始逐步淘汰，但開發中國家仍廣泛使用，美國西德州的棉田同樣用量驚人。

這並不是美國管理機關與國際間在有毒農業藥劑的使用上唯一的分歧點。二〇一五年，世界衛生組織的國際癌症研究機構（International Agency for Research on Cancer，簡稱ＩＡＲＣ）查閱目前有關嘉磷塞（glyphosate，又名草甘膦）——德州棉農常見的除草劑「農達」（Roundup）[24]的主要成分——的科學文獻，表示該化學藥劑對人體「恐怕」具有致癌性。農達係由總部位在密蘇里州的化工大廠、以生產農藥與基改種子聞名的孟山都（Monsanto）公司生產銷售。二〇一八年六月，德國拜耳（Bayer）公司以六百三十億美元收購了孟山都，他們與當時川普政府的美國環境保護署（Environmental Protection Agency，簡稱ＥＰＡ）一樣，堅稱嘉磷塞與致癌無關[25]。

拜耳知道收購企業名聲不佳的孟山都，只會徒增公關上的困擾，於是在併購通過後立即宣布將放棄擁有一百一十七年歷史的「孟山都」品牌名稱。當時孟山都是全球最大的基改種子供應商[26]，也是各界反基改運動的眾矢之的。然而拜耳對品牌再造應該有相當豐富的經驗[27]，因為它本身就是過去納粹集中營殺人毒氣齊克隆B的生產者——法本公司（IG Farben）——的子公司。

儘管如此，就算不再使用孟山都這個品牌，事實證明農達依然是拜耳的燙手山芋。二〇一八年八月[28]，舊金山法院陪審團一致裁定孟山都因其生產的農達有致癌疑慮卻未提供警示，導致四十多歲的學校工友德韋恩·強森（Dewayne Johnson）罹患血癌，須賠償家屬二點八九億美元（後來減到七千八百萬元）。這是州立法院與農達官司的第一場勝利[29]。翌年三月，聯邦陪審團裁定孟山都公司須支付另一名受害者艾德溫·哈德曼（Edwin Hardeman）八千萬美元賠償金（後減至二千五百萬元），稱農達導致他罹患非何杰金氏淋巴瘤（non-Hodgkin's lymphoma）。

截至二〇一九年十二月為止，拜耳公司在美國面臨超過四萬二千七百起與農達有關的癌症訴訟，股價因此縮水了二成三。為此拜耳進行了反擊，以環保署已認定嘉磷塞並非致癌物作為證據，要求美國聯邦上訴法院撤銷二千五百萬元賠償金的哈德曼判決，並主張包裝上任何警語標示皆與聯邦機關的指導原則牴觸。該公司明確表示[30]，此案的上訴結果有可能影響往後每起農達案的訴訟。對此，美國環保署與司法部急忙出面替拜耳辯護，遞交代表第三方意見的「法庭之友」[31]

（amicus brief）陳述書，重申嘉磷塞作為除草劑之有效成分並非致癌物，因此不須在標籤上標示警告。此說法與拜耳公司的論點不謀而合，該意見書稱：「製造商及銷售商在商品標籤上做出與環保署核准內容不符之聲明屬於非法行為。」[32]

農用藥劑的毒性對人體產生難以承受的負擔，受害者大多是不具公民身分的農業勞工。法國的流行病學研究顯示[33]，該國農民接觸農藥的程度愈高，罹患帕金森氏症的風險就愈高。在美國，這種健康風險則是由農業勞動者承擔，絕大部分是拉丁美洲裔的農工。

拉巴克棉花農場的人口結構與美國農業整體情況相似：經營者普遍年紀偏大，是美國土生土長的白人；大多數受僱農工則是年輕的西班牙移民。雖然估計數字不一[34]，但有高達七成五的農業勞動力可能是非法黑工。這些種棉工人奉命使用農達，因而暴露在已知的致癌風險中[35]，卻幾乎無力依法求償，替自己討回公道。在美國，拉美裔農業勞工的平均壽命[36]是四十九歲，其他人口則在七十三到七十九歲之間。

如今棉花栽種的現況已和過去大相逕庭，但暗地裡仍有某種狂熱的貪婪虎視眈眈。今日的大型棉田不再仰賴人工除草，只要有農達就能一次搞定。但這種高效率背後的致命代價卻幾乎全由上述農工概括承受，而他們並未享有任何實質上的自由。這些勞動者不受任何國家政府——包括美國——的保護，且受到農用藥劑的荼毒，他們若試圖組織工會，雇主就揚言要交由美國移民與海關執法局（U.S. Immigration and Customs Enforcement，簡稱ＩＣＥ）處理。

在九〇年代的農達廣告中，男主角手持噴槍，彷彿神槍手般到處噴藥。某些版本的配音聽起來就像老西部片裡的牛仔；他拿起噴管射出水柱時會搭配槍響，人行道裂縫中的雜草應聲凋萎枯黃，無一倖免。該廣告的一大賣點是將除草視為粗暴美式男子漢氣概的魅力展現，但在德州，被要求持槍掃射並承擔風險的人不是農場主人，而是僱工。

隔天在田裡，艾德溫告訴我這裡在炎熱的黎明時分偶爾會出現某種奇特的光學現象。他說，因為地勢平坦到無以復加，有時在高溫下，地平線會像碗的邊緣一樣浮現出來。他表示自己不懂這背後的原理，還跟我分享他姊姊克萊塔的事，她幾年前罹患白血病走了。失去親人的舊傷還隱隱作痛著。

我愈來愈喜歡艾德溫這個人，他坦率大方，讓我對他所講的事跟想法都深信不疑。比方說，他告訴我現在田裡用的是對環境無害的「環保」農藥，「我們以前用的是砷酸，但現在已經不准用了。」他說。我點頭贊同。

我望著窗外那一排排筆直無窮延伸的棉花，想到在納瓦荷人的傳統編織中，平衡是不可或缺的元素，但完美的對稱卻是種詛咒，暗示著死亡。他們有個神話故事[37]是這麼說的：造物者將天上的星星精心排列成整齊劃一的星座，卻被喜歡惡作劇的土狼打亂，散落在夜空中。這個傳說讓人聯想到系統內的混沌失序及其對立面之間永遠無解的緊張關係，就像自然界的元素不可能完全任人掌控一樣。德州正上演著另一種另類的宇宙觀。人代表追求秩序的反熵原則，棉籽本身——誠如丹尼斯在採收機上所言——則是經過改造的致命武器。這裡使用的種子是基因改造的Bt棉，作法是將名為蘇力菌（Bacillus thuringiensis，簡稱Bt）的土壤細菌植入棉籽，該細菌含有Bt天然毒素，具有抗蟲效果。此外基改Bt棉籽對農達也有抗藥性，因此就算在田裡大量噴灑農藥及除草劑，棉花依然能屹立不搖。從有致癌風險的農達到竄改植物生理時鐘的乙烯利及引發人造霜害的巴拉刈，在在顯示德州人追求的並非與自然妥協共存，而是澈澈底底的斬草除根。

但在德州人強硬的外表下，該州的棉花卻得仰賴大規模的補助才能維持。二〇〇一年，美國政府補助國產棉花的經費比國際開發署（United States Agency for International Development，簡稱USAID）給非洲國家的總額還要多。二〇一七年[38]，政府給棉農的補貼共計高達十一億美元。長期以來，批評人士始終認為[39]就是因為有這些補助，美國才能出口便宜棉花，壓低棉花在國際上的售價，對世界某些極度貧窮地區的棉花業者造成不利。

艾德溫繼續往前開了一小段路，在童年老家附近兩條黃土路的交叉口停了下來。「有一次我坐在這裡，看著一名黑人跟州警開槍對戰。」他說。

他告訴我，過去還沒用乙烯利對棉鈴催熟之前，農民把棉花送到軋棉廠時仍然會夾雜部分尚未開花的青綠棉鈴，這些棉鈴會被擱置在一旁，待其自然綻放再另行加工。這些晚熟棉鈴帶來的收入就由大家均分。軋棉廠會用這些額外的收入招待農民去格蘭河釣魚。有一年他們把威爾帶去幫忙煮飯洗碗——他是羅伯茲僱用的黑人，就住在他的棉田小屋裡。

當時他們釣魚釣到一半發現餌料用完了，其中兩個年輕小伙子笑說要把威爾剁成肉碎當餌。威爾無意間聽到這番玩笑話，「簡直嚇瘋了，因為他以為是真的。」他決定逃命，德州州警隨即展開追捕，並將他帶回農場。羅伯茲回去後，帶了一些剩菜到小屋去給他當晚餐。威爾卻說：「滾，我不想再看到你！」並朝羅伯茲的肚子開了一槍。受傷的羅伯茲踉蹌逃回屋裡報警，警方聞訊趕來，與威爾在棉田展開激烈槍戰，就在我們的小貨卡此刻所停的位置。當年艾德溫只是個小孩子，在屋裡聽見騷動，走到外頭探視並目睹全程。最後威爾被警方擊斃，羅伯茲也傷重不治。

在我聽來，威爾並未發瘋，神智反而相當清楚。看看以下兩則報導：一九一九年九月五日的《芝加哥衛報》（*The Chicago Defender*）寫道：「【一九一九年九月五日，喬治亞訊／艾基斯曼】[40]一位名為埃里．庫柏的老農工今日遭二十名白人亂斧砍死……該名死者一直試圖組織當地農場工人，要求提高工資。」另一則刊登在一九三四年十月二十七日《伯明罕郵報》（*The Birmingham Post*）的報導則指出：「攝影師表示[41]很快就會有屍體照片出售，每張要價五十美分。街頭巷尾到處展示著死者尼爾的手指及腳趾遺照。」

南北戰後那幾年，整個南方有成千上萬名黑人男性遭人以私刑處死、槍殺、肢解、凌虐，死狀悽慘；女性則淪為性侵、毀容、謀殺等各種恐怖暴力的受害者。針對這些不受法律約束的暴行，當局予以認可並採取眼不見為淨的消極心態。聯邦軍指揮官威廉·雷諾茲將軍（General William Reynolds）一八七二年在報告中指出：「殘殺黑人的情況相當普遍，無法精確計數究竟有多少人遇害。」[42]

一九二〇年代，三K黨的勢力捲土重來，背後更重要的目的是恢復對有色人種實施種族隔離的《吉姆·克勞法》（Jim Crow laws）並制定新法，特別針對美國黑人族群，不讓他們有機會進入權力核心、發達致富，並與白人社會劃清界線。一九二一年十月十一日，在某場國會聽證會上，證人證實德州境內城鎮幾乎全都落入三K黨的掌控中。身穿黑袍的該黨成員[43]經常在週日早上或晚間禮拜時來到教堂，有時也會站上講道壇簡短發言，贏得牧師的支持。

三K黨主要是利用大眾對神祕事物的幼稚迷戀作為招募手法，包括深奧晦澀的儀式、祕密代號、特有的語彙和表達方式以及最重要的服裝——幹部身著繡金紅袍，普通黨員則是紅線刺繡的白棉袍。加入新生三K黨的首批會員[44]必須繳交十美元作為入會費，並另外花六塊半添購黨服。到了一九二〇年，該黨的服裝及紀念品皆委由亞特蘭大的蓋特城製造公司（Gate City Manufacturing Company）量產，為黨高層帶來暴利。

無論是三K黨的長袍、教會袍服還是簡單的白色T恤，棉花成為美國無所不在的國民布料，但這項成就卻是以暴力對土地強取豪奪而來。格里菲斯（D. W. Griffith）執導的電影《一個國家的誕生》（*The Birth of a Nation*）鞏固了三K黨在大眾心目中的形象，並為其特色白袍杜撰出虛構的起源。電影中，服裝背後的「靈感」來自一八六〇年代兩名白人小孩的惡作劇，他們身披白色床單嚇唬另外四名黑人小孩，接著畫面就切換成兩個三K黨人的側臉及成年黑人驚恐的神情。文化歷史學者湯姆・萊斯（Tom Rice）表示：「這一連串的鏡頭賦予三K黨白袍一股與生俱來的力量：真正讓那些非裔美國人（包括小孩及大人）嚇得落荒而逃的不是任何具體的恫嚇動作或暴力，而是那些一動也不動的三K黨人。」[45]當暴力藏於無形，就形成一種全然的恐怖氛圍。

我晚上去參觀拉巴克市郊的軋棉廠，廠房空氣中懸浮著細碎的棉屑，在停車場每隔幾分鐘進進出出的半拖車大燈照射下熠熠生輝。過去農民載棉花用的是大拖車，但車輛數量有限，效率不彰，使收成季節的工作始終保持著一種人性化的步調。但自從有了壓模機後，情況大為改觀。如今採棉作業持續進行至深夜，採收機頂端架著投射燈，軋棉廠也跟著一直開到半夜，車子一輛接著一輛，從田裡運來剛採下的棉花。

廠房內，濾除的棉籽從裝有二百二十二顆鋼齒的巨型軋棉筒壁上傾瀉而下。自從惠特尼於十八世紀發明以來，軋棉機基本的運作原理從未改變。脫籽後的棉絨利用氣動裝置送往另一台機器壓製成捆，準備運往中國。確認每捆棉花都壓至緊實後，一名年輕的西班牙作業員從中抓出一把樣本，放進貼有標籤的小袋子，接著送到美國農業部的分級辦公室。這些樣本會依據纖維長度、色澤及表示纖維細度的馬克隆值（Micronaire）進行分級，纖維愈強韌、細度愈細、色澤愈白愈好。一旁有輛卡車準備將棉籽載往市區另一端的榨油廠，那裡囤積大量棉籽，堆成好幾座七層樓高的小山。這些棉籽堆有冷卻管從中穿過，避免棉籽在自身重量的壓迫下摩擦自燃。棉籽經過榨取後煉製成棉籽油，賣給零食廠商及速食連鎖店用來炸薯片及薯條；剩下的棉籽殼磨碎後可做成狗飼料或拿去餵牛，彈力蛋白經過擠壓拉伸後可作為平面電視的燈絲。

有天晚上，我不想再到處逛棉田或參觀工廠，決定去市區晃晃。但拉巴克的市中心彷彿並不存在，就跟美國許多城鎮一樣，當地人口外移郊區，形成以汽車交通為本位的生活型態，市區反而變得空無一人。周邊的外環道路多少還能感受到些許生活氣息，有幾間燒烤店和大賣場，以及一家 Hooters 美式餐廳。我在市中心走過好幾條街，連半個人影都沒遇到。路邊窗戶上釘著木合板，在暮色中泛著橘光；巴弟·哈利[46]（Buddy Holly）曾經登台演出的棉花俱樂部早已關門大吉。拉巴克的棉花如今發揚光大，在一片詭異悚然的靜默中，悄悄流入全球的供應鏈體系，然而整個城市——無論多麼蕭條淡漠，對他人的痛苦視若無睹——都不見任何人大張旗鼓地慶祝，替這些美國之光送行。

# 第四章　紡織革命

我說，失去手紡車，形同失去左肺。[1]

——甘地，節錄自《年輕印度》（*Young India*），一九二一年

我在拉巴克見到一望無際的棉田，透過機械化作業，呈現出精確、整齊單一的景緻，但這在歷史上其實是極不合理的現象。棉花在西元前三千年左右同時於印度及秘魯發跡，成為一種紡織纖維作物；直至十九世紀為止，絕大多數棉花[2]都是跟蔬菜及五穀雜糧比鄰而植的。新英格蘭地區的農民習慣將亞麻與燕麥和豌豆間作；無獨有偶，印度古加拉特（Gujarat）農民也對棉花及稻米採同一模式，非洲的埃維人（Ewe）則是將棉花穿插種在地瓜及玉米田中。在農業社會，只種糧食作物並不足以溫飽，還得有纖維作物才行。回顧歷史，棉花如同亞麻，大多是在產地幾哩之內的範圍進行紡線編織等加工，地點不是在家裡就是當地的工匠網絡。這些布料不是留著自用，

就是賣錢變現以便納稅；某些情況下也能取代貨幣用來繳稅。棉花如何演變成單一經濟作物的故事，同時也是一部仰賴織造維生的農民遭人強奪生計的血淚史。一切都要從印度說起。

棉布的跨洲貿易早在十九世紀之前就已存在，主要產自印度。一世紀的羅馬歷史學家老普林尼（Pliny）曾經算過，羅馬每年用來換取印度棉織品的黃金總值高達一億塞斯特（Sesterce，古代羅馬硬幣單位）。他抱怨印度棉花太受歡迎，幾乎快把羅馬的黃金榨乾。八五一年造訪印度卡利庫特（Calicut）的阿拉伯商人蘇萊曼（Suleiman）在日記中寫道：「（本地）製作服裝的方式非常特別，世上絕無僅有。這些衣服作工相當細緻，可穿過一枚普通大小的指環。」[3] 一六四七年，某位鄂圖曼帝國官員抱怨：「國庫太多現金被用來採購印度商品……全世界的財富都集中在印度手上。」[4]

此時正如我們所見，在莎士比亞時代的英國，歐洲人對棉花所知甚少，人們仍延續著青銅器時代以來的傳統，以亞麻及羊毛為衣。古希臘及羅馬時代曾有少量棉花進口，中世紀的歐洲人懷著孩童般的天真，根據自身有限的經驗把它想像並畫成一種長著小綿羊的植物，到了晚上，這些小羊會彎下身來喝水。更多關於棉花的可靠知識，則要等到與印度創新的紡織技術——例如手紡車及踏式織機——經由同樣的信使之手傳入才為人所知，那就是伊斯蘭教的傳播。

中古世紀，印度布料輸往歐洲的途徑只有一條：先走海路，取道印度洋來到阿拉伯半島，再由眾多中間商以駱駝轉運，橫越整座半島後抵達地中海岸，最後渡海方能踏上歐洲土地。兩地的直航貿易要等到一四九七年葡萄牙航海家達伽馬（Vasco da Gama）發現新航線[5]後才得以建立。翌年，達伽馬獲准在印度卡利庫特從事貿易，開啟葡萄牙在印度西岸設立貿易據點的契機，尤以果阿（Goa）最為著名。十六世紀末，英國與荷蘭也想分一杯羹，開始挑戰葡萄牙壟斷對印貿易的寡頭地位。經過連番交戰之後，歐洲列強達成協議，決定在亞洲劃分勢力範圍，其中與印度的紡織貿易大多落入英國手中。一六〇〇年，英國東印度公司（The British East India Company）成立；不久後荷蘭及丹麥也相繼設立同性質的機構[6]。

英國人相當喜愛印度布料。一六〇四至一七〇一年這段期間，英國東印度公司的布匹出口成長七十多倍；半世紀後，棉布占該公司出口總額高達七成五。然而印度布料在歐洲受到空前歡迎，原因不只在於消費者對它趨之若鶩，背後還有一個更重要的關鍵因素：黑奴貿易。

歐洲殖民列強將美洲新大陸的礦藏開採殆盡後，改用新的方式來榨取殖民地的價值：利用非洲進口的黑奴來栽植經濟作物，特別是製糖用的甘蔗。一五〇〇至一八〇〇年間，有超過八百萬名的非洲黑人被賣到美洲為奴。最初百年內，歐洲的黑奴貿易係由西班牙及葡萄牙主導，後來英、法、荷、丹麥等國陸續加入。此時非洲商人及統治者幾乎一律要求以棉布來換取黑奴出口。某項針對英國商人理查・麥爾斯（Richard Miles）於一七七二至一七八〇年間進行的一千三百零八件以黑奴換取貨物交易（受害者來自黃金海岸，共計二二一八人）的研究顯示，布料占所有交易商品總值一半以上。此外非洲商人對於印度棉織品有相當明確的要求。在一七七九年的某封信中，麥爾斯特別指示英國供應商要用某位奈普先生店裡的布料，因為柯蕭先生的品質沒有他好，「至少本地的黑人販奴商是這麼認為的，必須努力討好這些人。」[7]寫道。

隨著歐洲消費者對棉布的需求與日俱增，將它當成貨幣來購買黑奴的情況也愈來愈普遍，蓄奴的農園本身反而成了印度棉織品的另類市場。在美洲新大陸甘蔗園從事苦勞的黑奴成了一群不事織造的農工，形成某個迄今無人知曉的現象。

為了應付暴增的市場需求，歐洲各國的東印度公司無不加大力道，從印度進口更多棉布。英國東印度公司經營印度市場的最初兩百年——直到大約一八〇〇年左右——都是透過當地的中間人向業者收購。該公司在沿海地區設有倉庫，代理人在八至十個月前就會下單並預付現金給中間人，由其代付給織布業者。到了十八世紀，隨著黑奴貿易及對布料的需求加劇，英國東印度公司為了壓低成本，決定繞過中間人直接掌控布料的生產源頭。該公司開始僱用代理人與織工簽訂承包契約，後者因而無法在當地市場上私自販售。

業者若違約替別人代工會受到懲處。有名織工被抓到暗地與私商交易，其悽慘下場被某位目擊者記錄下來：「該公司聘僱的印度管事把他跟他兒子抓來，狠狠抽打一頓，還把他的臉塗得又黑又白；最後他雙手被反綁，在印度兵的押解下遊街示眾……並昭告天下：『任何織工只要被發現暗中與私商勾結，都將遭受類似懲處。』」[8]礙於契約規定，織工無法自己決定布匹的售價，連帶導致收入減少。在嚴苛的新制下，印度織工陷入赤貧；一七九五年，就連東印度公司也注意到「紡織工人的死亡率達到前所未見的新高。」[9]

與此同時，印度棉織品大量湧入歐洲市場，對本地業者造成威脅。正如英國小說家丹尼爾・笛福（Daniel Defoe）所言：棉織品「悄悄潛入我們家中，衣櫥、臥房、窗簾、靠墊、椅子等無所不在，連床上也全是印度棉布及其他織品的天下。」[10]對此，英國羊毛業者提出抗議。一七〇一年，政府將印花棉布列為違禁品，直到一七七〇年代初為止，在國內販售印度棉織物都還是犯罪行為。然而英國頒布禁棉令後，儘管少了內需市場，本國商人的生意依然十分暢旺，因為美洲及非洲的市場相當大，需要更大量的印度織品。大英帝國的輝煌盛世此刻才正要展開，關鍵就在於它掌控了全球的棉布流通。

工業革命時代，紡織機械一連串的發展將英國位居全球棉紡貿易的龍頭地位推升至另一個階段。一七三三年，約翰・凱伊（John Kay）發明飛梭[11]並取得專利。這種梭子的兩端嵌有線軸，在織機上沿著滑槽帶動緯紗來回穿梭於上下兩層經紗之間，取代了原本的手動操作，大幅提升織布效率，負責紡紗穿線的工人根本趕不上織機生產的速度。

不久後，有位名叫路易斯・保羅（Lewis Paul）的英國胡格諾派（Huguenot）教徒發明滾紡機，利用滾筒原理，透過不同轉速的滾輪將棉花紡成細線，加快了棉紗生產的速度。保羅跟許多發明家一樣缺乏商業頭腦，這項發明要等到幾十年後才真正投入使用。後來另一位名叫理查・阿克萊特（Richard Arkwright）的假髮商人——維多利亞時代的知識分子湯瑪斯・卡萊爾（Thomas Carlyle）形容他是個「雙頰豐滿、大腹便便的理髮匠」[12]——利用這項新技術來發展紡織事業。他找來一位與約翰凱依同名同姓的鐘錶匠[13]，用保羅發明的雙滾輪技術研發紡紗機並申請專利。他於一七七一年募集多位投資者，在德比郡的德文特河（Derwent River）開設了至今公認的英國第一家棉紡廠。不久後，艾德蒙・卡萊特（Edmund Cartwright）於一七八四年發明動力織布機，開始用這些棉線織造布料。

紡織技術的機械化使工廠生產力暴增三百七十倍，導致英國的勞動成本變得比印度還低。英國國產棉布價格也跟著崩跌：一條薄綿紗在一七八〇年代初本來要價一百一十六先令，五十年後只剩二十八先令。某些棉紡廠老闆身上發生了劇烈的社會流動，他們本來只是焊鍋匠或技工，卻在轉行紡織業後發達致富。另一種情況則是富者愈富：在利物浦，有人將黑奴貿易的獲利拿來轉投資，成為棉業大亨。

工業革命的本質就是紡織革命。「工業革命」一詞可能會讓人聯想到鐵路及蒸汽機，但沒有紡織、沒有新式機械帶動生產力的大爆發，就無法籌措鐵路建設所需的鉅額資金。織造技術機械化強大的影響力[14]在於，早在其他工業產品的市場尚未開創之前，織品在現代紡織產業成形之初，市場規模就已經相當龐大。這是一場最名符其實的紡紗革命。

與此同時，在大西洋彼端的美國，軋棉機於一七九三年問世，南方盛產的短絨棉突然有了商業價值，美國迅速成為原棉的生產大國。英國製棉業者曾提議讓印度如法炮製，以原棉取代織品出口，卻遭到東印度公司官員否決而被迫中斷，理由是原棉永遠無法取代紡織帶來的效益。強迫印度織工轉行種棉只會害他們陷入貧困，導致人口減少、失去收入。對比美國對原住民採取強迫驅離及趕盡殺絕的殘暴手段，輕而易舉地將土地「清空」，並利用黑奴提供廉價方便的勞力，印度的勞動力大多集中於在地的工藝網絡；土地則是用來種菜及五穀雜糧。

自工業時代伊始，歐洲的棉紡織業就相當倚賴美國棉花。一八五三年，《不來梅商報》（*Bremer Handelsblatt*）提出警告：「歐洲的物質繁榮全仰賴一條棉線。萬一（美國）突然廢除蓄奴，棉花產量勢必將跟著減少。」[15]一八六〇年三月，詹姆士．曼恩（James A. Mann）在給曼徹斯特棉花供應協會（Manchester Cotton Supply Association）的報告中示警：「我們雖然承認（蓄奴制度）根深蒂固的生命力會帶來可怕的力量，但面對遲早會出現的反撲，每個人皆須戒慎恐懼。」[16]曼恩的提醒在某種程度上已經發生。正如大家所擔心的，美國的棉花供應在南北戰爭期間突然中斷，促使英國決定將印度農村打造成原棉產地。美國內戰第一年，英國編列用於印度基礎建設、修築運棉鐵路以及在叛亂時調遣軍隊等各方面的預算足足增加了一倍。

英國政府出手對印度的土地利用、賦稅及律法進行一連串的干預，使印度成為英法兩國的主要棉花來源。過去開放給農民共同耕作的「荒地」全轉為棉田，林木砍伐導致降雨模式改變；傳統上依照種姓階級配給農作收成的制度被私有制取代，大地主與放貸業者大發利市，小地主及沒有田產的農民卻窮困潦倒；賦稅採現金徵收，迫使農民改種棉花作為現金作物；若偷工減料或摻假不實就視同犯罪，可能會被判處監禁及苦役[17]。

十九世紀初，英國織造業者為了強迫印度人民棄織從農，認真思考毀掉該國紡織業的作法能帶來哪些好處。一八三八年，曼徹斯特商會（Manchester Chamber of Commerce）某位會員寫道：「少了市場，當地人的布銷不出去，就應鼓吹他們改以種棉維生，是再自然不過的事。」[18]事實上，印度的紡紗業者在此之前已經開始叫苦連天。孟加拉語週刊《明鏡新聞》（*Samachar Darpan*）收到一名寡婦投書，表示英國紗線大量湧入市場，使其生計遭受打擊。她解釋說，過去靠著紡紗尚能養家活口，但最近她的紗線乏人問津，一家老小無以為繼，面臨斷炊。後來她發現紗線賣不出去的原因，就是市面上充斥著廉價的外國貨，當地人稱為「bilati」。

鐵路的鋪展使得英國布料能以低於當地的行情出售，迫使紡織業者不得不棄織從農。某位英國觀察家指出，此刻印度面臨的困境有如當初英國的翻版。一八六三年，印度事務大臣（Secretary of State for India）查理斯・伍德（Charles Wood）致信給印度財政大臣查理斯・崔維廉（Charles Trevelyan）爵士，將印度貝臘（Berar）與家鄉約克郡的情況比較了一番：

> 本地的織工就跟我早年記憶中西來丁（West Riding）摩爾艾吉斯（Moor Edges）的居民一樣，每戶小農有二十到五十英畝的土地，家裡擺著兩三台織布機。但工廠及紡織廠出現後，澈底破壞了這些紡織業者的生存空間，如今他們皆改以務農維生。您所統管的印度混血兒也將淪落同樣下場。[19]

最後，套用歷史學家艾瑞克・霍布斯邦（Eric Hobsbawm）所說的：「印度遭到系統性的去工業化，反過頭來變成蘭開夏棉紡製品的市場。」[20]在如此龐然而迅速的歷史典範轉移中，印度成為布料的進口國，實際上卻是英國最大的棉布出口市場。

數以百萬的印度人因此放棄了紡織。一八六九年，統轄貝臘棉業事務的英國督察亨利・里維特－卡納克（Henry Rivett-Carnac）觀察到當地的紡紗及織布工紛紛走上街頭謀生或轉行當農工。正如英國東印度公司早在一七九三年所料，當紡織工人的生計無以為繼，他們迫不得已只能改行種植出口棉花，加上食糧全仰賴購買，一旦發生饑荒根本無力招架。

不出所料，印度果然遇上了饑荒。一八六一至一八六五年間，糧食價格暴漲百分之三百二十五以上，接下來的十年內，某種名為「杜拉高粱」（jowar）的雜糧變得比棉花貴上一倍。印度殖民政府在一八七四年指出：「一地的糧食儲備被棉纖取代的比例愈多，雨季一旦失常，所面臨的風險就愈高，也就更有必要設想一些安全措施因應，以防萬一。」[21] 一八七〇年代末葉，印度有六百萬至上千萬人死於饑荒。據英國醫學期刊《刺胳針》（*The Lancet*）報導，一八九〇年代印度饑荒的死亡人數高達一千九百萬人，死亡率最高之地區集中在轉型後的外銷棉花產地。

事實證明，強行推動印度種植原棉是場浩劫，各地卻紛紛起而效尤。一八六〇至一九二〇年間，全球棉花栽種面積高達五千五百萬英畝，主要集中在殖民地區。

英國在殖民時期有意識地刻意摧毀印度的手工紡織業，正因為如此，印度聖雄甘地將傳統手織布的意涵轉化為反抗的象徵。

一九二〇年代，南亞殖民地區興起大規模的民族主義風潮[22]，甘地發起抵制英國貨的不合作運動，倡導「只用印度製品」（swadeshi）的理念，旨在脫離英國控制，建立自給自足的經濟模式，進而實現「自治」（swaraj）。印度次大陸在被大英帝國強行統一之前，係由許多不同政體組成，彼此各據一方，且缺乏共通的語言。因此甘地只能仰賴視覺性的符號語言作為號召。在他的不合作運動中，他以手紡車（charkha）作為核心象徵，且每天親自紡紗，成為國際知名的畫面；身上一襲純白手紡腰布，就是他所要傳遞的關鍵理念。

成立於一八八五年的印度國民大會黨（Indian National Congress，簡稱印度國大黨）[23]在甘地的敦促下投票表決，要求黨職幹部響應紡紗並穿著一種名為「卡迪」（khadi）的手工棉布，同時抵制外國布料。該黨選擇紡車圖案作為黨徽，印在黨旗正中央。為了推廣這項運動，他們舉辦展覽，展出布料的製作過程並在現場販售卡迪織品。一九二七年，甘地在自己的《年輕印度》週報中表示：「（該展覽）真正用意是讓有心認識卡迪運動的人能深入瞭解其意涵及至今所採取的行動……這不是電影院，實際上是間養成所，舉凡學生、對人類或對自己國家懷抱熱愛的人都可以親自來現場看一看。」[24]

此時，印度也養出一批本土工業紡織業者。想當然爾，他們並不像甘地如此熱衷手工紡織。這些企業家完全支持印度的獨立大業，並提供相當可觀的金援。民族獨立陣營內針對經濟政策爭論不休[25]，主要分成兩派：一派主張高度工業化及資本財（capital goods）[26]自給自足，以賈瓦哈拉爾·尼赫魯（Pandit Jawaharlal Nehruvian）為代表；另一派則服膺甘地的經濟理念，以促進農村就業及小規模生產為願景。這情形跟美國建國初期漢米爾頓與傑佛遜之間的爭辯有幾分相似，前者力主新獨立的美國應盡速實現工業化，後者則希望維持小農經濟，以農立國。印度最後的結果如同美國，由尼赫魯所吹捧的偏工業化策略勝出。他不僅在印度獨立運動中位居要角，更是該國獨立後首任總理。

印度直到最終獨立建國始終未曾出現大規模的手工紡織業復興，反而迎來一波國家主導的大規模工業化浪潮，吸引數百萬流離失所的鄉村農民湧入棉花工廠。儘管如此，政府仍不忘扶持手工業者，制定配額，提供工廠生產的紗線，使其有布可織。這是印度南部泰米爾那都州（Tamil Nadu）素有「印度曼徹斯特」（棉都）之稱的哥印拜陀市（Coimbatore）的政策

我在二〇一三年造訪哥印拜陀，想一窺當地棉花工廠的樣貌，這些工廠是當今全球服飾生產的大本營。我找了拉梅什・席萬皮萊（Ramesh Sivanpillai）當地陪，他是一名遙測專家，專門利用飛機及衛星收集的資料來監測繪製自然資源概況。他出身當地，目前在美國懷俄明大學任教。接下來十天內，我們以哥印拜陀為中心往四面八方跋涉，勾勒出周遭約七十五公里內產業聚落的樣貌，其間散布著泰米爾那都州當地的紡紗、織布、編織、染布等生產單位。席萬皮萊是個四十多歲的中年人，蓄著花白小鬍子，雙眼微微泛綠，嘴上總是掛著微笑，彷彿在嘲諷某種人性的荒謬。哥印拜陀雖然是他的故鄉，但他說這裡變化腳步太快，每次回來都好像到了一個截然不同的城市。

一八八八年，大約在美國紡織業從新英格蘭遷往南方以尋求低廉勞力的同時，哥印拜陀設立

了印度最早一批的紡紗廠。哥印拜陀紡織廠（Coimbatore Spinning and Weaving Mills）——又稱為史坦斯紡織廠，係以持有者羅伯特．史坦斯爵士（Sir Robert Stanes）命名——就跟印度許多早期的工業化紡織廠一樣，原先由英國投資者創立，之後才被印度當地家族收購。一九三二年，皮卡拉水力發電廠（南印歷史最悠久的水力建設之一）正式啟用後，哥印拜陀一帶的棉紡廠隨之遽增：一九三一至一九三三年間，當地就出現了九家工廠。這些紡織廠為殖民政府引進全新的經濟模式，包括核發行業許可、仲裁勞資糾紛、管制出口等措施。州政府藉此出手干預，要求哥印拜陀的紡紗廠供應棉紗給當地手工紡織業者以保障其工作機會，而不是像孟買的「複合式」紡織廠，以動力織布機自己生產布料。這項善意舉措本來是為了替傳統產業保存一線生機，但將近一世紀後，工業化生產顯然取代了手工織匠，成為哥印拜陀棉業的特色。

就在我們抵達的前幾天，季風已經吹起，帶來滿載水氣的雲朵與涼風，緩解六月無情的燠熱。東高止山頭另一邊，青翠的大地正遭受豪雨襲擊；泰米爾那都州這端，天空低而陰沉；半乾旱地區的灌木叢在塵土飛揚的大地上綿延數英哩，透過滴灌保持常綠的椰樹，樹梢襯著紅土隨風搖曳。當時納倫德拉．莫迪（Narendra Modi）剛被選為印度主要政黨之一的印度人民黨（Bharatiya Janata Party，簡稱ＢＪＰ）黨魁，他的名字登上各大報紙頭版頭條。不只批評者針對其極權言論多所抨擊，黨內某位大老也在他正式宣布當選後請辭。我看到某篇社論指出，莫迪當選意味著印度人民黨終於不敵印度政治生態長久以來的沉痾，屈服於個人崇拜的光環之下，儘管在這之前，該黨始終保持清高的姿態，對此問題視而不見。

哥印拜陀過去是印度主要的棉產區，以肥沃黑土受到英人青睞，後來發展成紡織重鎮，最後進化成國內重要的紡織機具製造地。如今該市周遭成了抽水泵及航空設備的大本營，聚集大小規模的製造商，從小型家庭企業到大公司都有。隨著哥印拜陀的發展，棉花栽植早已遠離市中心，退居外圍。我跟席萬皮萊打算去參觀一場棉花拍賣會，必須早早從市區出發。

哥印拜陀雖然被譽為印度的曼徹斯特，市區本身及周遭鄉村卻很難讓人聯想到英國北部的風光。沿路上，滿樹橘紅的鳳凰木夾道，間雜渾身尖刺的柏科灌木，靈活的土生山羊避開這些細刺，覓食其中。離公路更遠的地方，工程專科學校四處林立。席萬皮萊說，本地企業流程委外公司（Business Process Outsourcing firm，簡稱BPO）有大好的工作前景，吸引印度父母不惜傾家蕩產也要送小孩去唸工程學校以培養一技之長。但事實上這些機構形成蓬勃的教育產業，在市場上已供過於求；在粥多僧少的情況下，學校業者不得不派人到外地招生來塞填幾乎空蕩蕩的教室。我們經過一區又一區荒廢的房產，這些土地被農民賣給無良的投資客後，在原地蓋起水泥住宅，卻租不出去，乏人問津。

我們抵達拍賣會場，停車時看見農民們三三兩兩聚集在中庭裡。這天對他們來說是個大日子，有些人搭了一整天的巴士才來到這裡。農民會在今天得知這一整年收成的價格，看是否有錢還債。

我們的到訪自然引起一陣騷動：就在氣氛正緊張時，突然有陌生人開著白色鈴木汽車闖了進來。眾人立刻湧上前來，將我團團圍住。我說明來意，由席萬皮萊翻譯成坦米爾語（Tamil），表示我是來採訪的。要讓這些農民推派出一名代表受訪是件漫長又喧鬧的差事，他們最後選擇讓六十五歲的拉馬薩米（M. Ramasamy）出馬，他從二十公里外的達拉普蘭（Dharapuram）來此拍賣棉花。他有三畝農地，自一九七六年起就開始種棉，種過不少品種，並如數家珍般地一一唸給我聽。拉馬薩米跟其他農民一樣，每年只種一季棉花，因為一次得花上九個月。他從九月開始種，每週透過小水渠引入井水灌溉。這裡的灌溉方式與美國德州的地下滴灌不同，是效率最差的一種，因為大部分的井水還沒流到田裡就蒸發光了。另外，這也是最便宜的作法。拉馬薩米表示今年缺水相當嚴重，他的棉花產量從正常水準的十二公擔[27]左右腰斬，只剩六公擔。

印度傳統的棉花品種不需灌溉。當地原產的亞洲棉（Gossypium arboreum，又稱樹棉）雖然能做出細緻精美的織品，卻不適合針對美國陸地棉（Gossypium hirsutum，又稱美國棉、美洲棉）設計的機械紡織，後者纖維強韌，更經得起機器加工過程中的強力拉扯。東印度公司自一八四〇年代起開始以美國棉取代印度品種；到了一九四七年印度獨立時，本地紡織廠紛紛要求改成適合機械生產的美國棉花。

一九八〇年代後期，在國際貨幣基金組織（International Monetary Fund，簡稱ＩＭＦ）的施壓下，向來受到嚴密保護的印度經濟正式對外開放，政府鼓勵農民轉型「現代農業」，呼籲他們使用雜交種子、肥料及農藥，好讓印度成為棉花等商品作物在內的主要出口國。雜交的美國棉花加深了農民對地下水及化學藥劑的依賴。灌溉增加了土壤溼度，另一方面也助長害蟲與真菌的滋生。以單季來說，施肥、殺蟲、除菌等多效合一的混合藥劑就必須噴灑多達三十次。棉花的種植面積大約只占全國耕地百分之五，但農藥使用量卻高達整體的五成五。

棉花的生產成本暴增[28]，不少農民債台高築，開始急著尋求技術上的解方，而Bt棉似乎就是他們所要的答案。Bt棉於二〇〇二年進入印度市場[29]，是該國唯一核准的基改作物。基改棉籽在印上市第一年，獲得孟山都公司再授權銷售的邁可孟山都生技公司（Mahyco Monsanto，為孟山都與在地種籽研發公司合資成立）庫存就全部售罄。然而，Bt棉的研發用意在於提高抗蟲效力以減少農藥使用，而非增加產量，其實際產量並不高，使得農民爆發嚴重的財務危機。

與此同時，動物也跟著大量暴斃。二〇〇六年，瓦蘭加爾（Warangal）當地村莊有一千八百多頭綿羊在採收後的Bt棉田裡吃草，隨後死亡。儘管孟山都公司堅稱這與Bt棉無關，仍有數以千計的牛與山羊[30]在棉田裡覓食後中毒身亡。此外也有數百名農工在接觸Bt棉之後出現過敏症狀。

二〇一九年元月，拜耳公司旗下的孟山都公司在某起涉及印度基改棉籽的專利訴訟[31]中獲勝。「整個生技界都獲得了解放。」[32]印度國家種籽協會（National Seed Association of India）理事長朗姆．康迪亞（Ram Kaundinya）得意洋洋地表示。該協會代表包括孟山都及先正達等種籽公司在內的國內外業者向政府爭取權益。也難怪康迪亞會這麼開心：二〇一九年印度基改種籽的年度銷售額估計達五億美元，而孟山都研發的種籽掌控了全國高達九成的棉花種植面積。

拉馬薩米表示，過去四年來他種的都是Bt棉，這種基改棉花能夠抵抗過去以它為食的白色害蟲，但對其他昆蟲無效，所以他還是得繼續使用農藥及除草劑。由於政府禁止，他已經不再使用安殺番（endosulfan）這種便宜的非專利殺蟲劑。這種殺蟲劑的毒性驚人，世界各地紛紛下達禁用令[33]。印度已有數百人因此中毒身亡、數千人罹病。由於這類禁令往往要等到事證確鑿多年後才頒布，我想知道農民們是否看過現在用的農藥及除草劑造成任何健康問題。一旁有人說了個笑話，逗得大家都笑了。他以誇張的口吻，煞有其事地告訴我，當地因酒後出事而受傷的農民比農藥中毒要來得多。我再向拉馬薩米詢問購買Bt棉籽的成本，四百五十公克要價九百盧比，過去用的棉種四百克只需五十盧比，兩者天差地遠。除了高達百分之一千六的漲幅以外，他還指出政府不准農民保存Bt棉種籽，否則視為違法。每年他們都必須重新購買。

拍賣即將開始，男性們紛紛動身往前院後方那座低矮的灰泥房子走去。大廳內排列著教堂手工市集用的那種折疊桌，上面堆著塞滿棉花的麻布袋。拍賣會以一種看似平和，實則暗濤洶湧的態勢展開：拍賣員高聲喊出每袋棉花的價格，各家軋棉廠的代表以眨眼為信號，輪番出價競標。拍賣員與買家逐桌走過一袋又一袋的棉花，有位婦女跟在他們身後，相隔幾步之遙，用毛糙的粗麻繩與跟我中指差不多長的針，悄悄將麻袋上為了方便買家驗貨而劃開的裂口重新縫緊。

在拉巴克，像艾德溫這樣的美國棉農要是遇上荒年歉收，還有保險及補助金可以補貼損失；但對種出這些棉花的印度農民來說，年頭不好就只有死路一條。

印度棉農艱困的處境導致驚人的自殺數字。二〇〇四年，光在安德拉巴州（Andhra Pradesh）就有將近六百名農民負擔不了龐大的生計壓力而輕生，其中大多數是棉花種植者。他們向中間商賒帳購買種籽、肥料及農藥，等收成後再償還；要是遇上荒年歉收而無力付款，就會陷入債務危機。印度的天氣變化無常，地下水源急速枯竭，萬一棉花歉收，風險只能由農民自己承擔。二〇一八年的報告指出，孟山都種籽所引發的各種威脅中，最嚴重的當屬殺傷力最大的棉紅鈴蟲對Bt棉已經開始出現抗藥性。

在拍賣大廳外的石臺上，坐著一位身穿翠綠紗麗的女性，在微紅的塵土襯托下顯得格外醒目。這位女性名叫賽爾薇（Selvi），她表示在雨量充足的那幾年裡，她和其他農民除了棉花，還能種上玉米、花生和向日葵等作物，但今年卻異常缺水。要是再不下雨，水位繼續下降，他們就沒東西可種。到時該怎麼辦？他們就只能借錢苦撐，等到明年再說。由於田裡休耕，沒活可幹，他們就會外出工作。

正常來說，本該由賽爾薇的先生帶著棉花來拍賣，但他已經去世，加上她雙親又年事已高……說到這裡，她開始輕聲啜泣了起來。我不敢細問她丈夫是否也是那數千名因扛不住沉重債務而輕生的棉農之一。

諷刺的是，印度不少農民選擇以喝巴拉刈這種落葉劑的方式自殺。二〇〇九年，當地醫生團隊在一份簡明扼要的報告中指出：「這種深褐色的濃縮液要是裝在瓶中，很容易被誤認為可樂。在早期的報告中[34]，因誤食而導致中毒的意外相當常見。然而，近來卻以蓄意自殺的案例居多。」

離開拍賣會後，我和席萬皮萊繼續前往下一站，造訪蒂魯普（Tiruppur）郊區某間軋棉廠。蒂魯普位於哥印拜陀以東，距離約一個小時車程，在十九世紀晚期是省府馬德拉斯（Madras，今稱清奈）與工業大城哥印拜陀之間的重要鐵路樞紐。我們走過一道曾經從水庫引水，但如今已完全乾涸的河渠，快到軋棉廠的時候，我們停下腳步向路邊一位身穿粉紅紗麗、正在梳整長髮的老婦人問路。她默不作聲，指向眼前的黃土路。我們循線轉進，在椰林間穿行。

據經理表示，這間軋棉廠曾經位處棉鄉中心，但隨著周遭環境快速變遷，如今他的代理商必須大老遠跑到外地去採購原棉。目前他正在軋製一批昆巴可南（Kumbakonam）的棉花，該產地鄰近泰米爾那都州東部的卡維利河（Kaveri River）。他說當地的農民傳統上每年會種兩季不同的水稻，中間隔著一段休耕期；現在他們利用這段空檔改種Bt棉，至於是否會對土壤造成長期性的影響仍有待商榷。

工廠外頭，婦女們正忙著把棉花裝進籮筐，再用頭頂著，爬上一段樓梯送到軋棉機房，裡頭擺滿成排的美國鑄鐵軋棉機，都是一九三〇年代的古董，斑駁的表面泛著柔和的苔蘚色澤。女工們將籮筐裡的棉花自軋棉機上方倒入，像把咖啡豆倒入研磨機一樣。這些婦女大多是中年人，身穿紗麗且戴著頭巾，以免頭髮沾到被吹飛的棉絮。女領班表示只有已婚婦女才會來這裡工作，未婚的年輕女性都去大工廠，直接住在廠內。這裡的女工晚上得回家照料家人，張羅家事。

機器前方，軋好的棉花堆積如山，一名女工用二齒耙將棉花從巨大的棉堆扯下，另外兩人各自抱起一大把，丟進大型金屬壓實機，投入口跟她們雙肩齊高。彎身、環抱、丟擲這一連串的動作，她們做起來相當生硬。老闆告訴我，捆紮及包裝這些工作通常是由北部來的男孩負責，但當天他們正好去參加姊姊的婚禮，不在廠內。壓實機裡站著第四位女工，以雙腳用力踩踏棉花，等到壓得差不多的時候，再小心翼翼地沿著壓實機的門邊爬出來，其他三人再重複同樣動作，丟入更多棉花，直到完全裝滿為止。這時領班會拉下手柄啟動機器，將棉花壓緊成捆，再由卡車將成品運往哥印拜陀周遭的紡紗廠。

過去在當地，女性想在工廠工作就只有軋棉廠可選。泰米爾那都棉業的發展過程中有很長一段時間，紡紗廠只僱用男性，且有強大的工會提供保護。一九八〇年代，印度紡織業重新轉向出口，紡紗廠開始僱用女工。蒂魯普的針織業者不計代價，甚至不惜虧損也要接單，就是希望與外國買家持續保持接觸，因而使得激烈的競爭更加白熱化，迫使紡紗廠不斷調降紗線價格。如今紡紗廠工作已不像過去那樣受歡迎且有健全的工會組織。業者開始想方設法來迴避勞方提出的訴求，就是僱用與非賤民（non-Dalit）[35]男性勞工為主的工會文化格格不入的農村女性。

就在前一天，我與席萬皮萊以及賈甘納坦（Jagannathan）一起參訪了某間紡紗廠。賈甘納坦是哥印拜陀當地的企業主，經營一間生產工業用收縮膜包裝機的公司。早年他曾在這裡替數百家紡織廠安裝機械並提供維修，後來還當上廠長。他很想看看在他離開紡織業的這幾年裡，業界有什麼變化。我們三人從哥印拜陀出發，往南部去。

沿途上，右邊的山脈在椰林掩映間忽隱忽現。平房的水泥牆上畫著明豔繽紛的手繪廣告。朗科水泥、科里什納塑膠閃過眼前。我們險些撞上一位腳踏車騎士，他將許多塑膠製品串成一大圈背在身上，泰然自若地騎著。

車行穿過一座巨大的風力發電場，賈甘納坦告訴我們，哥印拜陀的工廠主要仰賴風力供電，但情況時好時壞，難以預測。當地停電問題相當嚴重，部分工廠開始遷往古加拉特以獲得更穩定的用電，那裡同時也是印度總理莫迪的家鄉。初夏時，赤道上方的空氣受熱抬升，從南端的孟買沿著印度西部海岸移動，帶來豐沛水氣，在喀拉拉州（Kerala）形成季風雨，並為泰米爾那都帶來強風；熱氣繼續北抬，遇喜馬拉雅山阻擋，在十月、十一月左右轉向南吹，成為印度東部主要雨季。萬一季風遲到，泰米爾那都地區傳統上不靠灌溉、主要仰賴雨水的雨養農業（rainfed agriculture）很容易遭受波及，而因應棉花外銷所衍生更大量的引水需求，只會使問題雪上加霜。

在車上，我問賈甘納坦為何他認為男人在紡紗廠的工作已經被女人取代。「男人說要去廁所，其實是去抽菸；但女人不會藉故摸魚。」他說，我點頭稱是。我接著又問他在紡紗廠當廠長時有沒有跟工會打過交道。「當然有。」有時候免不了得跟他們配合才能擺平，無非就是到處塞錢，給點好處。

到了紡紗廠，我們將車子停在大門口。我看到前庭有一群小女孩，起初以為是廠內員工的孩子。她們看起來只有八、九歲左右，但後來有人告訴我，這些女孩都十幾歲了，只是因為營養不良，看起來才會比實際年齡小。她們都是紡紗廠的女工，活像是嬌小的修道院長，不管上工或休息，整天都在廠房度過。她們住工廠宿舍，吃飯也在員工餐廳解決。

我們走進工廠的某間廠房，裡頭堆滿一捆捆從軋棉廠運來的原棉，工人們忙著拆裝並將棉花朝同一個方向梳理整齊，以利後續作業。傳統紡紗並沒有這道工序，因為捆裝是英國殖民時代留下的作法，目的是為了方便將棉花運回蘭開夏的紡織廠。由於梳棉機的成本高昂，為了提高生產效率，紡紗廠必須設置大量紡錠同步運轉。印度的紡紗業規模十分龐大，但軋棉廠、紡織廠、服飾店的經營型態通常以小型家族企業為主。棉花經過初步分梳後，變成鬆散略粗的「棉條」（sliver），類似羊毛「粗紗」（roving），接著經由管路送到隔壁廠房，整齊盤繞在一排排的黃色大桶內，準備送入撚線機製成棉線。這間廠房約有好幾座專業籃球場那麼大，內牆漆成藍色，彷彿置身醫院。我站著看四、五名女工掐著輕柔易碎的棉條穿過機器上的鐵環，集結八股棉紗纏捻成線。這些棉條相當纖細，有人一抓就碎，跟棉花糖一樣。遠處另一端是紡紗區，成排紡紗機中間隔著窄長的走道，每條走道都有一名女工來回逡巡。

廠內女工都穿著寶石色系的紗麗及「莎爾瓦卡米茲」（shalwar kameez）[36]，皆以合成布料製成；在現代印度，只有富人才穿得起純棉紗麗。女工們在紗麗外頭罩著印有公司標誌、有如醫院制服的藍色圓領T恤，耳朵、鼻子、手指及腳趾上皆戴著沉甸甸的金飾，如此華麗的景象讓我想起古羅馬史學家老普林尼曾怨歎過羅馬帝國的黃金快被印度給榨乾的事，同時證明這些女工正是世界有史以來最複雜精細的手工紡紗技術的傳人。但如今女性光靠紡紗幾乎無法填飽肚子，紡織工業化的推手將工廠視為幫助窮困農村婦女脫貧的救星，卻不承認過去發達且輝煌一時的印度紡織文化遭受破壞，才是導致她們貧困最直接的主因。

我轉身沿著成排紡錠中間的通道走去。突然間電力中斷，女孩們聚集在走道上，圍成一小圈。廠內少了日光燈照明，昏暗一片，近乎靜寂。下一秒，燈光再度亮起，機器轟隆隆地恢復了運轉。

在泰米爾那都，不少紡織廠透過所謂的「蘇曼加里」就業方案（Sumangali scheme，相當於童工），招募年輕的農村女孩作為廉價勞工。「蘇曼加里」一詞意指「開心出嫁的婦女」，年輕女性透過人力仲介與紡紗廠簽下契約，工作之餘順便賺取將來添購嫁妝的費用。女性攜帶嫁妝在印度屬非法行為，但實際上對鄉下父母而言卻是不可或缺的禮俗。無力備妥足夠嫁妝者會將女兒嫁給條件極差的對象，不是太老就是已婚男性。

雖然這種私募童工的陋習並非泰米爾那都州獨有[37]，但根據紀錄，高達八成的案例發生在紡紗業，而當地紡紗廠總數占全國六成五以上。年輕農村女孩[38]透過「蘇曼加里」方案進入紡紗廠工作，接受三年「學徒」訓練。依規定，工廠除了提供女工食宿及每月薪水以外，約滿後還有一筆嫁妝獎金，但不少登記有案的紀錄顯示廠方並未給足該筆款項，有些甚至沒給。勞權人士指出，即使最後拿得到獎金，女工們也會擔心領不到多年辛苦累積的工資而不敢貿然提前離職，就算受傷或遭到虐待（這在業界相當普遍）依然咬牙苦撐。他們還指出，這些年輕女孩工作期間的薪水加總遠遠低於法定最低薪資。經調查後，法院宣布該就業方案構成「抵債勞動」（bonded labor），形同剝削奴工，但南印紡織業協會（Southern Indian Mills Association）正在積極遊說，企圖推翻此說法。

紡紗廠紡好的棉線搬上卡車，從哥印拜陀出發東行，運往蒂魯普。那週我們驅車往蒂魯普途中，先後與載滿布料的橘色 Eicher 貨車、拖著大袋棉紗的鮮黃卡車及三輛針織廠員工的交通巴士擦身而過。這些車輛外頭都貼著泰米爾那都當地紡織業大亨所效忠的宗教領袖——史瓦米吉（Swamiji）的照片。蒂魯普是印度主要的針織服裝生產中心，產量達全國六成以上。針織布料具有彈性，主要用來製作內衣、T恤及緊身褲，原料可分為純棉或聚酯纖維與棉混紡兩種，但即使是純棉，針織布料依然有伸縮性，這點與採用平織的機織品不同。

蒂魯普最早生產的針織品是「班樣」（banyan），也就是男性內衣。當地第一批針織工廠出現於一九二〇年代，如同哥印拜陀的紡紗廠，八〇年代的外銷熱潮驅使蒂魯普的針織業者拒絕回應工會的訴求，開始僱用婦女、賤民及泰米爾那都南部貧困地區的移工。他們另立名目來定義這些雇工，通常都是按件或按次計酬的臨時工。

印度政府挹注大筆資金，促成蒂魯普針織機械的現代化。事實證明這項努力沒有白費。二〇〇七年，當地針織服裝的出口總額超過二十億美元，並持續穩定成長。舉凡美國連鎖百貨沃爾瑪（Walmart）、達吉特（Target）、席爾斯（Sears）、瑞典H&M及英國Mothercare等成衣品牌都只是向他們採購廉價針織衣物的客戶之一。

不同專攻國內市場的班樣以米色為主，主打外銷的針織商品顏色大多相當鮮豔。當地的諾亞爾河（Noyyal River）也不遑多讓。該河發源自西高止山（Western Ghats），流經哥印拜陀及蒂魯普，最後注入卡維利河（Kaveri River）。諾亞爾河被鄰近紡織廠當成汙水傾倒場，排放漂白劑及染劑等有毒廢棄物，又同時供應加工過程所需的大量水源。該河在蒂魯普一帶就像一八六〇年代美國布魯克林綠點區（Greenpoint）的新城溪（Newtown Creek）[39]或一八三〇年代羅德島林肯鎮的黑石河（Blackstone River），不時會依序呈現紅、黃、藍、黑等顏色。染整廠下游的農民被迫用五顏六色的有毒河水灌溉，生產出含有大量化學毒物的作物。不僅本地山羊身上發生突變[40]，河魚[41]及海洋生物體內也檢測出高劑量的重金屬汙染。

二〇一一年元月[42]，馬德拉斯高等法院針對高到難以容忍的化學汙染做出回應，下令關閉蒂魯普所有織品加工、漂白及染整廠。超過七百四十間工廠關門大吉，大約四至五萬名工人失業。但不少業者早已將業務偷偷移至鄰州另起爐灶，當地官員樂見於此，對他們的動作視而不見。席萬皮萊的父親年輕時就來到泰米爾那都從事織品染整，據席萬皮萊表示，現在的州政府為了拉攏人心，採取寬鬆的監管政策並施以小惠，發放「免費贈品」，比方家家戶戶都有的小風扇、整袋白米或補助餐廳業者提供便宜餐點等，展現苦民所苦的親民作風來爭取窮人支持。「他們對紡織業者的惡行視而不見，就像小布希主張開放懷俄明州鑽探石油一樣；他的副手錢尼（Dick Cheney）不也說過艾草松雞沒有山艾也活得下去[43]嗎？兩者是一模一樣的歪理。」他說。

織品染整是個複雜的化學過程，需要真正的專業知識。我們拜訪了某位回到蒂魯普開業的染布大亨，地點就在他開在市區的新廠房。這位大亨認為用額外的汙水處理成本換來技術純熟的染布工是項值得的投資。他看起來一臉嚴肅，儀態優美，身穿平整潔白的牛津襯衫搭配白色腰布，當時正在監督廠內新染缸的安裝作業。他讓我爬上鐵梯來到巨大的染缸前，透過玻璃圓窗一窺究竟。不鏽鋼桶上鑽有小洞，以便注入水及化學藥劑，就跟洗衣機內槽的孔洞一樣。

蒂魯普對紡織業者的吸引力，部分來自於當地緊密相依的生產網絡。「在這片都市地景中，哪裡有針織工廠？其實它們無處不在！」民族誌學者薩拉德．查理（Sharad Chari）寫道。「整座城鎮彷彿一間分散的工廠。[44]」他指出，服飾配件是在「臨時搭建的工寮裡[45]」生產；某些外包工作打破了業主與雇工之間的界限，某戶人家的後院可能在廚房與洗浴區之間擺著兩台織領機。

全球針織品市場的變動往往比梭織品更不穩定。這種充滿變數的風險負擔幾乎完全轉嫁到這些小型業者及勞動者身上。有時可能長達一兩個月沒有工作，迫使他們以每月高達四十分的利息向高利貸業者舉債度日；另一方面，若是遇上出口旺季，他們每天工時可長達二十小時。

離開染布廠，我跟席萬皮萊駕著白色鈴木汽車穿梭在一棟棟平房倉庫之間，最後來到某間針織工廠，裡頭設置了十幾座圓編針織機（circular knitting machine，簡稱圓編機）。廠房內，隔著透明玻璃有如蜂室般整齊排列的機房沿著兩側水泥牆一路延伸。每間都有一台正在轉動的機台，上方吊掛一圈閃爍的警示燈，機身旁設有控制台。我們來到某間大機房，操作員聽從指示關機、打開外蓋，好讓我一窺究竟。車台轉速愈來愈慢，發出類似飛機降落的聲響。他打開底座安全門，我仔細端詳神祕的內部構造：捲成筒狀的胚布連接著數千條從上方穿引而下的紗線，在底部照明的照映下，看起來有如一盞熔岩燈。機房四周及天花板上掛滿線軸，各自拉出一根紗線送入機台上盤的輸紗器，再連接針筒。重新開機時，機器開始不停轉動，勾出數以千計的紗圈，交織成布料。

針織的原理就是將紗線織成一連串互相套連的線圈。針織不像梭織（平織）的經紗和緯紗呈現直角相交，而是像打毛衣一樣，由一圈又一圈的線結交套而成。手工針織與梭織不同，毋須仰賴織布機或任何大型設備，這一點使它成為游牧民族歷史上相當重要的紡織技術。考古學家認為，人類在發明梭織之前，可能早就已經學會針織。

儘管投入商業應用的時間較晚，機械針織的發明也比機械梭織來得早。一七七九年，英國織布工奈德．盧德（Ned Ludd）砸毀了一台織襪機，這樁紡織史上赫赫有名的事件讓當時一群心懷不滿的織布工有機可趁，到處滋事。他們被稱為「盧德分子」（Luddites），在一八一一至一八一七年間四處破壞機器、騷擾資方而聲名大噪。

我們參觀的針織廠隔壁有間小型服裝工廠，是我們接下來要造訪的目的地。廠長正在忙，祕書請我到樓上小房間稍候。房內裝設了成排的單向鏡，能夠俯瞰樓下，將廠內動靜看得一清二楚。我站在高處，看著兩名男員工站在牆邊的長桌前摺疊一批正面印有煙火圖案的孔雀藍襯衫。不遠處，另一名男性拿著線鋸切穿厚達幾十層的布料，裁出一大堆襯衫衣身。此外還有三名中年婦女彎著身子坐在縫紉機前車衣，另一名年輕男子負責操作布邊機（拷克機），將布料的毛邊用線鎖住，避免磨損。

廠長回來後，帶我逛遍了整個工廠，最後來到隔壁機房，結束當天的參訪行程。機房裡頭有台搭載八支機器手臂的網版印刷機，正在替襯衫的正面上色，兩名女工站在一旁摺著做好的史努比T恤。網印機依序替襯衫層層刷色，繪出一幅人們在湖畔垂釣的風景；機器手臂在畫面下方來回轉印，用草寫體寫出「威斯康辛」（Wisconsin）這個字。

服裝可以作為一個地方的標記。就像在地美食讓人引以為傲，縱觀歷史，人們總是用當地生產的衣物來展現對家鄉的認同。這件「威斯康辛」T恤對穿上它的人而言說不定也起著同樣的作用，但別忘了它同時也是印度南部的產物——用印度的河水生產，卻留下有毒的廢棄物。水，成了它們對當地最大的虧欠。

每當有人宣稱某些物事的起源過於複雜，超乎一般理解範圍，我們很容易用「全球化」的概念來合理化這些子虛烏有的說法，使之成為常態。但以棉業來說，儘管有某些層面確實相當複雜，但並非全部如此，比方說它如何牽動全球水資源的流向就是一例。聯合國教科文組織於二〇〇五年發表[46]了全球棉花消費的「水足跡」（water footprints）[47]報告，以棉花為代表，在世界地圖上以粗黑色箭頭標示出全球虛擬水（virtual water）的流動。圖表顯示水資源從印度、中國和北非等地流向美國、歐盟國家和日本等先進大國。棉花是種相當耗水的作物[48]，儘管自一九三〇年以來，全球棉花的種植面積大致維持不變，但產量卻高出兩倍；同樣時間內[49]，用水量則增加了六倍多。不計後果的取水往往突顯出權力的失衡及不對等，某些地區的居民淪為犧牲者，成就了另一方的利益。當地下水、湖泊或河流消失，或是綠洲變成沙漠，這些受益者的損失遠比當地人來得小。以棉業來說，有愈來愈多的水足跡源自遙遠的世界一隅，該地正經歷二十一世紀的極權殖民，那就是中國最西邊的行政區——新疆。

# 第五章　新疆的乾旱

他們占滿了那片土地，
砍掉整根樹枝，
摘走樹上的果子。[1]
——奧馬爾江．阿里姆（*Omarjan Alim*），維吾爾族歌手，〈我帶了一個客人回家〉

哈薩克阿拉木圖（Almaty）的市集上，英俊瀟灑、散發浪子不羈氣息的提爾瓦迪．科巴諾夫（Tilvaldi Kurbanov）身穿紫色T恤，外面套著迷彩背心，頂著一頭不修邊幅的蓬亂灰髮，看上去有如七〇年代年輕人流行的隨興髮型，站在暗紅色的貨櫃兼店面前抽菸。當時是一九九四年，他是美國文化人類學家尚恩．羅伯茲（Sean Roberts）紀錄片所拍攝的三名維吾爾人之一。這部名為《等待維吾爾人》（*Waiting for Uighurstan*，暫譯）的作品，講述一群無國籍的維吾爾族人分散在蘇聯中亞各國及中華人民共和國等地，歷經苦難悲楚的人生故事。

「我以前從沒賣過這些東西。」科巴諾夫對著採訪者說，他指向攤位，地上擺滿鞋子，都是便宜的中國貨。他於一九六〇年初，趕在一九六三年邊境關閉前從新疆移居哈薩克。在哈薩克的時候，他在某間蘇聯商店擔任倉儲主管。「經濟改革期間由於通貨膨脹，光靠一份薪水已經不足以餬口，我就是在這時候決定開始做生意。」新疆與哈薩克關閉邊境後，兩邊的維吾爾人睽違二十多年好不容易重新與家人恢復聯繫，他利用這層關係從事跨境貿易，扮演中間商，販售中國南方新興經濟特區所生產的商品。「貿易經濟是在蘇聯解體後才真正全面開始。」他說。大約同一時間，中國邊境也跟著開放，不少維吾爾人開始買賣中國商品。「尤其是現在。為什麼呢？因為大家都沒錢，加上中國貨又便宜。」他一邊說一邊以毫不掩飾的眼神，不屑地看著身後那整櫃廉價的鞋子。

蘇聯解體促成新興中亞國家[2]的誕生，不少中哈邊境兩側的維吾爾人也都希望能擁有自己的國家。新疆正式全名為新疆維吾爾自治區（Xinjiang Uyghur Autonomous Region，以下簡稱新疆），成立於一九五五年[3]，與中國共產黨在西藏、廣西、寧夏和內蒙古等地設立的自治區一樣，是仿照蘇聯體制設置的政治實體[4]，但關鍵性的差別在於中國憲法明令禁止自治區脫離國家獨立。

新疆面積與西歐相當，是中國幅員最廣的行政區。它與八個國家接壤，邊境長達五千五百公里，鄰國包括俄羅斯、哈薩克、吉爾吉斯、塔吉克、蒙古、印度、巴基斯坦及阿富汗，由此或許最能看出其對中國的戰略重要性[5]；對內則與青海、西藏及甘肅為鄰。更重要的是，新疆也是中國最大的棉花產區，造就中國的棉製衣物出口量高居世界第一，無人能出其右。

維吾爾族是新疆境內人口最多的民族。儘管當地還有不少烏茲別克人、吉爾吉斯人、塔吉克人、哈薩克人和回族（中國穆斯林）等民族居住，二〇一〇年的人口普查顯示該族仍占全新疆人口的四成四；至於全國人口比例高達九成二的漢人[6]在這裡反而成了少數民族。維吾爾人的文化在許多方面與漢人不同：他們的吃食以湯、羊肉、麵條、饢餅及餡餅為主；宗教方面，傳統上維吾爾人遵循伊斯蘭法理學的哈奈菲學派（Hanafi school），此為遜尼派（Sunni Islam）法學四大家之一。但誠如記者尼克．霍史達克（Nick Holdstock）指出：「新疆歷史上歷經各種宗教的洗禮，產生複雜的交互作用，使得維吾爾族的許多信仰及習俗……受到蘇菲教派、瑣羅亞斯德教（又稱祆教、拜火教）、佛教及薩滿教的影響。」[7]維吾爾語是突厥語系的一支，其他還包括吉爾吉斯、哈薩克和烏茲別克等中亞語言。

羅伯茲在《等待維吾爾人》一片中勾畫出維吾爾人期盼建立民族國家的想望，但這份憧憬終究未能逃過北京當局的法眼。一九九〇年代，中國政府先發制人，與新獨立的中亞各國簽訂引渡條約，合力打壓維吾爾人的民族主義。一九九五年，時任哈薩克總統納札爾巴耶夫（Nursultan Nazarbayev）同意讓國安部門監控該國境內的維吾爾人，並將情報與中國共享。翌年，中國成立名為「上海五國」的跨政府組織[8]，成員包括中國、哈薩克、吉爾吉斯、塔吉克及俄羅斯，確立中亞各國同意聲援中國的「治安」考量，不為維吾爾組織提供任何掩護包庇，以換取中國的經濟合作。

時至今日，散居中亞各地的維族人口相當龐大，定居在哈薩克者約有二十二萬人，烏茲別克五萬五千人，吉爾吉斯則是四萬九千人。這不但反映出當代的邊境管制已變得鬆散許多，同時也見證了維族被捲入共產黨兩波大規模農業實驗行動的悲慘歷史。首先是一九二〇及三〇年代，維族人為了躲避蘇聯的農業集體化政策，大批湧入新疆；到了一九六二年，又有六萬人從新疆伊犁地區逃往哈薩克，以躲避毛澤東「大躍進」政策所導致的饑荒。

從二十世紀至二十一世紀，造成新疆當地民不聊生的眾多人禍中，最慘絕人寰、歷時最久者當屬棉花的發展。

這一切要從俄國於十七世紀開始將觸手伸向中亞說起。在進軍高加索地區之前[9]，「俄羅斯」還只是個位於奧喀河（Oka river）北岸，以俄羅斯東正教為共同信仰的東斯拉夫民族國家。到了一六五〇年，沙皇大軍已經成功奪下西伯利亞，並將帝國版圖擴展至太平洋濱。一七五〇年，俄羅斯勢力範圍已經延伸至哈薩克大草原，轉而與英屬印度爭奪內亞的掌控權，當時的英國情報官亞瑟・柯諾里（Arthur Conolly）將這場角力稱為「大競逐」（the Great Game，又譯為「大博奕」）。

自十九世紀初以降，俄國商人及政府官員開始將外高加索及中亞地區設想成俄羅斯的原棉產地。製造業者亞歷山大・席波夫（Aleksandr Shipov）認為，萬一紡織原料耗盡，有了中亞的棉花，就能「預防工廠停產可能導致的一切負面後果。」[10]一八三三年，俄國駐高加索的軍隊總司令羅申男爵（Baron G. V. Rosen）也興致勃勃地說，若能有效殖民中亞作為棉花產區，當地人「將成為我們的黑奴。」[11]

然而，俄國一直要等到美國棉花的供應在南北戰爭期間突然中斷，才果斷邁開腳步，向前推進。一八五六至一八七六年間[12]，俄軍先是攻占塔什干，接著奪下今日中亞其他地區。他們行動之所以如此迅速，就是為了早日達成目標，取得穩定的棉花供應來源。一八七一年，俄羅斯殖民地官員席卡巴・科斯坦科（Shtaba L. Kostenko）下令：「我們所有努力的目標，都是為了將美國棉花逐出國內市場，用我們自己的中亞棉花取而代之。」[13]為此[14]，殖民政府修建鐵路，以便將帝國中心與延伸至阿富汗、伊朗、中國及英屬印度等邊境的殖民地領土連接起來。俄國織造業者借錢給農民種植棉花出口，政府機關則進口美國棉籽，分發給農民使用。如同英國在印度的作法，俄羅斯在短短幾十年內，成功將中亞地區習慣在自家農地棉糧混種及在家織造的生產模式轉變成某種殖民體制，農民被迫種棉以輸出俄國，同時陷入永無止盡的債務循環中。

後來的蘇聯政府就在帝俄時代的基礎上持續推廣棉花，進一步擴大了生態風險。早在一九一八年[15]，當時成立不久的蘇俄[16]決定引取阿姆河（Amu Darya）及錫爾河（Syr Darya）作為灌溉水源。中亞夾處在世界最大的兩座沙漠之間，南有卡拉庫姆（Karakum，又稱「黑沙漠」），北為克孜勒庫姆（Kyzyl Kum，又稱「紅沙漠」），農業活動傳統上主要集中在一連串自給自足的綠洲聚落，當地居民也會跟南北往來的商隊及游牧民族從事貿易。這些綠洲的水源主要來自上述兩條河流，皆注入鹹海。其中阿姆河古稱奧克蘇河（Oxus），發源於興都庫什山脈，沿途流經伊朗及阿富汗邊界[17]。古希臘時代的亞歷山大大帝於西元前三二七年征服中亞，當時這一帶被稱為「河中地區」（Transoxiana），意即「奧克蘇河對岸的土地」。錫爾河古名雅克沙提斯河（Jaxartes），源自天山山脈，流經費爾干納河谷，該地據說是中國古代汗血寶馬的產地。到了二十世紀，蘇聯政府為發展棉業，在兩河之間修築巨型水壩、打造灌溉網絡，破壞了傳統的綠洲農業系統，導致水資源嚴重短缺，使得歷史悠久的綠洲古城被沙漠吞噬殆盡。

然而，更劇烈的影響是鹹海本身的變化。一九六〇年，在一系列的河水改道工程完成之前，鹹海本來是世界第四大湖，面積比荷蘭及比利時加起來還大，且盛產各種魚類。一九五〇年代，蘇聯漁船每年可捕獲四萬八千噸的鯉魚、鯛魚及鱘魚，其中鱘魚最有名的就是魚卵（魚子醬原料）。昔日注入鹹海的水量高達五十立方公里，但在引水工程完成後，這些河水全被用於灌溉。一九六〇至八〇年間，中亞棉花產量倍增，當時該地區有八成五的農田專種棉花。鹹海的水平面以每年二十公分的幅度持續下降，面積也開始縮減。

如今，昔日浩瀚無垠的鹹海已經萎縮到只剩十座超高鹽度的水潭，總水量僅有原來的十分之一。過去的湖濱城市現在離岸超過九十英哩（一百五十公里），仰賴鹹海維生的漁場及城鎮聚落早已崩壞瓦解。鹹海曾經具有調節當地氣候溫度的功能，自從湖水開始枯竭後，夏天變得更加悶熱乾燥，冬天則更寒冷。湖床乾涸，暴露在外，風一吹來，沙塵隨之揚起。這些飛塵受到農業化學藥劑汙染，對周遭人口健康造成危害，導致慢性肺病及極高的罹癌率。

聯合國環境規劃署（United Nations Environment Programme，簡稱ＵＮＥＰ）指出，到了二〇三〇年，全球有半數人口可能面臨嚴重水資源短缺的壓力，淡水供應將受到人口增長、氣候變遷及環境汙染的威脅[18]。面對種種風險，我們在決定水的用途時，似乎應該更加謹慎並嚴格把關，然而以全球來看，當前的水文收支（water budget）卻反映出另一項問題。

在二十世紀，全世界水的消耗量足足增加了六倍之多[19]，相當於人口成長率的兩倍。以全球來說，農業的用水量高於其他產業，遠遠勝過工業及民生用水，但大部分的農業用水並未流向糧食生產，而是用來種植棉花。棉花是世界上分布最廣[20]、利潤最豐厚的非糧食作物，對水的需求很高：生產一公斤棉花需耗八千五百公升的水；同樣的生產單位，稻米需三千公升，玉米需一千三百五十公升，小麥只需九百公升。棉花農業的用水成本遠遠超出單純的作物灌溉。全世界市面上約有二成四的殺蟲劑用於種棉，造成水源汙染。施灑在棉花上的氮肥有將近五分之一會透過大氣、地下水或地表逕流離開土壤，不僅導致藻類過度增生形成藻華，引發大型魚類死亡，同時也增加當地淨化飲用水的成本。目前已經發現，在棉花的水足跡當中約有五分之一與其造成的汙染有關，但這只是種棉而已。若將加工、染整及織造過程所用的水量計算在內，製作一條牛仔褲須耗費二萬公升，換算成小麥的生產量，足以讓人在一年內每週烤出一條麵包。

關於水的政治選擇就像決定人的生死一樣嚴酷。棉花這個行業中，犧牲並不均等。某些地區淪為國家發展棉業的犧牲品，部分民眾則只能眼睜睜看著自己的家園崩壞，變成無法居住的不毛之地。鹹海的遭遇清楚地說明，在乾旱的沙漠邊境地帶實施大規模的種棉計畫對於環境會造成何等嚴重的破壞。然而，隨著鹹海最後僅存的水域消失，另一項企圖在脆弱的中亞沙漠生態系統中栽種棉花的大型實驗計畫正如火如荼展開，這次輪到新疆。

「新疆」一詞最早可追溯至一八八四年（清光緒十年），中文意為「新闢的疆土」或「新的邊疆」，但此由來卻與共產黨於一九五九年賦予該地區並延續至今的官方定位有所衝突：「新疆自古以來就是祖國不可分割的一部分。」[21]歷史學者詹姆斯．米華健（James Millward）表示，「十九世紀以前，沒有任何中國人會主張[22]新疆是中國不可或缺的一部分。」

新疆是中國邊境的殖民地。自古至今，中國始終採用最古老的統治策略來管理位於國境之西的邊疆地帶。這項歷史悠久的治疆措施名為「屯田制」[23]，意即派兵駐軍邊境，同時屯墾種糧，以便就近供應日常所需。到了現代，中國設立新疆生產建設兵團（Xinjiang Production and Construction Corps，簡稱XPCC）來延續屯田制精神[24]。一如屯田士兵，該團成員亦從事農業生產，但他們種的不只是五穀雜糧跟蔬菜，更包括棉花。該兵團對於現代新疆的發展、漢族移徙及國家控制等方面起著相當重要的作用，在西方人看來，它就像一個公司與軍隊的混合體[25]，令人難以瞭解其定位。歷史學者詹姆斯．西摩（James Seymour）則認為，新疆生產建設兵團是一間「以殖民為目的之公司」[26]，與英國東印度公司有顯著的相似之處。

新疆被橫亙其中的天山山脈分為南北兩部分，大多數的製造業位於北疆，南疆則為塔里木盆地，以沙漠為主。位於西南方的喜馬拉雅山脈及帕米爾山脈使該地產生所謂的「雨蔭效應」[27]（rain shadow，又稱雨影），阻絕了來自南方印度洋潮溼的熱帶空氣。南部盆地的塔克拉馬干沙漠利用高山雪水發展農業已有數千年的歷史。全世界有百分之八十的維吾爾族人口聚集在新疆，中國政府也決定將此地設為全國最新的產棉中心。

天山南坡融雪時[28]會形成許多小溪，最後匯聚成塔里木河，「塔里木」在維吾爾語中就是「匯流」之意。該河是中國最長的內陸河，流經國內面積最大、最乾燥的塔克拉馬干沙漠，滋養了整片有助防風定沙的胡楊林，同時發揮調節氣候的作用。

從本世紀中葉以降，新疆的生態系統隨著漢人移入出現劇烈變化。一九五〇年代，新疆生產建設兵團派出兩個師團駐紮在塔里木河沿岸。到了八〇年代，塔里木河已經縮短三百二十多公里，人口增長與農場的設立使河川下游水量劇減、水質惡化，從而導致嚴重沙漠化，附近居民被迫外移另謀生路；而在一九六〇年代，塔里木河所注入的羅布泊——當時的中國第一大湖——亦早已乾涸見底，湮沒在黃沙之中。一九八〇年代晚期，另一座仰賴塔里木河灌注的大湖——泰特瑪湖也步上後塵，變成乾燥的盆地。

一九八〇及九〇年代，當局規定南疆的維吾爾農民必須生產一定的棉花及穀物配額，即使棉花幾乎毫無利潤，他們依然別無選擇。跟建設兵團經營的大型農場相比，這些農民的田地很小，相當吃虧。兵團的農場擁有規模經濟優勢，且享有國家補助，甚至更容易取得昂貴的水資源。

九〇年代初期，中國對新疆的控制力道達到前所未見的程度，但開發失衡及維吾爾人的赤貧問題，使該地區的長治久安成為北京當局的隱憂。一九九〇年四月，喀什（Kashgar）附近的巴仁鄉（Baren）發生叛亂，成為中國治疆策略的轉捩點。這場維吾爾起義[29]花了三天才平息，期間造成三十人喪生。當局認為政府面臨民族分裂主義分子的威脅。

事後，中國政府宣布有意「向世界開放新疆」，並將該地區建設成經濟重鎮。這項策略須仰賴大量的投資，將新疆打造成中國最大的棉花產區。官方誇口此舉將有助提升所有居民的生活水準。自一九九一至一九九四年間，當地基礎建設的投資增加了一倍以上。

在新疆經濟開放之後，塔里木河流域的人口急速增加，更多土地轉為棉田，進而導致河川枯竭，原因就在於河水被用來沖淡土壤中的鹽分以改善土質，鹽化的水又重新被引入河中。透過這種方式「開墾」的農地愈多，下游的破壞就愈嚴重。一九九六年，阿拉干地區沙漠化比例高達九成五，地下水層水位遽降，科學報告指出「該地幾乎所有動植物以及人類都被迫出走。[30]」人類聚落成了空城，就連天然植被也寸草不生。二〇〇五年某篇研究塔里木河流域水資源日益短缺的論文作者表示：「我們在第三十一兵團，尤其是塔里木河末端的第三十五兵團進行田調時發現，由於缺水，該兵團旗下的大量耕地及村莊皆已廢耕且無人居住，並快速沙漠化。」[31]

德國人類學者阿格妮絲卡．約尼亞克魯提（Agnieszka Joniaklüthi）於二〇一一至二〇一二年間在新疆田調時指出，「（建設兵團的人）認為他們讓當地脫胎換骨，從『荒漠變成一座盛開的花園』。」[32]誠如阿格妮絲卡所言，雖然維吾爾人強烈反對外人稱其家園為「荒漠」，但科學研究結果也與上述號稱「將荒漠變成花園」的說法大唱反調。事實上情況正好相反：科學家指出，建設兵團所管轄的地區與維吾爾自治區相比，「於一九五九至一九九九年間，在土地利用及土地覆蓋方面產生了巨大變化。」[33]並表示「塔里木河下游地區有嚴重的土地退化問題。」

新疆過去是中國古代絲路的交通要道，和田（Hotan，古稱于闐）及其他綠洲城市曾經流通古貴霜王朝（Kushan Empire）[34]的錢幣。該帝國融合多元民族，國力富強，以保護絲路貿易而崛起致富。不少文化在此交流薈萃[35]，貴霜帝國的金銀銅幣上鑄有古蘇美人的娜娜女神（Nana）、波斯的風神奧多（Oado）及火神阿塔什（Atash）、印度教的婆蘇婆提（Vasudeva）與濕婆（Siva）及佛陀等神祇的形象。數千年來，新疆當地盛行傳統綠洲農法，成功將融化雪水轉化為唯一的灌溉水源，但不過短短幾十年光景[36]，這片土地已淪為萬物不生的窮鄉惡土。建設兵團的棉花農場對當地生態造成的衝擊，將持續引發更大浩劫。

除了對土地的破壞，種棉也未能使維吾爾人脫貧致富，他們的小型農場缺水愈來愈嚴重；同時，建設兵團每年採收期所需的六十萬名臨時工通常都不是新疆本地人。直到九〇年代末，南北疆兩地貧富差距依然懸殊：一九九八年全疆農村平均收入為六百八十四元人民幣，但南疆僅有二百元。

這場經濟改革不僅勞民傷財，還對生態系統造成破壞，但從另一方面來看不無斬獲：它成功帶動漢人移入新疆，而這才是問題的關鍵。長期研究中國問題的學者尼可拉斯・貝克林

（Nicholas Bequelin）認為，一九九〇年代的新疆政策是一場「精心策劃的全面布局，利用經濟及社會誘因吸引漢族移入，進而達成改變人口組成比例、打破種族平衡之目的。」[37]建設兵團作為實現「邊疆殖民的主要工具」[38]，其任務已經圓滿達成。

到了二〇一九年[39]，西方媒體開始大幅報導新疆，種族滅絕的新聞攻占版面。自九〇年代中葉以降，打壓伊斯蘭教始終是中國治疆政策的一環。九一一事件發生後，恐伊斯蘭言論找到新的立足點，並獲得美國全力支持。美國的反應為仇視伊斯蘭的「反恐戰爭」提供了雛型，並賦予正當性及後勤上的奧援。比方說，二〇〇一年十一月，中國外交部發言人針對維吾爾族分裂主義運動舉行記者會，聲稱新疆分離主義分子曾在阿富汗接受訓練，並指控賓拉登就是主導東突厥斯坦伊斯蘭運動（East Turkestan Islamic Movement，簡稱ＥＴＩＭ）極端組織、為其撐腰的幕後黑手。該組織目標旨在新疆建立一個伊斯蘭神權國家。儘管後來證明這兩項聲明皆非事實，美國依然在翌年將東突運動列為恐怖組織。但美方原本大力支持的這項反恐計畫演變到最後，反而讓美國開始感到些許不安。

二〇一六年，時任西藏自治區黨委書記陳全國調派新疆轉任同等職位。從那時候開始，中國政府對維吾爾人及其他突厥裔穆斯林展開大規模的任意拘留行動。人權觀察組織（Human Rights Watch，簡稱ＨＲＷ）二〇一九年的報告指出[40]，根據可信估計，被關押在中國當局所謂「職業技能培訓中心」的受害者高達百萬人，這些拘留機構四周布滿鐵絲網及監視器，外頭有武裝警衛層層戒備。就在同一年，出現大量報導揭露中國迫害新疆的各種手段，包括大型拘禁中心的內幕、維吾爾人被迫下載手機應用程式以便監控日常通信及用電情形，強逼社區居民提供基因、血液及聲紋樣本給公安單位等。有些報導則特別點出維吾爾人不只被當成新型光學控制系統的試驗對象，公安部門更有意將目前在新疆試行的監控系統推行到中國各地。截至二〇一六年止，烏魯木齊市已經裝設了十六萬顆監視器[41]，所攝錄的影像將作為正當化政府侵犯人權惡行的證據：當局以政治顛覆罪為由逮捕了數千名民眾，偷偷將他們關進以「職訓中心」為名的再教育營。

這些「職業技能培訓中心」剛好與中國共產黨有意降低服裝業生產成本的念頭不謀而合。中國的服裝產業主要集中在東部沿海，由於當地工資上漲，導致國際大品牌紛紛外移越南或孟加拉等地。自九〇年代以降，中央政策的規劃者始終認為，若將紡織業重心遷到離新疆棉田不遠的地區並利用當地廉價的農村勞動力，就能讓中國紡織品變得更有競爭力。截至二〇〇〇年，已有數十萬計的紡錠從上海及其他紡織中心運至新疆；二〇一六年後[42]，紡織廠及成衣廠開始僱用關押在再教育營的維吾爾囚犯，支付他們比最低工資更微薄的薪水，同時領取興建廠房及運輸貨物的政府補貼。二〇一八年底，該地區基層發展部門發布聲明，表示「職業技能培訓中心」已經成為當地經濟的「航母」。

對於默默利用中國對人權的剝削從中獲益的西方品牌來說，醜聞被攤在陽光下只是早晚的事。二〇一八年底，總部設於美國北卡羅萊納的獾牌運動服裝公司（Badger Sportswear）被美聯社披露旗下產品皆來自設於新疆再教育營的服裝工廠。報導曝光後，數間美國大學下架該公司商品；翌年元月，獾牌公司宣布終止與該廠商的生意往來。這類例子絕非個案，獾牌被揭發的真相只是冰山一角。《華爾街日報》[43]在二〇一九年五月的報導中指出，在中國再教育營接受「培訓」的維吾爾人被直接送往愛迪達、H&M及GAP等國際知名品牌的供應鏈強迫勞動。

無獨有偶，同年無印良品與優衣庫（Uniqlo）兩大日系品牌也因為在法蘭絨襯衫廣告中以新疆棉的柔軟性作為宣傳而備受抨擊。「什麼？他們竟然拿這句話當口號！」[44]人權觀察組織的中國部主任蘇菲·理查森（Sophie Richardson）對此大為光火。某位推特網友表示：「不少維吾爾人熱愛並崇拜日本，這麼做形同出賣了他們。」[45]

然而事實是，新疆棉早已深入遍及全球供應鏈，很少有國際品牌能斬釘截鐵地聲稱自家服飾絕不摻雜該成分。當時新疆棉產量約占全世界二成左右，由於這些棉花最終會進入國際化的生產網絡，用於紡紗、織造、縫製等目的，因此不管衣服標示的是「越南製」或「中國製」，都可能發現其蹤跡。

有一段時間，新疆棉似乎受到當地層出不窮的人權侵犯事件牽連而惡名昭彰，但外界隨即發現兩者之間存在著密不可分的直接關聯。中國服裝製造業強迫維吾爾人勞動的事實昭然若揭，從德國人類學家鄭國恩（Adrian Zenz，又譯為曾德恩）於二〇二〇年十二月[46]公布的情報中，更可看出新疆的強迫勞動制度亦直接涉及棉花採收。

就在這份報告發表後不久，美國海關暨邊境保護局針對所有新疆棉及番茄產品簽發暫扣令。美國自《一九三〇年關稅法》實施以來，原則上禁止進口任何強迫勞動生產的商品，但其中有項「消費者需求條款」明定若國內生產不足，為滿足消費需求可予以例外。美國國會直到二〇一六年才通過修法，填補該漏洞，海關亦開始加強查緝。

新疆維吾爾人的強迫勞動議題促成了美國國會罕見的兩黨合作。當時即將卸任的國務卿龐培歐在任內最後一天正式將北京當局對新疆所做的惡行定調為「種族滅絕」。二〇二一年一月，民主及共和兩黨共同提出的《防止維吾爾人強迫勞動法》再次被送進國會。該法案將建立一個「可反駁的推定」[47]，預設所有來自新疆維吾爾自治區的商品皆為強迫勞動的產物。三月二十二日，美國偕同歐盟、英國及加拿大對涉嫌侵犯新疆人權的中國官員實施聯合制裁。

此舉惹得中國相當不悅。二〇二一年三月，美國國務卿布林肯在阿拉斯加與中國外交部長展開會談，中方針對其新疆政策遭美方嚴厲譴責一事表達簡潔有力的強硬態度。中共中央外事工作委員會辦公室主任楊潔篪毫不客氣直揭美國種族議題的瘡疤，以黑奴歷史暗示對方有這樣的紀錄，根本無權對中國說教。他說：「我們兩國最好自己管好自己的事，不要轉移矛頭，把國內的問題沒解決好，轉移到國際上去。」[48]

這句話不只講得酸，也足見天朝以自我為中心的自私心態。但另一方面來說，美國的蓄奴歷史與中國在新疆的強迫勞動確實有幾分相似，是不可否認的事實。

過去的悲劇會重演，但並非一成不變。在人類將土地改闢為棉田的歷史上，新疆的遭遇並未完全重蹈美國覆轍：原住民被趕盡殺絕，取而代之的是大批被迫種棉的黑奴；也未完全遵循英國經營印度的模式，逼當地居民自行轉行種棉。在新疆，棉業帶來寸草不生的沙漠，取代了當地人的存在。棉花成為滅族的手段，而非目的。維爾族人是被棉花殺死的，而非為了它犧牲。

對此，美國人難辭其咎，原因不僅在於類似的歷史軌跡。美國一直是中國棉花的消費主力。二〇〇二至二〇二〇年間，中國蟬聯美國成衣進口最大的來源國；相對地，自二〇〇六年以降，美國大舉輸入中國成衣及紡織品，數量遙遙領先世界各國。二〇一七年[49]，美國及日本分別位居中國成衣的前二大出口國，前者的進口量竟然是後者的兩倍以上，價值高達四百二十億美元，占中國成衣織品出口總值百分之十六點五。人權人士指出，由於美國海關暨邊境保護局執法過程不透明，外界根本無法得知新疆棉禁令的執行狀況，甚至是否確實執行。然而可以肯定的是，為了種棉用於服裝生產而實施的種族滅絕、強迫勞動及破壞環境等硬性作法絕非歷史產物。這些都是當前全世界最大棉花生產國的常態。

若沒有眼睜睜看著中國侵犯人權卻無動於衷，美國不可能成為全球最大的中國成衣進口國。隨著北京當局不斷加大治疆政策的力道[50]，時任美國總統柯林頓力促中國加入世界貿易組織。在這之前，美國國會於一九九二年通過法案，同意在對中的優惠關稅待遇問題上附加人權條件，意即中國必須努力改善人權，才能享有貿易最惠國資格。但在時任總統老布希否決該法案之前，就有六名零售企業高層組成代表來到國會山莊，敦促國會維持否決，強調與中國的貿易往來攸關美國市場能否取得廉價的成衣供應。該代表團由連鎖女裝品牌「The Limited」執行長萊斯理．韋斯納（Leslie Wexner）領軍，當時他身兼某個名為RITAC的零售業遊說團體的會長；同行者還包括凱瑪（KMart）連鎖賣場執行長喬瑟夫．安東尼尼（Joseph Antonini）、型錄購物雜誌《*Spiegel*》總裁約翰．希爾（John J. Shea）及時裝零售集團「The GAP」主席唐納．費希爾（Donald G. Fisher）。

在新疆因人權侵害問題而聲名大噪之前，該地最為旅客所知的當屬以遍覽塔里木盆地和田、阿克蘇和庫車等綠洲城市為賣點的絲路之旅。中國現正著手擴大「一帶一路」（Belt and Road Initiative）經濟合作倡議的規模，該計畫援引歷史上的絲路為先例，旨在透過鐵路、航道及天然氣管道等大型基礎建設，串連中國與新疆當地交錯縱橫的眾多重要經濟動脈，與世界建立連結。

然而一帶一路與絲路在本質上卻是天壤之別：古代絲路商隊將中國織匠精心製作的絲綢帶到對東方舶來品趨之若鶩的歐洲市場，穿越廣袤遼闊、邊境鬆散的西域領土，沿途諸帝國民族組成多元，兼容並蓄且治理寬鬆。然而今日逃難到哈薩克的維吾爾人卻只能像被掐住脖子的鳥，被引渡回新疆。關於當前全新的世界秩序，有個典型實例可為借鑑，那就是商品能夠輕易且合法的跨境流動，但人卻不行。然而，若說中國的一帶一路政策是假借古代絲路神話之名來推動一個與之相去甚遠的計畫，類似的手法西方在這幾世紀以來早已行之有年。當前西方仍然盛行的東方主義幻想中，絲綢之路是其中一環：它賦予了昔日將絲綢帶往地中海東岸的商隊路線某種近乎神話般的力量，至今仍是西方人心中對於奢侈品不可或缺的定義。全球服裝貿易的出現，實質上或許要歸功於棉花，但若論及其神話色彩，卻另有起源：一切都要從絲綢的歷史談起。

# 第三篇◆蠶絲

# 第六章　長江絲

看蠶煮繭，曉夜相從，採桑摘拓……[1]

——宋若昭，《女論語》[2]

桑蠶是家蠶蛾（又稱蠶蛾）的幼蟲，以桑葉為主食[3]，所吃的桑葉品質決定所產的絲質好壞，因此要有優質的蠶絲，就得從栽植豐美的桑樹開始。中國南部長江三角洲地區土壤肥沃，氣候相當適合種桑，是數千年來能成為蠶絲生產中心的原因之一，甚至可能是蠶絲的發祥地。

與人類最早出現的獸皮（距今約十七萬年前）及亞麻（約三萬六千年前）等衣物相比，蠶絲的問世相對較晚：考古紀錄顯示，蠶絲最早出現在四千至八千年前；但說到養蠶業的發軔及絕大部分的歷史，全世界除了亞洲沒有第二個地方找得到。

一般認為，生理構造上所定義的現代人類[4]是在距今五萬年前左右從非洲經由海岸一路遷徙到亞洲。這些舊石器時代的開拓者直到約西元前一萬年的新石器時代來臨前，始終過著狩獵採集的原始生活，當時中國長江及黃河流域已經開始種植稻米、小米等穀類作物。長江沿岸逐漸發展出以集體耕作為基礎的農村社會，並於將近西元二千年前向外傳播，遍及亞洲大部分地區。這些史前農民[5]還發現了蠶絲。西元前五千至三千五百年間，長江中下游流域農村聚落分布日廣，養蠶亦隨之興起。考古學家在浙江吳興縣的錢山漾遺址[6]發現一批絲綢布片，估計約有四千五百年的歷史。二〇〇六年，某項研究[7]利用質譜儀在距今八千五百年前的墳墓土壤中發現絲蛋白，從生物分子的角度證明了蠶絲的存在或許比目前已知的年代更為久遠。

根據漢學家班大為（David Pankenier）的說法，早在西元前一千年早期，與蠶絲織造有關的語彙就已經深植中國人對於宇宙運行及社會秩序的觀念中——在東方人的傳統思想裡，天人之間彼此相連互通，有著密不可分的關係。到了漢代（西元前二〇六至西元二二〇年），「經」這個字衍生出兩種用法：作名詞時指「經典或社會規範」；作動詞則有「整理、安排、對齊、治理」之意。比方說，西元前十八年（西漢時期）的《列女傳》其中一篇介紹春秋時代因通達知禮而受到孔子讚譽的魯季敬姜，她在訓誡兒子時曾說：「吾語汝，治國之要，盡在經矣。」[8]而在抽絲剝繭時，最重要的步驟是找出絲線開端以理出頭緒、條理，也就是「紀」這個字的本義。這層意思在先秦典籍中進一步引申，衍生出「理順、整頓」的含義。《禮記》寫道，禮乃「眾之紀也，紀散而眾亂。」[9]活躍於西元前五世紀末至前四世紀初（春秋戰國時期）的思想家墨子則說：「古者聖王為五刑，請以治其民。譬若絲縷之有紀，罔罟之有綱，所連收天下之百姓不尚同其上者也。」[10]

中國古代的星辰傳說——也就是關於星宿或星座的神話故事——最膾炙人口者非牛郎與織女莫屬：兩人只有在每年農曆七月初七這一天的晚上才得以短暫相會。牛郎與織女之說最早出現在《詩經》[11]（中國最古老的詩歌總集，年代可上溯至西元前十一至前七世紀，相當於西周初年至春秋中葉左右），指織女星及牽牛星（河鼓二）兩顆明亮的星宿名稱。在神話中，不只人間絲綢，就連天上的銀河星辰也是出自織女之手。七夕是中國為了紀念牛郎織女浪漫的愛情故事所衍生的節日，最早至少可上溯至漢代。唐朝詩人柳宗元（七七三至八一九年）在他以七夕為題的辭賦中亦寫道：

> 竊聞天孫，專巧於天，轇轕璿璣，經緯星辰，能成文章。[12]

班大為認為，古人之所以引絲織機為喻來理解天體複雜的運行，是因為自新石器時代以來乃至商朝及周朝初期（約略西元前一千年至前二千年期間），織機是當時已知最複雜的機械裝置。

迄今出土的商朝織品文物中，有粗細從零點七公釐至零點三五公釐不等的純絲，以及每公分經緯包含十四至三十根絲線的平紋織品。將絲線穿入各個綜片中（織布機上使經緯線交織的裝置）是項複雜而精確的工作，在古人想像中就跟排列星宿的運行一樣困難。

某位傳記作者表示，宋朝將傳說中牛郎織女相會的七夕這一天定為「乞巧節」，年輕女子會在這一天祭拜織女，希望能像她一樣心靈手巧，精於女紅紡織。當晚，女孩會將蜘蛛關在盒中，隔大早上若結出漂亮的蛛網，就表示織女應允了她的祈求。

二〇一八年十二月，我與中國出身的L太太結伴來到長江三角洲地區。她是一位退休服裝設計師，於一九八八年赴美，在紐約流行設計學院取得服裝設計學位後便待在一間向中國進貨的美國牛仔服飾公司工作。

L太太在中國的織造業有不少人脈，S先生是其中之一，他是某家國營絲織廠的廠長。該絲織廠在一九九一年轉為半民營化，目前已經發展成規模龐大的紡織實業，採多角化經營，涵蓋成衣製造、染整及針織品等項目。我跟L太太下榻的飯店位於浙江北部的嘉興市，跨年前夕，S先生開車來接我們去參觀絲織廠，看如何從蠶繭抽出蠶絲（此步驟稱為繅絲，繅音同「搔」）並纏繞在線軸上。當天他身穿棕色刷毛外衣，戴著一頂洋基棒球帽，為人親切和藹、笑臉迎人，鬆弛下垂的雙眼在稚氣未脫的額頭下閃爍著光芒。

明隆慶元年（一五六七年）六月，有位名叫王穉（音同「稚」）登的文人行旅至嘉興南部一帶，在遊記中寫下所見：「地繞桑田，蠶絲成市，四方大賈歲以五月來貿絲，積金如丘山。」[13]到了天啟四年（一六二四年），某部縣志記載：「桑柘遍野，無人不習蠶。」[14]然而到了二十世紀末至本世紀初，江南桑蠶之鄉的風光早已今非昔比。

我們駛入羔羊村[15]，來到一家繅絲工廠，經營者薄老闆親自接待。廠裡的工人正在揀整晚秋的蠶繭[16]。薄老闆說，這些蠶繭主要購自種桑養蠶的農家，但工廠本身還擁有一百六十六畝左右的桑樹園，就在離市區半小時車程的地方。S先生說這很重要，因為當地種的桑樹愈來愈少。事實上這裡是當地僅存的幾間繅絲廠之一。S先生對這些繅絲業者如數家珍，沒有一間不認識，因為他是他們最大的買家，其所生產的絲線全都交貨給他的紡織廠。他說薄老闆的工廠是村裡目前最大的一間。

負責揀選蠶繭的女工全都六十多歲了，她們坐在椅凳上，緊鄰輸送帶，將經過眼前的黃白繭一個個分揀出來：白繭留在輸送帶上，最後掉進機器下方的大麻袋裡；黃繭則被挑出放在一旁，作為蠶絲被內裡的原料。生產線末端坐著一位駝背婦女，身穿印有笑臉骷髏頭及交叉骨圖案的黑色連帽風衣，臉上戴著口罩。她僅右手戴著手套，雙手雖然皺巴巴的，但動作靈巧精準，不拖泥帶水，伸手一把抓起兩三顆蠶繭，將壞繭夾在右手小指及無名指縫間，每隔一段時間就扔入麻袋，騰出手上空間繼續選揀。薄老闆站在身旁，從我肩上的高度說她們一天必須揀滿一百袋；語氣彷彿領主般，流露出明顯的自豪。

廠內氤氳蒸騰，相當悶熱。待煮的乾繭經由管道輸送，依序浸泡在不同溫度的熱水槽中以漸次升高的水溫將外層的絲膠煮溶，蠶絲就是靠著這種成分才得以纏繞成密實的蠶繭。蠶在結繭時，會從吐絲口擠壓出連續不斷的細絲[17]將自己包起來，在裡面蛻變成蛾。

隔壁的大廠房內擺著好幾排繅絲機，反覆進行著抽絲捲線的機械動作。裡頭的年輕女工一人負責八個線軸，其中一人抬起頭來對我露出微笑，我頓時羞愧了起來——每次我走進工廠觀摩女工做事，總是自覺汗顏。她把手機放在羽絨背心前方的口袋，身穿緊身褲，頭綁馬尾，沿著走道來回巡視機器下方的流動水槽。數百顆蠶繭在裡頭載浮載沉，隨著絲線不斷被抽引而旋轉晃動。年輕女工偶爾停下動作，從水中掐起一根絲線，穿過白色線環，依序繞在一藍一紅的線軸上，最後抓起另一根絲線打結，使之相接。整個動作看起來相當怪異，彷彿是齣靈巧的默劇，因為這些絲線根本細到肉眼難以辨識，至少對我而言是如此。薄老闆說，這些女孩大多來自江北，年紀都不到二十五歲，眼力很好。

繅絲房外，薄老闆向我們展示一缸缸的蠶繭。煮繭的時候是連繭帶蛹一起煮，若不這麼做，羽化的蠶蛾就會將繭殼咬出洞來以便爬出，一氣呵成的長蠶絲也會因此斷裂。薄老闆表示，這些煮熟的蠶蛹會依品質揀選，壞的賣給養雞場，好的就做成罐頭銷往韓國，在當地是相當受歡迎的美味。他又指著員工宿舍區得意地說，裡頭每個人都有冷暖氣可用，工廠的電力來自以木質顆粒為燃料的鍋爐。這間工廠是他在三十年前開的，也就是一九八八年，當時中國在鄧小平的領導下實施經濟改革開放。在這之前，薄老闆在小學當數學老師，利用暑假偷偷經營副業，在當地批發蔬菜帶到蘇州去賣。

參觀完工廠，薄老闆帶我們到鎮上餐廳吃飯。芋頭跟甘蔗這兩道南方特產上桌時，他談起在一九八八至一九九八年間，蠶絲生意非常暢旺，但好景不常，到了二〇〇〇年就變得難做許多。他說市場發展太快，亂象叢生，此外蠶繭的期貨交易市場也使蠶絲業淪為一場豪賭，大家不再把重心放在生產上，反而開始炒作蠶繭價格，從中牟利。

S先生點頭附和，他也經歷過中國在文革後經濟開放後那幾十年既熱鬧又混亂的榮景。一九九〇年代後期，蠶絲生產過剩導致價格崩跌[18]，歷經政府多年來的嚴格管控，蠶絲工廠在外銷市場上彼此削價競爭。與此同時，工業發展亦使得桑蠶之鄉的桑樹種植面臨存亡之秋。過去在當地人口中以地形得名的長江三角洲地區如今已經轉型發展成地理學家口中的「大都會帶」[19]，許多都會區綿延擴散，連成一片，沒有明確邊界。

前一天，我去參觀了S先生的絲織廠，看女工們把絲線套在金屬鉤片上，一根接著一根沿著機器上的桿子來回穿梭以織出布紋。這不是南宋時期的織錦，而是現代量產的白絲布，編織結構相當簡單。工廠後端有根巨大如火箭般的鐵筒緩慢旋轉，從數以千計的線軸上牽引著絲線，施加張力。負責監工的是名年約三十多歲的女性，她身穿綠色緊身褲、橘色毛衣，塗著橘色口紅，不斷來回巡視。據S先生助理表示，廠內所用的蠶絲大約只有一成產自當地，大部分皆來自離越南不遠的南方地區。廠方正打算在廣西買地養蠶，以確保穩定的原料來源。我問S先生是否會擔心廣西的蠶絲品質不如傳統長江流域所生產的上等貨，「我已經死心了。」他答道。

我完全沒料到他會這麼說。「全世界蠶絲就屬長江三角洲的品質最好，但現在這一帶發展速度飛快，不少高速公路正在興建，隨著工業發展，如今早就沒有所謂世界上最優質的蠶絲了。」接著他又補充：「更甭提現在發展的品項都以服裝跟紡織品為主，買家為了貪便宜，都改向越南和孟加拉進貨。至於廣西的蠶絲品質，雖然當地尚未開發，但將來肯定會步上工業化的後塵，到時會如何演變，誰也不知道。」

然而，S先生卻裝出一副毫不在乎的樣子。當地的繅絲廠與它們賴以為繼的蠶繭很有可能在長江三角洲絕跡，但他對薄老闆有信心，堅稱他相當有遠見、膽識十足。當地大概只剩十間左右的繅絲廠，薄老闆的規模是其中最大同時也是同等級絕無僅有的一家。我問S先生最可能危及薄先生事業存續的威脅是什麼，他想了想說，沒有。他那片一百六十六英畝的土地被政府劃為農業用地，要是官方有意在那兒興建高速公路，就得與他達成協議，另外撥給他同樣大小的土地作為交換。

我問薄老闆有沒有想過成為這種世界上知名度最高、歷史最悠久的蠶絲僅存的唯一品牌。他將第三杯新疆葡萄酒喝下肚，伸出中指敲了敲餐桌轉盤，翻開掌心比了個手勢，說我既然是作家，何不乾脆幫他想個名字，不然他就要一直賴在桌邊不肯離開。我提議取名「長江絲」。我說，畢竟大多數的美國人都沒聽過蘇州這個舉世聞名的產絲重鎮，但大家都知道長江。他已經喝得酒酣耳熱，臉色漲紅，說立刻就要去註冊，但跑完整個行政流程得花上一段時間。即便是如此簡單的一個小異動，仍得歷經層層關卡，上呈至北京審核。

薄老闆希望孫女能接手他的繅絲事業。他兒子在鎮上經營一家利潤豐厚的女鞋工廠，對接班興趣缺缺。他孫女還在讀小學，現在學校正好教到蠶絲，三年級都得養蠶，小學生的任務就是找桑葉來當飼料。「快把家長給搞死了。」他說。桑樹現在奇缺無比，連應付學校作業都不夠了，何況供應養蠶業。

吃過午飯後，S先生開車送我和L太太回飯店。他們兩人坐在前面，用中文交談。車子駛過運河，途經住宅區、樂高工廠、飛利浦公司、ZH汽車零件廠，東方菱日鍋爐廠、冷卻水塔、以東方角樓為特色的新式豪宅，以及幾塊農地。直到我們與S先生道別後，L太太才跟我說他在車上偷偷透露了什麼事。他表示，萬一出了什麼事，薄老闆根本無力招架整個大環境的變化。桑樹對汙染相當敏感，況且就算他保得住農地，桑樹、蠶蟲及蠶絲的品質很有可能受到環境開發的影響，最後也求償無門。

古老的桑蠶之鄉陸續蓋起高樓大廈與樂高工廠，象徵著中國歷史上某個輝煌的時代即將結束，不僅美學，在文化、經濟、軍事及政治等各方面皆然。中國歷史上有很長一段時間，南方的農耕民族與世居北方草原的游牧民族之間紛爭不斷，在胡漢對峙的過程中，蠶絲扮演著舉足輕重的角色，也正因為如此，中國的絲織品才得以傳至世界各地。

在秦始皇於西元前二二一年統一天下之前[20]，古代中土（現今中國中部）諸侯小國林立，彼此侵奪併吞，國界變動不定。到了西元前四百多年[21]，進入戰國時代，剩下七個農業大國[22]為了爭奪天下而相互交戰，同時還得面臨北方游牧部族經常性的侵擾，掠奪粟米、小麥及蠶絲等物產。這些草原民族派出弓箭騎兵進犯以農立國的中原鄰國，戰國時期的趙武靈王因此學到胡人騎馬射箭的作戰方式，並讓士兵換上長褲與衣短袖窄的軍裝，草原游牧民族認為這是最適合騎馬的裝束。但趙武靈王的叔父公子成卻對他推行這項軍事改革大失所望，他寫道：

今王舍此而襲遠方之服，變古之教，易古人道，逆人之心，而怫學者，離中國，故臣願王圖之也。[23]

然而，事實證明趙武靈王胡服騎射的變革成效卓著，很快就吸引各國爭相仿效。隨之而來的騎兵軍備競賽增加了對馬匹的需求，而良馬只有在遼闊開放的草原上才培育得出來。於是中原各國開始以絲綢作為交換：南方的農業國家需要大草原才養得出來的胡馬，北方游牧民族則是想要只有在安定的農耕社會才能生產的絲綢。

這項各取所需的交易為雙方帶來的好處不只如此。一來以農立國的中原諸國向北方異族進貢絲綢作為安撫手段，使其不再南犯；二來，游牧部族的首領則利用絲綢來宣示地位，確立其在宗族內的政治位階。西元前二二一年，秦始皇吞併六國一統天下，派人送了大批絲綢長袍給當時北方游牧民族建立的部落聯盟國家——匈奴，其首領（單于）再將這些厚禮分贈給部屬，並將最精緻華美者贈與麾下心腹大將。

除了以互贈禮物的方式來維持外交上的穩定平衡，秦始皇更進一步強化邊防，將先前秦、趙、燕等國的長城連接起來，築成萬里長城以防範外敵入侵。城牆關隘遂成為中國與西域各族的貿易場所，持續進行著以絲易馬的生意。

也正因為開始與北方入侵的胡族有所往來，中國人才發現天下之大，遠遠超出中土疆界所及。秦朝（西元前二二一至前二〇七年）國力迅速由盛轉衰，關鍵就在於大規模修築長城導致民怨四起，引發社會動盪不安、人心思變，最後由漢朝（西元前二〇六至二二〇年）[24]取而代之。西元前一四〇年左右，漢武帝派人出使西域，試圖與長期騷擾北疆的匈奴之宿敵結盟[25]，然而該使節尚未順利抵達，就在中途被匈奴俘虜。這位特使名叫張騫，他受困匈奴十年，最後終於順利逃脫，繼續西行。他返回漢朝時，帶回珍貴的西域情報，那是一個全然未知的世界。張騫此行出使長達十三年，透過他所記載的所見所聞，中國君王知道在中土之外有個更遼闊的國度，範圍涵蓋今日印度，也聽說伊朗高原住著帕提亞人（Parthians）[26]，就連地中海東岸諸國也略有所聞。統治者開始意識到，蠶絲這種在中國平凡無奇、農村家家戶戶婦女皆事生產，且能連同穀物充當貨幣以支付稅賦的布料，在國際市場上竟然有如此巨大的魅力與價值。雖然中國養蠶已有數千年歷史，但這項技術在世界各地卻是前所未聞。

為了充分利用外國對絲綢的龐大需求，漢武帝在邊境駐軍設郡，企圖將帝國疆域延伸至西域。雖然漢朝對當地的控制日趨疲弱，但綠洲城市的發展卻方興未艾，沿途中亞諸國為絲路貿易提供了保護傘，包括張騫一直在找的月氏。該國後來遷往今日阿富汗一帶，在當地建立了貴霜王國，是個強盛繁榮的多元民族國家，以保護絲路貿易而致富。到了西元一世紀，運載絲綢的商隊路線蔚然成形，連接起中國與地中海地區的商貿交流。

直到十五世紀左右[27]海路興起，歐亞間的陸上絲路逐漸為之取代，然而上千年來的絲路貿易促成了佛教傳播，並讓沿途一連串的中亞帝國發達致富，造就出各種過去前所未見的紡織品。

古希臘太陽神海利歐斯的形象從希臘陶器傳到中國的晉綢；波斯薩珊王朝生命之樹的圖案在移植到中國紡織品的過程中從雲杉變成了桑樹；中國先秦時代（西元前二二一年以前）所發展的經面混織錦緞技術[28]亦隨之西傳。織品歷史學者認為，天然蠶絲的纖維長、韌性強，經得起拉扯，使得長絲經線足以承受織造過程中反覆的操作，促成花紋圖案的發展。相較之下，羊毛纖維長度較短，須採用其他織法，比方說斜紋。最早的斜紋織品使用的是產自土耳其安納托利亞高原的短絨羊毛，斜紋編織的相關知識或許就是以當地為起點往外散播，最後經由定居綠洲城市或絲路據點的漢人之手傳入中國，進而運用在絲綢上。

在中國古代，絲綢是國家權威舞台的重要元素，在炫耀國力的壯盛展演中，絲織品引人注目的程度不亞於軍備武器。在北宋時期（九六〇至一一二六年）的首都開封，隨皇帝出行的「大駕」[29]陣仗就是一例。北宋幾乎自始至終，每逢重大國家場合[30]所動員的大駕人數都在兩萬上下。當時有個名為孟元老的人將遊行的空前盛況寫在回憶錄中：「有七頭大象，各用有花紋圖案的錦緞披在牠們身上……身穿錦衣的馴象人跨坐在頸項上……騎在馬上的武士，有的頭戴小帽、裹著錦繡抹額，有的戴著黑漆圓頂幞頭……有的身穿紅、黃色上有鮮明繪畫的錦繡之服，有的身穿純青、純黑色的衣服甚至連鞋、褲也皆然，有的頭戴交腳幞頭，有的用錦帛做成繩索將它像蛇一樣纏繞在身上……」[31]市井小民親眼目睹天子出行的大駕盛容，對國家政治權力有了深刻的認識，他們會瞭解到整個儀仗隊伍上上下下——從樂師、天文學者、太監、朝臣乃至衛士，以及大旗上所描繪的天地鬼神等諸多力量，皆掌握在皇帝手中，聽候差遣。

組織複雜的絲織品，比方說「羅」這種以絞經[32]織法製成、質地輕薄通透的布料以及五彩經面錦緞等高貴織物，皆由宮廷織坊生產，作為天子御賜給皇親國戚及達官顯要的贈禮以及朝廷給付之用。製作這些綾羅綢緞必須仰賴比一般農家的普通踏板斜式織機或平織機更先進的機具，只有官方經營或私下有金主奧援的都市織坊才有足夠本錢投資這類設備並且培訓專業織匠。

中國農戶傳統上習慣在家生產簡單的布料自用或繳納賦稅。套用明代（一三六八至一六四四年）徽州歙縣知縣張濤的說法，理想的農村景象應該是「婦人紡績，男子桑蓬」[33]（女人紡織，男人務農）。然而，到了明代中葉，這種典型男耕女織的分工模式開始因應商業環境發展而有所改變。隨著中國商品對外輸出，日本及西班牙白銀被當成進口商品引入市場、促進經濟流動，商人開始將生產者及消費者拉進區域性及全國性的商業網絡之中。

一四七〇至一四八〇年這二十年（明弘治年間），中國對絲綢的需求遽增，打破高檔絲綢織造被都市壟斷的局面，反而使之成為農村產業的主力，這意味著農村的絲織生產必須走向專業化。某部寫於一五二七年（明嘉靖六年）的方志指出，江南一帶產絲重鎮的婦女「惟事針紉，不解紡織」：她們專門生產外銷絲綢所需的絲線，改買本地產的「生絲」以滿足所需。另一部太湖地區的方志則寫道：「震澤鎮及近鎮各村居民，乃盡逐綾紬之利……」[34]人們不事稻作，反而以購買代之。

然而，女性在如此發達的商業榮景中並未成為贏家或獲得任何好處。專研中國科技史的歷史人類學者白馥蘭（Francesca Bray）認為在明代晚期，本來扮演紡織生產核心角色的女性遭到排擠，地位被男性取代。織布改由男性接手，女性只能從事收入較低的工作，例如繅絲。正如同歐洲，起初貨幣經濟發展雖然帶動農村婦女投入家庭手工紡織，但長遠看來，此舉卻助長了女性勞動力的邊緣化，降低其生產地位。

蘇州是明代奢侈商品的貿易中心，這座位於長江三角洲、歷史長達二千五百年的江南古都，最早是在隋朝（五八一至六一八年）大運河竣工後發跡致富。連通南北的大運河南起餘杭（杭州），北至涿郡（北京），蘇州正好位於主要的貿易路線上[35]。蘇州處處是精緻典雅的園林山水，為舊時富裕人家的宅邸，其中有些被聯合國教科文組織登錄為世界文化遺產，有些則是大戶商家的倉庫，以及奢華精品匠師的手工作坊。在古代，以日計酬的專業零工都聚集在運河橋上[36]待價而沽；黎明拂曉前，廣化寺橋上早就站滿求職的紡紗工人。

蘇州尤以刺繡聞名，在明朝及清朝（一六四四至一九一二年）兩代，連同江寧（今南京）、杭州是長江三角洲地區唯三受命為皇室織造御用衣物及官用緞匹的城市[37]。當地所生產的章補[38]以不同的鳥獸形象來標記各級文武百官的位階。明代文官張瀚（一五一一至一五九四年）對當時吳郡奢華崇侈的風俗感到失望不已，感嘆道：「吳製服而華，以為非是弗文也。」[39]

我在蘇繡藝術博物館仔細研究了一幅十世紀（唐宋時期）的刺繡作品，上面繡著一顆枯褐的蓮蓬。圖案的輪廓，比方說蓮蓬上的九個孔洞，皆用單色繡線以同一針法及方向繡成。這幅蓮蓬以及其他同時期的作品在古代被用來覆蓋經書，也就是保護佛經的布衣。這批刺繡是在蘇州虎丘塔內發現的，該塔建於九〇七至九六一年之間（五代十國至北宋初期），是座八角形的磚塔。

我和L太太在前一晚抵達蘇州。旅遊書跟飯店的觀光折頁都說蘇州是座雅緻磚橋林立、水路縱橫的運河古都，但打從到達的那一刻，我發現要「看見」書上描述的美景並不容易。一座膨脹到難以辨認的現代城市擋住了我的視線，就連在車站接我們的計程車司機也不禁嘟囔納悶從前的蘇州究竟到哪兒去了？他說，我們無緣親睹蘇州過去真實的樣貌真的太可惜。他指著車站四面八方雜亂無序的市容表示，以前這裡全是桑樹和稻田。

儘管城市規模不斷脹大，桑樹也被砍除殆盡，蘇州似乎說什麼也要守住全國絲織中心的美名，這一點在旅遊手冊上可見一斑。目前在蘇州只剩一個地方可以實地參觀蠶絲的製作過程，那就是太湖雪蠶桑文化園。

我的導覽員兼翻譯介紹自己名叫蒂娜，她雙手擦了指甲油，身穿格紋迷你裙搭配黑色緊身高領上衣，從手腕到肘部裝飾著金色排釦。她在解說時，指著一張蠶吃葉子的特寫照片輕聲說道：「其實這是蠶拉的屎。」當下我心想她或許不是故意失言，而是她的英語練得不夠純熟，出了些奇怪的差錯。她接著介紹：「蠶屎可以做成中藥，對於眼睛特別好。」我抿嘴努力忍住笑意。

桑蠶生命週期的展示中心內擺放了一座白色塑膠網架，上面爬滿活生生的蠶蟲，攀附在網孔上準備吐絲結繭，牠們白胖的身軀看起來無精打采。我看著其中一隻開始吐絲，張著黑色口器搖頭晃腦地擠出細長連續的絲線，就像一對正在譜寫長篇樂章的音鎚。我只聽得見牠們吐絲的聲音：一股綿密細微的嘶鳴，彷彿早餐米粒穀片浸在牛奶中的嘶嘶作響。蒂娜解釋說：「蠶繭通常以白色居多，但現在也有金黃、粉紅、淺藍等各種顏色，這是因為……」她停下來查找資料，指著她的手機，示意要我自己看。我低頭細看翻譯APP顯示的單字：「基因轉殖（transgenesis）」，意思是將改造過的基因轉殖到另一個生物體內。

蒂娜把我帶到絲織品展廳，讓我自由參觀，裡頭陳列著各式寢具、睡衣、仿路易威登絲巾、手提包及眼枕。我走回大廳，途中經過一面展示蘇州當地名人的照片牆，包括曾效力於休斯頓火箭隊的職籃明星姚明、桌球女單金牌張怡寧等名人與習主席的合照。

「我這輩子走遍大江南北，還是覺得震澤最好。」大廳裡循環播放的影片旁白如此說道。但我好奇的是館方為何要特地拍片幫震澤做城市行銷？直到看見大廳內另一幅標示未來婚禮度假村及長青老人養護中心選址的地圖，我才恍然大悟這座文化園區如此精心設計的用意，並非為了替太湖雪絲綢產品打廣告，而只是作為附庸，好讓高檔房地產開發案更接地氣，並提升附加價值。蘇州的土地過去是養蠶的首選，如今價值飆升，不能白白浪費在種植桑樹上。

二〇一九年元旦，我和L太太從蘇州南下，前往杭州參觀中國絲綢博物館。該館由數座展館組成，其中絲織科學展廳內有個六英呎（約一點八三公尺）長的巨型塑膠蠶繭解剖模型。館外則以橋梁連接另一座專門展示中國絲綢歷史的展廳。原始織機下方的開口桿成為中國絲織最早源於新石器時代真正的鐵證；牆上展示著各種精美的織造技術，以放大的塑膠樣本呈現綾、羅、綢、緞、錦、紗、緯面混織、絲絨等各種織品的組織結構，供遊客發揮耐心，細察其中奧妙。此外還展出清代文官的「補服」（繡有紋章的官服），用飛禽圖案代表官品高低，以仙鶴為首由高至低排列，依序為錦雞、孔雀、雲雁及鷺鷥等。

我們從城南出發，驅車前往東海參觀紹興工業區。當地許多蓬勃發展的紡織及成衣工廠深受中國東部沿海地區的工資上漲所苦，如今不是垂死掙扎就是關門大吉，但為了方便處理廢水而整合在廠區內的染整工廠卻仍在全力運轉。離工業區還有二十分鐘的路上，我們就已經嗅到化學藥劑的氣味。面對曹娥江在杭州灣的出海口，林立一整排規模巨大的工廠。紹興工業區占地廣達上百平方公里，將近曼哈頓的兩倍大。我們來到其中一間染整廠，廠內正在替一批印有白色小花的海軍藍布料進行軟化加工，老闆邀請我上前感受一下。「這批布光這個顏色就有二萬六千公尺長，全是要交給H&M的貨，夠我吃上一年。」他開玩笑說。在旁的工人將裝滿墨汁、跟垃圾桶差不多大小的藍色塑膠桶倒入染布機中，補充黑色染劑。

杭州跟蘇州一樣，自古就是中國奢華織品的交易重鎮。一五八〇年代（明萬曆年間），當地文人張瀚指出：「雖秦、晉、燕、周大賈，不遠數千里而求羅綺繒幣者，必走浙之東也。」[40]杭州從古代奢貴手工絲織品的集散中心演變成現代機器聚酯棉衣的出口產地，其過程在某種程度上可說是中國近代遭受西方帝國侵犯的歷史縮影。

十八世紀中葉，歐洲對中國的絲綢、茶葉和瓷器等商品求之若渴，但中國卻對進口英國商品一事興趣缺缺，還要求買家以銀幣支付。由於中國本身擁有相當發達的紡織傳統，對於英國的外銷主力——紡織廠生產的棉布——自然看不上眼。英方多次試圖說服中國未果[41]，最後東印度公司決定改賣另一種讓中國心甘情願掏錢買單的東西——鴉片。

一八三九年（清道光十九年），英國東印度公司的外科醫生威廉．渣甸（William Jardine）[42]棄醫從商，改賣鴉片。他在倫敦集結密德蘭當地的企業家、倫敦銀行家及商人，組成遊說團體對外交部門施壓，要求對中國出兵，以報復用強硬手段禁止鴉片買賣的中國地方官吏。隨之而來的兩次鴉片戰爭最終導致清朝皇帝在北京的避暑行宮圓明園遭英法聯軍焚毀。一八六〇年，英國代表額爾金爵士（Lord Elgin）下令放火，圓明園事件從此成為近代中國遭受西方列強屈辱永遠無法抹滅的象徵。殿內豐富的藏書及歷代藝術文物通通被英軍劫掠一空，園林隨後付之一炬。某位目擊者[43]寫道，當時這些趁火打劫的搶匪用成匹的絲綢像打包垃圾一樣，將珍貴文物整批運走。

第一次鴉片戰爭（一八三九至一八四二年）後，英國商人獲得上海縣城以北沿海一百四十畝的租界土地。在美國因南北內戰導致棉花供應中斷時，上海的外國商人靠著長江三角洲的棉花外銷大賺了一筆。另外他們也在一八四〇至七〇年代期間從事人口販運，輸出大量中國苦力至中南美洲當華工，猶如黑奴翻版。直到一八九五年第一次中日戰後（甲午戰爭）簽訂馬關條約，開放各地通商口岸（中國被迫開放對外貿易及住居的港口）的外國列強開設工廠，西方各國才開始在中國發展製造業，包括英、美、德、俄等國都在上海黃浦江兩岸設立了棉紡廠及繅絲工廠，鱗次櫛比，相當密集。

中國絲織業的歷史少說也有五千年，卻在短短幾十年內邁入工業化。然而早在上海的西方人在這片土地上設廠之前，海外對中國生絲的需求就已經超越了傳統絲織品的市場規模。一八五〇至一九三〇年間[44]，生絲成為中國的出口主力，使得國內原料短缺，供需嚴重失衡，在地絲織業者反而陷入無米之炊。

一八八一年（清光緒七年），中國廣東南海縣發生械鬥事件，當地的手工繅絲行會[45]集結上千名工人襲擊某間蒸汽繅絲廠，不僅放火燒毀廠房，還將昂貴的原料搶劫一空，工廠損失估計高達一萬兩。緊接著這群暴民再度於鄰村集結，鎖定另一家機械繅絲業者陳啟沅的工廠企圖滋事，村內的鄉紳庄丁也組成民兵反抗。這場史稱南海織工暴動的械鬥持續了好幾天，當地業者之所以採取如此極端的手段，就是為了抵制日益普遍的蒸汽繅絲廠，但成效甚微。

在第一次世界大戰期間及戰後，西方商人紛紛離開上海奔赴前線，中國人則是開始涉足紡織業。上海當地絲織廠的命運就如同二十世紀動盪不安的中國，起伏多舛。一九二〇年代初期，共產黨策動上海兩萬名絲織廠女工發起罷工，隨後遭到警察及軍方鎮壓，該黨的工運總部關閉，活動被迫轉入地下化。

到了文化大革命時期，絲綢被視為舊秩序的一種象徵，備受譴責。一九六六年八月十八日，林彪站在毛澤東身邊，在天安門的講台上對著台下的學生紅衛兵提出「破四舊」的口號，要他們起身「破除幾千年來一切剝削階級所造成的毒害人民的舊思想、舊文化、舊風俗、舊習慣。」[46]書是其中一項主要目標，此外還包括衣物服飾。代表正統革命的制服是藍色的工人服，那些急於求成、以改革者自居的紅衛兵將絲綢、絲絨、化妝品及流行服飾視為資產階級的奢侈品加以撻伐，將之沒收並銷毀[47]。但儘管如此，生絲出口仍是中國賺取外匯的重要來源。

一九七八年，文革正式結束，中國再度對外開放經濟。上海憑藉過去身為國內工業紡織中心的優勢迅速蓬勃發展，成為中國最早的成衣製造及出口重鎮。中國以成衣外銷崛起，創造出令人咋舌的財富水準。全球紡織經濟中心的地位再度回歸東方，但奢華手工絲綢過去被全世界視為珍寶的風光歲月早已走到盡頭，再也回不去了。

我去了上海的新世界商城，打算偷偷觀察當地的時尚男女。我在愛馬仕專櫃看見某位老婦人——她穿著灰色垂褶休閒長褲搭配米色水煮羊毛外套、腳上踩著黑靴，看起來很有品味——試戴一款一九三〇年代風格的芥末黃色女帽，對著鏡子左顧右盼。接著，她背上黑色的香奈兒枕頭包再試一次，這次是給朋友看的。旁邊皮椅坐著一個纖瘦的年輕女生，臉上戴著黑色防霾口罩，頭頂黑色棒球帽，上面寫著「Not a Rapper」（我不是饒舌歌手），意興闌珊地看著專櫃人員遞上來的愛馬仕皮帶。外頭牆邊排起蜿蜒的長排人龍，全是等著進去路易威登的民眾。輪到一對年輕男女入內，專櫃人員解開入口的紅絲絨粗繩，彷彿來到夜店。

我接著前往上海東華大學參觀，該校是中國歷史最悠久的紡織研究機構，成立於一九五一年，校內的紡織服飾博物館展出精細準確的古代絲織結構仿製品，供主修設計的學生研究；館外的校園則有金黃銀杏與楓紅相互輝映，景致優美。我在博物館裡看著令人眼花繚亂的仿製東漢（二五至二二〇年）錦緞，想起小時候仔細研究過的魔眼3D立體圖像書。我試圖從四川出土的商代（西元前一七六六至前一一二二年）司祭服裝中，覺察其編織結構所隱含的玄奧神祕的訊息；戰國時期（西元前四七五至前二二一年）的紋錦繡有連環相扣的大菱形幾何圖樣，呈現無邊無際的對稱美感，教人看了欲罷不能，格外撩人。東漢時期（大約是絲路剛開通時）的錦緞上，白色地景襯著山林飛鳥等圖案，無以名狀的肥碩鳥類沿著並列的峭壁飛掠而下，岩石間矗立著樹木，在這重複的圖案中，樹上宛如長出九朵蕈菇，這些不明物體究竟是飛碟還是煎蛋？宋代的織錦本身相當細緻巧妙，充滿層次感的青綠疊翠配上卵形菱紋，相當別緻。手工絲織保存了中國五千年來豐富的織品圖紋歷史，很難相信這門技藝真的已經走上末路。

# 第七章 路易十四的宮廷古裝戲

我要置一面衣鏡，
僱一批縫衣匠，養他一二十個，
讓他們推究一下時裝，為我打扮起來。
我既碰上了好運，
不妨就付出一些代價維持個場面。[1]

——莎士比亞《理查三世》

十二世紀初，中國北宋滅亡，南宋建立。一一三〇年代[2]（南宋紹興年間），江南於潛縣令樓璹繪製了兩套畫卷，以詩配畫的方式描繪出生產蠶絲的二十四道工序及種稻的二十一個階段。織圖呈現蠶婦採桑、揀卵、餵蠶、清理蠶砂的情景；耕圖則記錄農夫插秧、灌溉、收割、打穀等程序。這兩套畫卷合稱《耕織圖》，成為中國非常流行的藝術主題，直到十九世紀依然屢見不鮮。中國耕織文明的完整實踐在《耕織圖》的具體呈現下一目瞭然。自十七世紀開始，該作品也以其充滿「中國風尚」（chinoiserie）的藝術形式，風靡了廣大歐洲群眾。

從十七世紀末到十九世紀初，歐洲吹起一股「中國風」。所謂的中國風格，指的是一種由中國主題或仿中國元素組成的歐洲裝飾藝術，多表現在陶瓷、印刷刊物及紡織品上。在此期間適逢東亞貿易興起，這股風潮順勢延續了歐洲長久以來的東方主義傳統。這波東亞熱可上溯至十三世紀，幾本遊記的問世對此產生推波助瀾的效果[3]，包括一二九五年在威尼斯出版的《馬可波羅遊記》，記述作者遊歷亞洲並旅居中國元朝待在忽必烈身邊的遭遇，以及一四八〇年出版於法國里昂同時擁有各種歐語譯本的《曼德維爾爵士遊記》（*The Travels of Sir John Mandeville*），書中描繪的東亞彷彿童話世界，神祕而迷人。

在羅馬時代，穿越中亞而來的中國絲綢是帝國宮廷的奢侈品。歐洲養蠶歷史始於六世紀拜占庭帝國的查士丁尼大帝時期[4]，並於九世紀傳入阿拉伯世界。到了十二世紀，十字軍東征將養蠶技術帶回西歐[5]；一一四七年，歐洲第一棵桑樹從敘利亞被帶到法國，從此落地生根。到了十三世紀初，里昂及都爾（Tours）開始從事蠶絲加工。

歐洲人為了迎合純正中國絲綢所激發的大眾品味，開始依樣畫葫蘆仿製中國式樣。法國畫家安東尼・華鐸[6]（Antoine Watteau, 1684-1721）被公認是最早開創洛可可中國風的代表，其作品大量融入僧侶、寶塔、紙傘等東方元素，法國及歐洲各地隨之衍生出充滿中國情調的織品設計。一七五〇年代中期，里昂的風景畫家兼舞台設計師讓・巴蒂斯特・皮耶芒（Jean-Baptiste Pillement）也在名為《一百三十款人物及裝飾品》（*One Hundred and Thirty Figures and Ornaments*）及《一些中國風格花卉》（*Some Flowers in the Chinese Style*）的作品集裡將中國風融入設計中。

儘管英法兩國為了保護國內產業而禁止紡織貿易，中國絲綢依然持續以非法走私的形式流入市場。當地的上流仕紳持有不少十八世紀中國彩繪絲織物的樣品，織品歷史研究者對此時期的絲織品從何而來，尤其是西方與中國繪師相互仿製的現象百思不得其解。由於歐洲市場需求龐大，東印度公司官員將西方自創的中國風格式樣輸往中國供當地繪匠參考，再將所繪製的織品回銷到歐洲，其所呈現的人物多為東方臉孔，服裝與髮型卻與十八世紀的歐洲人如出一轍。

然而在中國風尚大行其道之際，法國評論家最關心的不是對異國織物的仿造，真正令他們不安的是另一種模仿：社會低階平民開始學起貴族的穿著打扮。一六七〇年，劇作家莫里哀（Molière）在《平民貴族》（*Le Bourgeois Gentilhomme*，又譯為《資產階級紳士》）劇中藉由急欲躋身上流的暴發戶儒爾丹先生（Monsieur Jourdain）一角及其模仿貴族裝扮的行徑，大力抨擊此社會風氣：

儒爾丹先生：這是什麼玩意兒？你把花縫顛倒了！

裁　縫　師：你沒交代要朝上呀。

儒爾丹先生：這難道還要我說嗎？

裁　縫　師：當然，上流社會每個人都是這麼穿的。

儒爾丹先生：每個上流人士都習慣頭尾顛倒的花樣？

裁　縫　師：沒錯。

儒爾丹先生：好吧，那就好。

裁　縫　師：您不喜歡，我可以改回來。

儒爾丹先生：不，不用了。

裁　縫　師：千萬別客氣，儘管吩咐一聲就行。

儒爾丹先生：真的不用，你做得非常好。這套衣服我穿起來好看嗎？

裁　縫　師：這還用說？當然好看！我敢說就連畫家也畫不出更適合你的衣服來。[7]

此幕於一六七〇年十月十四日在法王路易十四的狩獵行宮香波堡（Château of Chambord）首次上演，該堡位於羅亞爾河谷（Loire Valley），每年他都會撥出幾個星期來此度假。莫里哀以喜劇手法表現出當代社會最大的焦慮，就是人們的穿著僭越了其身分地位應有的打扮。

在莫里哀的劇本中，這位有錢的暴發戶模仿貴族的穿著，緊接著他的裁縫也有樣學樣，被人發現用他雇主的布料給自己做了一套衣服。同樣的現象也出現在一六七二年專門報導宮廷社會的時尚雜誌《風雅信使》（*Le Mercure Galant*）中。該報導指出當時流行的服裝式樣從「上流社會的仕女閨秀傳到有錢的資產階級，再傳到女帽製造商。」[8]荷蘭哲學家伊拉斯謨（Erasmus）曾說過衣著是「身體的身體，可以從中推斷一個人的品格狀態。」[9]這項說法反映出封建社會的價值觀，認為人的階級地位是不可能改變的。衣著打扮標示著男女的身分位階，但全新的啟蒙觀點對此卻多有質疑挑戰，認為透過財富及外表的展現，人人皆能飛上枝頭，體現社會階級的流動。

出席《平民貴族》在香波堡首演的貴族皆小心翼翼地遵照路易十四親自制定的規定著裝，不敢有半點差錯。自一六六〇年開始，他就在財政大臣柯爾貝（Jean-Baptiste Colbert）的協助下，對法國人的服飾訂立繁瑣的規定，一如他在各方面的干涉，任何細枝末節都不放過。

路易十四於一六四三年即位，當時主導歐洲時尚的領頭羊並非法國，而是西班牙。十七世紀早期流行的貴族打扮——上漿的褶皺領圈（襞襟）、硬挺的質感及大量使用黑色——就是源自西班牙的時尚。黑色染料在當時相當昂貴，係由墨西哥出產的蘇木製成，彰顯出西班牙的雄厚財力與帝國幅員之廣。

在路易十四的改革下，法國一躍成為歐洲的時尚之都，服裝被他拿來作為提升君主專制及法國宮廷威望的工具。此時柯爾貝也利用路易十四身為法國時尚總監的非凡天賦為國庫帶來進帳：隨著社會大眾對於時尚與生活風格的渴求日益普及，法國當地的工匠亦受惠良多；國內奢華精品業發展蓬勃，政府將這筆歲入用於軍事經費，為路易十四介入或發動的多場戰爭提供金援。這就是服裝史學者丹尼爾．羅什注意到的現象：「在服裝史上，現實與想像往往是相互交疊的。」[10]對路易十四來說，他的權力衍生於充滿權力的形象。

路易十四找來出身資產階級的人士擔任大臣[11]，因為他怕貴族一旦位居高位就會因得勢而謀反。深受他信賴的財政大臣柯爾貝生於一六一九年，來自漢斯（Rheims）當地的中產家庭，家世良好，父親可能是名布商。一六六五年，柯爾貝一舉飛上枝頭，獲任為財政主計長；到了一六六七年，他就已經能夠提供貴族身分證明，以便讓他的兒子加入當時知名的天主教軍事組織——馬爾他騎士團（l'Ordre de Malte），但該批文件有可能因為柯爾貝顯赫的地位而未受到嚴格審查。事實上，有人猜測柯爾貝本人就是莫里哀筆下儒爾丹先生的靈感來源。

路易十四與柯爾貝聯手重新打造了法國奢侈品產業的生態。路易十四在年僅五歲時就登基[12]，在他執政初期，法國貴族的奢華物品通通來自國外，例如威尼斯的蕾絲飾帶與鏡子、米蘭的絲織品、布魯塞爾的掛毯等。當時法國業界尚未有能力生產出品質相當的奢侈品，政府除了對舶來品課徵高額關稅，外國的蕾絲、布料及飾物更是直接禁止進口。在另一項旨在扶植法國工匠的政策中，柯爾貝規定服裝業每年要按季推出兩次新品。因此，每到十一月一日宮廷就必須換季，收起輕薄的絲衣，換上天鵝絨及綢緞厚服，時裝季從此應運而生。柯爾貝的政策為里昂的紡織業提供了一個穩定的週期，方便業者掌握生產時程。為了讓民眾主動購入大批布料，柯爾貝規定織品花樣必須年年變化，不得重複，如此一來就能明顯看出是否有人使用過季品。一六六八年，路易十四頒布詔令，要求朝臣衣著必須「時髦有型」，並制定嚴格的著裝規範。

路易十四在一六七〇年代制定的宮廷服樣式，尤其是女性的盛裝大禮服（宮裝）——緊身胸衣加上低胸露肩領及寬大的蓬裙——至今依然是我們對法國宮廷，實際上也是對舊制度[13]的第一印象。服裝史學者金柏莉·克里斯曼坎貝爾（Kimberly Chrisman-Campbell）指出，路易十四制定大禮服，是刻意針對另一款更舒適好穿的非正式女裝——「曼圖亞」（mantua）——做出的反擊。曼圖亞是一款寬鬆禮袍，日漸受到當時貴族仕女圈的歡迎。克里斯曼坎貝爾指出，大禮服設計的用意並非讓女性看起來更美更年輕，而是要「展現其雍容華貴的氣質」[14]。畢竟路易十四想要展現的是法國宮廷富麗堂皇的奢華氣象，每副高貴的身軀都是炫耀財富的良機。克里斯曼坎貝爾表示，儘管有人抨擊路易十四要求貴族每季治裝、添購昂貴華服的真正用意是為了讓他們散盡家財，但事實上他還是有提供補貼。

在當時新創的時尚刊物上，宮廷皇室成為法式奢華的絕佳示範。文藝復興時期的印刷業者研發出蝕刻版，一六七二年，運用此技術印成的時尚雜誌《風雅信使》（*Mercure Galant*）問世，介紹最新流行，以詳盡的圖說告訴讀者當季服裝款式及穿法。時裝插畫亦以獨立或系列形式發行，如一六七八至一六九三年間出版的《法國宮廷時尚集》（*Collection of the Fashion of the Court of France*，暫譯），收錄了三百六十一幅由法國知名雕刻家製作的版畫，由王室全額資助發行。

在十八世紀，法國按月將這些時尚雜誌連同蠟製或木製的人形模特兒（人台）輸往世界各地，對外傳揚法式時尚及風格。政府對這些人偶肩負的重責大任極其重視，不僅賦予外交豁免權，在戰爭期間甚至由騎兵護送。尤其在一七五〇年以後，法國時尚刊物重新定義了歐洲權貴階級的衣著樣式。羅什認為巴黎時尚風格的興起「與啟蒙運動密不可分[15]，從（俄國）聖彼得堡到（澳洲）植物灣，影響無所不在。」

路易十四和柯爾貝一連串的施政促成法國長久且驚人的經濟榮景。在路易十四執政期間[16]（一六四三至一七一五年），時裝業的從業人數占巴黎勞動人口的三分之一。綜觀整個十七世紀[17]，尤其是最後幾十年，巴黎的規模成長了一倍，與倫敦並列當時全世界第四大城，僅次於君士坦丁堡、江戶和北京。時任財政大臣柯爾貝說過：「服裝時尚之於法國，猶如秘魯礦山之於西班牙。」[18]這對里昂的絲織業來說無疑是天大的利多，在政府資助下[19]，該城在十八世紀成為歐洲最重要的絲綢產地。

法國在路易十四的打造下成為時尚中心，即使過了百年，依然擁有絕對性的影響力，正如美國第二任總統約翰亞當斯（John Adams）於一七八二年寫道：

> 在巴黎的首要之務，永遠是先派人去找裁縫、假髮師傅跟鞋匠。這個國家已經確立了它在時尚界的主宰地位，其他任何地方的衣服、假髮、鞋子在巴黎通通上不了檯面，此為法國向歐洲各國課徵關稅的眾多管道之一，對美國也不例外。維持並提升國家在時尚方面的影響力，是法國王室政策相當重要的一環。[20]

路易十四與柯爾貝推行的諸多政策不只為國家帶來豐碩的經濟成果，對內也滿足了政治上的需求。在路易十四手中，服裝成了一種精妙的控制手段，某些服飾成為寵臣的象徵，比方說由路易十四親自設計、綴有金銀刺繡的「裘斯特克」（just-aucorps à brevet）藍色絲綢外套，一次僅容許五十名貴族穿著，且只有穿上它的人才能跟隨路易十四外出打獵，是爭取他青睞的難得機會。能夠貼身接觸君王，對貴族而言是最重要的事。

路易十四本人就是這場宮廷古裝大戲的主角。他熱愛芭蕾舞，曾在宮廷舞劇中飾演太陽神阿波羅而獲得「太陽王」稱號，並持續領銜演出許多劇碼，藉此秀出他那雙據說非常自負的健美小腿。他腳上的鞋子（不是靴子）將美腿的線條展現得淋漓盡致，在他執政期間風靡一時，尤其是那雙紅色高跟鞋。

但路易十四扮演過最偉大的角色終究還是他自己，就跟瑪莉蓮夢露（Marilyn Monroe）一樣，以精湛到位的演技展現出真正自我。事實上，他的著裝流程才是宮廷內最精心策劃的儀式。路易十四有所謂「早朝」的接見慣例[21]，全程總共有六輪，由特權人士依序進入寢宮向他請安，可看出其地位高低及受寵程度，但幾乎所差無幾。能夠出席早朝並獲得接近國王的機會，是每個朝臣夢寐以求的無上殊榮。

前兩輪接見時，路易十四還躺在床上：先是他的婚生與私生子女，接著才是最受寵的貴族。他一起身，負責宮廷內務的內廷大臣與首席寢宮侍從便將長袍擺好，接著讓下一批人進來；等他穿上鞋子，再開放下一輪。王室內務總管及首席衣袍侍從兩人一左一右拉住衣袖，脫下他的睡衣，再小心翼翼替他換上內廷大臣遞上的日常服，由首席貼身侍從[22]及衣袍侍從各自替他套上兩邊的袖子，接著繼續穿鞋、佩劍、披上外袍。這一連串行禮如儀的動作不禁讓人想起遠古蘇美神話中掌管愛與生育的女神伊南娜（Inanna）：她決定去冥界找姊姊厄里斯奇格（Ereshkigal），途中必須穿過八道門，每一道都得脫下一件衣服才能通過。

儘管這些繁文縟節都是路易十四自己一手立下的規矩，但朝臣百官無不恪守，就連他死後也不例外。

法國王室對於人民穿著打扮及階級流動的焦慮並非在路易十四掌權期間才浮現。事實上早從十五世紀開始，政府就制定了一連串的禁奢令，從法律條文中便可看出端倪。一四八五至一六六○年間通過了十八項法令，意圖管制法國民眾的衣著及飾品穿戴。例如，一五一四年頒布的法律在前言中開宗明義指出：「絕對嚴禁所有人，包括平民及非貴族人士……利用穿衣風格或服裝打扮假冒貴族之頭銜。」[23]這兩百年來，法國君主試過各種手段，包括限定貴族才能使用絲綢、禁止將金銀用於織品（從而導致貴金屬無法轉入國庫或在市面流通）、建立顏色位階制度等。從亨利四世到路易十四在位期間，教會講道更進一步強化禁奢法的立意，要求每個人按照地位階序著裝，不可踰矩。

禁奢法是否真能奏效令人懷疑。以散文著稱的哲學家蒙田（Montaigne）認為此舉適得其反。他寫道：「我們的法律試圖規範愚蠢而虛榮的食衣開銷，反而弄巧成拙，」[24]因為這些法令

「只會激起大家更想花錢的欲望。」但就在路易十四於一七一五年逝世後，禁奢法隨之廢弛，彷彿打開了水閘，追逐時尚的浪潮正式從上流社會解放，傳入民間。

奢華的衣物不再是貴族的專利。在服裝類型全面解禁，人人皆能仿效的情況下，貴族只能在風格樣式上作文章，藉由不斷變化的細微差異來與大眾做出區隔。套句盧梭（Jean-Jacques Rousseau）一七六一年小說《新愛洛伊絲》（*The New Eloise*）核心人物聖波洛（Saint-Preux）的話：「舉目所及，人人不分貴賤，衣著大同小異；若非公爵夫人慧眼獨具，能看出資產階級女性所不敢模仿的風格特色，幾乎無從區分貴族與平民。」[25]這種「一眼看出風格特色的本事」加快了十八世紀法國服裝樣式變化的腳步，而現代時尚之濫觴，即源自於這種日益加速的演變週期。

社會上各階層總是緊跟著上層人士的風向爭相模仿。大眾對時尚的議論尤其激烈，是因為有關服裝的爭辯已經演變成一種「代理人戰爭」，實際上的問題核心是舊制度一成不變的地位階序正逐漸被日益顯著的社會流動取代。社會階層產生新的可塑性，使某些人感到惴惴不安，服裝便成了代罪羔羊。戲劇家埃德梅・鮑索（Edme Boursault）在一六九〇年推出的《伊索寓言》（*Les Fables d'Esope*）寫道：

巡佐太太要是穿得起，

就會濃妝豔抹，打扮得像個老鴇；
皮條客的妻子為了給人留下好印象，
穿得跟律師太太一樣端莊；
律師太太甚至膽敢
模仿議員夫人的神態樣貌；
就連議員夫人也毫無顧忌，
與議長夫人爭妍比美。[26]

紀錄顯示，法國在路易十四之後確實繼續立法規範布料的用途，但這些法令只是證明了當時社會鋪張炫富的風氣愈演愈烈，一發不可收拾。僕人的制服被貴族拿來當成宣揚聲望的工具，貴族間的地位之爭最終促使政府在一七二四年立法禁止穿著制服的僕人使用綴有金銀裝飾的絲襪。

羅什在一份針對巴黎財產紀錄的詳細研究中明確點出，整個十八世紀，巴黎各個社會階層——舉凡貴族、專業職人、工匠、店鋪業者、工人及家傭等——在服裝上的消費都有所增長：「每一種社會類屬（social categories）皆陷入不斷加速的變化更迭之中。」[27]路易十四時期興起的時尚出版業方興未艾，自一七〇〇至一八〇〇年間，法國有多達五十種不同的雜誌期刊在市面上流通，跟服裝有關的書籍亦出現爆炸性的成長，十八世紀後半的出版量比起前半世紀足足超出五倍以上。因此法國作家夏爾・佩羅（Charles Perrault）一六九七年出版的改編童話《灰姑娘》（*Cinderella*）在此時大受歡迎，或許也不足為奇。故事描述女主角透過一襲優雅禮服及精美便鞋的穿針引線，從可憐的廚房女傭飛上枝頭嫁給國王，成為皇后。新衣的魅力產生強大的吸引力，盜竊衣物的罪行亦隨之增加。一七六〇至一七六九年間，巴黎的一千七百起審判案件中，就有九百多起（占整體的五成二）與衣物及亞麻織品有關。服裝出租變成熱門行業，假如灰姑娘真有其人，她只需要租件禮服就能脫離苦海，從無名小卒搖身一變枝頭鳳凰，但實際上的社會底層並沒有如此幸運。某位名叫拉方丹（Lafontaine）的人大吐苦水，說他把衣服租給那些「閱人無數的女性」（暗指妓女），最後她們卻穿著這些衣服死在醫院或牢裡，害他足足損失了四千五百里弗（livre）[28]。

在十八世紀最後的二十五年，法國服裝出現史上最重大的變革之一，影響延續至今，但主角不是女裝，而是男裝。這二十多年來見證[29]了男性服飾的典範轉移，英國精神分析學家約翰・富魯格（John Carl Flügel）稱之為男性時尚的「大棄絕」（Great Masculine Renunciation）。男人開始穿上深色素面布料衣物，展現出沉穩、肅穆而低調的氣息；女性則沿襲舊時代貴族不分男女的矯飾風氣，繼續穿著絲綢華服，腳踩高跟鞋、濃妝豔抹，搭配蕾絲花邊袖及華麗明亮的飾品。富魯格表示，當代政治權力核心從王室及貴族世家逐漸移轉至專業人士身上，隨之引發上述現象。對法律及社會地位日漸低下的女性而言，其穿著打扮必須更加繁複華麗，因為她們最主要的任務就是成為炫耀丈夫財富的門面。

富魯格認為對這個時代的男性而言，自我裝飾（self-adornment）行為所牽涉的自戀心態轉變成窺視癖（scopophilia），也就是窺淫的快感。更簡單的說法，就是男性透過實際權力獲得了他們捨棄華麗服飾而失去的東西。男性服裝著重他們作為積極主體（active subject）的角色，女性則被服裝定義成被動客體（passive object）。現代女權先驅西蒙波娃（Simone de Beauvoir）於一九四九年在《第二性》（*The Second Sex*）一書中論述女性所遭受的壓迫，當時「大棄絕」（Great Renunciation）觀念的影響早已根深蒂固，殘酷而鮮明：

男人的衣著，如同他的身體，應當展現其卓越之處，而非引人注目；他們毋須將自己塑造成客體，追求優雅的風度或英俊相貌；此外，他們通常也不會將外表視為自我意識的反映。

反之，女人甚至被社會要求將自己打扮成性感的客體。她們沉迷時尚，但時尚之目的並非為了揭示她們是獨立的個體，而是斷絕她們展現卓越的機會，使其淪為滿足男性慾望

> 的獵物；所以社會不是在幫助女性實現目標，而是加以阻撓。[30]

當時尚成為女性日益關注的焦點，她們也開始為自己開闢新的定位及發展方向，成為高級服飾的生產者。

在法國大革命之前，服裝主要由行會業者生產，服裝行會的法人資格及章程由法王批准。各行會自行擬定規章[31]並設立入會標準，有效壟斷了一個分工精細的經濟部門。行會對服裝生產的各個環節制定詳細規範，比方說在十三世紀，巴黎裁縫師工會章程規定裁剪布料的工作只能由資深師傅負責，縫紉則是交給被稱為「跟班裁縫」（valet cousturier）的手下進行。當時布料十分昂貴，使得剪裁變成一項風險相當高的作業，針線縫錯了還可以拆掉重來，但布料一旦剪壞就整個毀了。法文「couturier」意指裁縫工，源自「coudre」（縫紉）一字，也因此被用來指比「tailleur」（裁縫師）更低下的職業，該字源自動詞「tailler」，即裁剪之意。事實上，要等到十九世紀末成衣量產興起，使訂製服這門生意開始大放異彩，「couturier」一詞才脫胎換骨成「時裝設計師」，擺脫中古時代以來的卑微色彩。

Couturier 的女性形式「couturière」（女裁縫）命運則大不相同，甚至到了二十世紀末還被用來指稱替附近人家縫補改衣、沒沒無聞的女裁縫師。然而在舊制度最後幾年，有些最華麗的宮廷服飾開始改由女性製作。十七世紀時，女性主張男性所設計的衣服並不適合她們，為自己爭得了一席之地。一六七五年，盧昂（Rouen）及巴黎當地的女裁縫師自立門戶，組成女性專屬的職業行會。

另一種在高度規範化的法國行會體系中另闢天地的女性職業是「時尚商人」（marchandes de modes），她們是十八世紀晚期的時尚造型師，專門替貴族名媛打理整體形象，使其全身上下的行頭——包括手套、披風、花邊、襯裡、鞋子——風格一致。其中最有名的是白手起家的富商貝爾汀小姐（Mademoiselle Bertin），她在一七九二年八月十日杜樂麗宮（Tuileries Palace）遭劫的三天前，寄了最後一張帳單給瑪麗．安端奈特（Marie Antoinette）王后，金額為四萬里弗。瑪麗王后的衣櫥在這場劫難中被洗劫一空。

這些時尚商人一開始大多是服裝生意人的妻子，後來她們合法的經營範圍從帽子及飾品延伸到服裝，最後獲得生產全套大禮服的資格，也就是路易十四制定的宮廷服。女性造型師擅長發明新穎的時尚物件，對她們而言是一項利多，因為這些新品短期內不會受到其他行會的壟斷，同時也促成她們在設計上花費心思做出細微差別，以區隔真正的貴族及東施效顰的一般大眾。

蘇珊．桑塔格（Susan Sontag）指出，「法國人從來不像英美人士，堅信時尚與嚴肅彼此對立，無法共存。」[32]這一點在十八世紀尤其顯著，當時的人可以一本正經的談論時尚，而嚴肅議題也能化為時尚元素，反映在服飾上。

　　當時的時尚商人利用服飾命名大玩文字遊戲來評論政治時事。比方說在一七八四年，有人在隆香（Longchamp）看見上流社交圈著名的交際花荷莎莉．杜特（Rosalie Duthé）戴著貝爾汀小姐設計的作品出門，那是一款名為「à la caisse d'escompte」的黑色薄紗帽，暗指當時財務窘困的法國國家銀行「Caisse d'Escompte」。帽子頂部沒有「底」（fond），暗喻銀行沒有「資金」（fond）。其他帽款的表現方式更是毫不隱晦：一七七八年發行的首張法國時裝版畫（Gallerie des modes）描繪的是一款名為「迎向勝利」（à la Victoire）的女帽，用意是為了慶祝前兩年美國在獨立戰爭中的勝利；另一款慶祝海軍大捷的帽子則是在頭頂上設計了一艘迷你艦艇，戴起來彷彿有船在漂浮。時尚界經常對政治時事發表評論，比如一七七四年的「pouf à l'inoculation」就是為了紀念法王路易十六接種天花疫苗而設計的頭飾，有助於推廣疫苗接種的觀念。

　　啟蒙時代兩位最著名也是最水火不容的哲學家——伏爾泰和盧梭——針對時尚議題，特別是其所帶動的消費是否有益社會大眾這一點展開交鋒。伏爾泰在哲理詩作《俗世之人》（*Le Mondain*）中為奢侈辯解：「這個庸俗的時代是為了我的慣習而生。／我喜歡奢華，更熱愛陰柔，以及所有的享樂與各種藝術。」[33]對此，盧梭毫不留情地批評：「告訴我，鼎鼎大名的阿魯艾（Arouet）[34]，你為了我們這虛偽的雅緻犧牲了多少雄渾的陽剛之美？為了炫耀並滿足對錦衣華服的喜愛，那些窮盡細緻繁複之能事、高貴精巧的設計又讓你付出了多少代價？」[35]他對奢侈品所能帶來的經濟奇蹟抱持懷疑態度，並對消費社會的風險提出警告。他寫道：

> 奢侈品既是財富的某種標誌，卻又能作為使財富倍增的工具。我們能從如此矛盾的現象得出什麼結論呢？在今日非常值得深思。若非得追求財富不可，我們的美德又將變成什麼樣子呢？

然而，繼十八世紀晚期風靡法國貴族的東方主義服飾風潮之後，引發下一波大規模時尚運動的人不是伏爾泰，正是盧梭。

盧梭為法國服裝的變革帶來極大影響，尤其是兒童的衣服。在這之前，法國小孩子的穿著完全與大人一樣，直到盧梭提出建言，認為童裝應該要有更大的伸展空間以便活動，法國家長才開始讓孩子改穿舒適的水手服。他自己也卸下假髮、馬褲、背心等宮廷裝扮，模仿當時鄂圖曼土耳其帝國轄下的亞美尼亞人穿起寬鬆長袍、頭戴圓帽，不但引人側目，也讓自己成了沙龍的笑柄。盧梭死後，他力主質樸儉約的主張將透過瑪麗王后這個幾乎不可能的人物，為法國貴族的衣櫥帶來全新風貌。

十八世紀最後的二十五年間，瑪麗王后是當時法國最主要的時尚指標。傳統上這個地位屬於法王及其眾多情婦，但路易十六既對時尚不感興趣，也無意包養情婦。瑪麗王后身邊的造型顧問就是知名時尚商人貝爾汀小姐。

當時她們飽受輿論撻伐，指稱其助長了社會崇拜時尚的惡習，就連貴族因妻室揮霍無度而敗光家產，兩人亦難辭其咎。當然，饑荒及法國本身的債務問題也算在瑪麗王后頭上。歷史學者指出，雖然她在服裝上的花費驚人，基本上這也代表她符合了人民心目中的形象。但就象徵意義來說，瑪麗王后本人就是奢華的化身。

儘管瑪麗王后以奢華無度的鋪張行徑聞名於世，她最令人髮指的竟是曾經一度轉性，崇尚起簡約素樸之美。任何流行風尚都不會錯過的她，在盧梭思想大行其道時讀了他的著作，同時也跟風親自到他墓前朝聖。接著，她改頭換面，開始實踐盧梭「簡約質樸」的理念。

瑪麗王后沉迷田園風格期間，於一七八三年在凡爾賽興建了一棟「皇后莊園」（Hameau de la Reine）作為度假別館，當時適逢她三十歲生日，已經不適合年輕打扮。此時農人的衣著成為法國上流社會的癖好，歷經中國及土耳其等東方主義風潮的短暫洗禮，鄉村的「異國情調」無疑為已經了無新趣的時尚界注入最後一股源頭活水，貴族開始穿上象徵農民色彩的服裝元素，如圍裙、草帽、罩帽及帽垂等。一七八八年九月的《新時尚雜誌》（*Magasin des Modes Nouvelles*）

刊出一幅名為「打扮成宮廷農民的女人」[36]的時裝版畫，圖說寫道：「這幾乎是我們的仕女名媛在晨間散步時唯一能接受的裝扮。」

這股「反璞歸真」的風尚若只是一種粗鄙的媚俗，或許還不至於如此惹人憎惡。但事實上瑪麗王后在一七八〇年代風格不變，改穿起寬鬆無腰身的薄紗袍，加上進口平紋細布及紗羅蔚為流行，兩者對里昂的絲織產業造成重大影響。某位名叫普律多姆（Proudhomme）的記者寫道：「法國商業引以為傲的一流絲綢及金銀織品製造，曾經供應整個歐洲所需，讓成千上萬人衣食無虞，如今卻不敵棉布、薄紗、紗羅及亞麻的時尚風潮，毀於一旦。」[37]人們私底下再也不需要絲綢禮服，只有在節日及正式場合才穿。一七八六年，里昂總共有一萬兩千台絲織機，到了一七八九年剩下七千五百台。巴爾札克（Honoré de Balzac）曾形容法國大革命是「絲綢與寬幅布之間的論戰」[38]，但在大革命前的近十年，寬鬆薄紗袍早已蔚為風潮，重創里昂及法國的絲織產業。

法國大革命引發另一波服裝變革。成群暴徒衝進巴黎的杜樂麗宮後，將瑪麗王后的衣物破壞殆盡。目擊者回憶，「所有高貴華服被撕扯得殘破不堪，人人都想用這些面目全非的破布來裝飾自己。」「多少女人對王后的衣櫥充滿好奇，紛紛跑去一窺究竟！多少罩帽、精緻高雅的女帽、粉紅襯裙……從房間飛拋而出！」[39]一七九三年春，革命政府舉辦了一場皇宮贓物的拍賣會，包括法王及王后僅存的衣物。某位民眾表示：「我看到一件繡著孔雀尾羽的套裝，本來開價一萬五千里弗，最後只賣了一百一。」[40]如此奢華墮落的衣服及布料只是徒增人們反感，素樸的羊毛衣反而賣得更貴。

革命人士不僅執意摧毀舊時尚，還要求建立一套新範式。及踝長褲成了下層勞工階級「無套褲漢」（sansculottes）——從字面上解釋就是「沒有半長褲的人」[41]——的時代圖騰。《方法論百科全書》（*Encyclopédie methodique*）於一七九二年刊載了一篇有關襯衫衣領的文章，寫道「我們應該如同現在修改憲法及法律那樣，針對禮儀、習俗及服裝這部分進行改革。」[42]

緊接著法國王室下台而來的「恐怖統治」（Reign of Terror）也摧毀了原有的職業及贊助體系，使巴黎奢侈品行業的工人生計面臨斷炊。當時有位女性寫道：

> 我母親以製作配飾及任何與時尚有關的物品維生；我姊姊會做蕾絲花邊跟禮服，我會縫紉和刺繡……繡坊快破產了，服飾店愈收愈多，裁縫店已經解僱四分之三的人……我們快要餓死了。[43]

在巴黎，簡樸的衣著終究只是曇花一現的時尚。一七九九年，社會上再度吹起鋪張炫耀的消費風氣，但法國的奢侈品產業早已今非昔比。大革命過後多年，亞布蘭特公爵夫人（duchess d'Abrantes）滿懷怨恨，以尖刻的筆觸指出後革命時代所謂的「平等」實乃體現在萬物齊貶的價值上。她寫道：

大家都說一切變得簡單多了，每樣東西都平易親民，不分貴賤人人皆能擁有。某種意義上確實如此沒錯，換句話說，雜貨店老闆也能在家裝上薄紗窗簾與鍍金窗桿，他的太太也能擁有和我們一樣的絲綢斗篷，就是因為綢布早已不再高貴，價格低廉，人人都買得起……如今你就只能買到劣質的軟緞、糟糕的緞子與絲絨。[44]

短短幾年內，服裝行會、工匠及巴黎時尚界傳統的贊助體系都銷聲匿跡了，然而事實證明它們造就的時尚神話卻是歷久不衰。許多當代商品設計的用意是為了汰舊換新，但以衣著而言，快速的更替或許比冰箱更能激發人們的異想。單憑一件衣服就能讓人想起工業資本主義出現之前，布料全靠手工、服裝也是量身訂做的時代，同時也展現出絲綢從過去權貴專屬的奢侈品演變成今日人人都穿得起的國民布料的時代變遷。美國服裝業者很早就體認到，在這個以想像及民生需求為出發點的行業中，他們賣的不只是經過裁縫的布料織品，而是一種魅力，而巴黎時尚的魅力更是無與倫比。

# 第八章　大眾時尚的興起

他們對物品的價值一無所知，
所以只認品牌[1]。

——保羅．普瓦烈（*Paul Poiret*）

在美國人對高級文化（high culture）的認知中，巴黎依然穩居時尚之都的寶座。碧昂絲在二〇一八年的〈瘋狂癡迷〉（*Apeshit*）音樂錄影帶中，身穿史第芬妮．羅蘭（Stephane Rolland）高級訂製服，躺臥在羅浮宮的勝利女神像下高唱著「我有昂貴的名牌衣，我得了富貴病。」接著鏡頭一轉，又換成Burberry中空露肚裝及長褲，在雅克-路易．大衛（Jacques Louis David）的《拿破崙的加冕禮》（*The Coronation of Emperor Napoleon and Empress Josephine*）前面跳舞，象徵對她流行樂壇天后地位的自我認同。然而，在一般人對於何謂奢華服飾的理解中，昂貴的衣料正逐漸被另一種專屬的標誌取代，那就是品牌。

二〇一五年，我去採訪了香儂・奧哈拉（Shannon O'Hara），她住在布魯克林，是位裁縫師，碧昂絲演唱會、時尚攝影及紅毯的服裝皆由她親手操刀。她身材高大、金髮碧眼，有刺青，個性沉穩冷靜。她公寓牆上掛著一幅重力異常圖，標示地球表面各地重力強度的差異。我好奇問起，她才表示她父親是位製圖師。我心想，裁縫跟畫地圖這兩種專業或許沒有什麼不同：前者將平面的圖形轉化成立體實物，後者則是將立體的地景改以平面形式呈現。奧哈拉表示，紐約過去有成千上萬的裁縫師——她指的不是那些在乾洗店替人簡單修改的衣匠，而是受過嚴格訓練的專業師傅——為客戶從頭開始打造出完美合身的訂製服。在她看來，這門傳統技藝的傳人如今都在替時尚集團或負擔得起其精湛服務的明星工作，但人數依然少之又少。

奧哈拉的工作屬於精品品牌行銷體系的一環，這一行就如同早期的服裝製造業，主要以紐約為中心。在服飾新品正式進入量產之前，設計師會先製作一套單一尺寸的樣品，稱為打樣。在紅毯、時尚拍攝及時裝秀等場合，她負責將樣品修改成模特兒或女演員能穿的尺寸。「如果（樣品）不是她的尺寸也沒關係，讓衣服變得合身就是我的工作。」她說。樣品沒有所謂的統一尺寸，每個品牌各有各的標準，端視其消費族群及美學風格而定。例如她經常替義大利名牌 Pucci 工作，「他們打樣用的是假人模特兒，我如果想讓女演員穿上這套衣服，就得想辦法把它變成適合真人的尺寸。」另一方面，當客戶換成紐約女裝品牌 Jones New York，問題就反過來了。「樣品的尺寸是八號，因為他們行銷的客群是中西部的上班族女性。」從服裝師的角度來看，模特兒、女演員、上班族女性三者形成一個瘋狂的組合，這方寸之間就是賺錢密碼的所在——如何定義女性，並讓她們相信自己真的就是那副模樣。

奧哈拉的工作正好處在幻想與現實的對峙點。雖然成衣在當前市場上幾近完勝，就定義而言，這意味著手工量身訂做的時代已經終結，但服裝業者仍得靠裁縫來打造「量產成衣也能完美貼合人體」的美好想像。現實生活中，成衣或許不盡合身，但在電視、電影及廣告幕後，都有像奧哈拉這樣的服裝師，使衣服能與穿著者妥切貼合，在螢幕、網路及平面媒體上塑造出完美的形象。

奧哈拉的工作讓她得以接觸到環肥燕瘦各具特色的不同身形。成衣往往給人一種錯覺，以為每個人的身形都大同小異，毫無例外，但在現實生活中，「我從沒見過身材完美對稱的人。幾乎每個人都有缺陷，比方說肩膀——我的肩膀兩邊長度差了一英吋，我保證妳一定也是，而且說不定妳還有長短腿，某隻手臂的二頭肌肯定更發達。」她說。就是這些偏差才讓她的工作充滿趣味。她在幫西恩潘（Sean Penn）做衣服時，必須想辦法掩飾他「一邊肩膀比另一邊高三吋」的事實。不同的身形需要不同的作法。惡名昭彰的希特勒曾經交代他的裁縫將衣服做得寬大些，以便他用右手做出精心設計的手勢。他的左肩在一九二三年十一月的啤酒館暴動後就因傷僵硬不舉，當時他在人行道上摔倒導致左肩脫臼，但拒絕接受X光檢查，就是因為擔心在醫院遭到暗殺。

如今成衣早已隨處可見，但美國在十九世紀末到二十世紀初之前幾乎看不到成衣的蹤影。當時大多數人依然穿著自製衣物，財力足夠者才會找裁縫量身訂做。一八一一年公布的某份政府報告[2]指出「美國人民所穿的衣服有三分之二」是在家自己做的。

整個十九世紀，服裝進入大規模生產，也正是透過這些點滴累積的改變，才逐漸形成今日成衣產業的面貌。正如我們所見，紡織廠興起後，由窮苦的計件零工製作的汗衫及馬褲成了第一批大規模生產的成衣，接著十九世紀中葉出現了緊身胸衣。在南北戰前，市面上只有做給水手及黑奴穿的工作外衣。這種最早的成衣僅在「成衣店」（slopshop）買得到，這類店鋪興起於十九世紀初，分布在波士頓、紐約、費城、巴爾的摩及其他捕鯨或漁業小鎮碼頭旁的街區。這種工作服的尺寸只有一種，水手在出海前得自己想辦法改成合身大小。

一八四〇至六〇年間，大量製作奴隸所穿的衣服發展成一門產業。農園經營者發現這種量產的便宜成衣能幫他們省下寶貴的人力成本，避免讓奴工變成縫紉工。紐約與東岸城市及南部的新紐澳良港之間設有貿易航線，將粗製濫造的廉價成衣輸往大型農園。新紐澳良當地的經銷商福爾傑與布雷克公司（Folger and Blake Company）在廣告中號稱農園主人「會發現買他們公司的成衣好處多多」[3]；紐約也有不少公司專門生產所謂的「黑人裝」。北部城市的女裁縫師是業者經濟實惠的好選擇，因為她們的勞力比奴工低廉。毫不意外，這些成衣公司往往要求家庭代工或工廠維持高度生產力，卻開出苛刻的條件與微薄的工資來壓榨對方。

同時，從縫紉機的廣告也可看出服裝製作的演進歷程。勝家縫紉機創辦人辛格在一八五〇年十一月七日首次刊登廣告，向「學成出師的裁縫、女裁縫師、成衣業者及所有對縫紉有興趣的人」保證其產品可以讓他們體驗「用機器縫紉的便利」[4]。到了該年代後期，該公司又推出新廣告，宣傳「特別針對黑人裝改良的新型縫紉機。」[5]

替成衣產業開啟廣大消費市場的一大躍進，是標準尺寸的出現。南北戰爭期間，被徵召入伍的士兵須製作軍服，大批的量身資料成為一系列通用尺寸的基礎。雖然這些資料後來在美西戰爭及第一次世界大戰中變得更加完備，但早在一八六〇年代末期，標準尺寸就已經普遍用於成衣生產，家庭裁縫採用的時間甚至更早。一八六三年，新英格蘭地區一位名叫艾伯尼澤．巴特克（Ebenezer Butterick）的裁縫研發出標準尺寸的製版圖紙，開始在市面上流通。

南北戰後，軍服工廠紛紛轉型成男裝，並隨即擴及女用披風及夾克。這些成衣起初在美國鮮為人知，大部分的婦女都習慣圍披肩，為數不多的披風只有貴婦才穿，而且是德國進口的舶來品。儘管如此，早年這些量產成衣也促成了時尚的階層流動，讓本來根本買不起的下層階級也能跟風將名流時尚穿上身。

到了一八八〇年代，女裝開始在最初由德籍猶太移民組成的行銷網路大量生產。成衣業急速成長，產值在一八八〇到一八八九這十年內成長超過一倍；投入的資本額從八百萬美元增加到二千二百多萬美元，業者數量亦倍增，從原先的五百六十二家增加到一千二百二十四家。從業人數增加數千人，大多數都在紐約謀生。雖然男裝的出現早於女裝，但到了一九二〇年，後者比重已高占整個產業的七成六。成衣每季的樣式係由「批發商」（jobber）主導的生產體系制定。業者每年按季擬定兩次銷售計畫，透過各種手法取得成衣樣式，例如自行設計、抄襲仿冒或花錢買現成版型。他們直接向紡織廠採購布料，再轉賣給代工廠，最後才收購成品。在這樣的生產體系中，層層剝削幾乎是理所當然的事。

美國的廣告業也於一九二〇年代誕生，並且在成衣逐漸引起大眾遐思的過程中扮演不可或缺的要角。當時有位名叫海倫·伍沃德（Helen Woodward）的廣告文案寫手告誡業界人士：「千萬別去參觀成衣工廠……別看工人是怎麼工作的……一旦得知任何真相或真實的內幕，你就很難寫出那些空泛浮誇的行銷文案。」[6]

新興的購衣管道使消費者無從窺見成衣廠的真實情景。一八八〇年代，百貨公司開始在美國城市興起，到了一九一五年，成衣專櫃已經成為百貨固有的特色。工業化生產的衣著展示在富麗堂皇的賣場裡，絲毫看不出它們來自血汗工廠。至於住在鄉下的人（如同今日大多數的美國人），則要等到一九〇七年聯合包裹服務公司（United Parcel Service，簡稱UPS，臺譯為優比速）創立，以及蒙哥馬利・華德（Montgomery Ward）、席爾斯・羅巴克（Sears, Roebuck & Company）等零售業者推出郵購目錄後才有機會買到成衣。

二十世紀初期，女裝成為量產的商品，所用的布料碼數變少，簡約款式開始出現。一九一三年，製作一件普通女裝需要用到十九碼的布，到了一九二八年只剩七碼。業者也心知肚明，用料較少的款式做起來更省錢。從此成衣不僅變得更輕盈，市場也跟著年輕化。到了一九二二年，幾乎各類成衣的主要客群都是三十歲以下的消費者。

儘管廣告界有句至理名言是這麼說的：別告知消費者他們身上的衣服從哪裡來，但這些女裝最早一批的消費者當中有些人肯定知道，因為她們自己就是成衣女工。

貧窮的女店員與成衣女工是大眾時尚的瘋狂愛好者。一九一三年，家政學者伯莎・瓊・理查森（Bertha June Richardson）抱怨紐約女店員「身分配不上她們的穿著」[7]。在廉價住宅區，她觀察到那些每週頂多只賺五、六塊美金的婦女「帽上插著飾羽，一襲絲綢襯裙沙沙作響，身上所有打扮都是最新潮的樣式。」

穿量產成衣被吹捧成讓新移民「變成美國人」的一種方式。一九二八年，在消費經濟學者伊莉莎白・荷特（Elizabeth Hoyt）的研究中，某位所謂的美國家庭主婦在提及她的「外國鄰居」時表示：「要是那些人穿得不那麼怪裡怪氣，我會更喜歡她們。」[8]然而，新移民瘋狂擁抱大眾時尚的風潮被一群喜歡道德說教的中產階級戲稱為「猴子的遊行」。對他們而言，眼見「店家學徒、年輕女工、顧店小伙子等在某種謎樣的暗示下，將賺到的第一筆薪水拿去花在項鍊、領帶、雪紡帽、漂亮的蕾絲花邊、手杖及陽傘上」[9]是件匪夷所思的事。理查森在一九一三年進行了一項名為「花錢的女性」的研究，以中產階級社會改革分子為受眾，試圖解釋何以睦鄰之家（settlement house）的年輕新移民女性如此在意衣著：

你曾否懷抱滿腔熱血去到市區的睦鄰中心，想幫助那些可憐的女店員並且拉她們一把？……你可能會以為這其中肯定有什麼誤會，她們不可能是週薪只有五、六塊錢的窮女孩。她們穿得比你好看多了！……最後你才知道，她們無所不用其極的模仿穿著，就只是為了試圖「弭平」自己與那些天之驕子之間的差異。[10]

一九二〇年代，美國社會不平等的現象非常嚴重，並且日漸加劇。服裝雖然為窮人帶來了滿足，其中卻也不乏政治意涵。歷史學者艾文認為「大眾時尚成為窮人的一種手段，藉此形成向上流動的表象並建構出體面的公眾自我。透過這種方式，或許真能實現社會流動。」[11]他認為，面對社會主義日益嚴峻的挑戰，這種打扮入時的勞工階級的存在起著關鍵作用。他寫道：「過去的勞工階級一看就知道很窮，如今他們看起來什麼都不缺。」[12]

此一時期的消費文化顯然是針對共產主義的威脅而來。在那之前幾年，美國社會剛發生紅色恐慌（Red Scare）[13]、帕爾默搜捕（Palmer Raids）及大規模驅逐外來移工等形式更加直接的政治鎮壓，若說這些事件象徵棍棒，那麼鼓吹花錢的消費主義就是胡蘿蔔。資本主義者信誓旦旦表示，消費主義為人民帶來的好處遠勝於共產或社會主義。當時的富商愛德華・菲林（Edward Filene）寫道：「大規模生產或許能為人類實現那些理論派的改革者或非理性的激進分子希望透過革命手段獲得的種種好處。」[14]菲林擁護的消費主義不僅能取代革命，還能取代民主。「美國民眾選出亨利・福特（Henry Ford），選出通用汽車（General Motors），選出奇異公司（General Electric Company，又稱通用電氣），選出伍爾沃斯公司（Woolworth's）及當代所有工商業界的龍頭企業。」

美國廣告明確地將勞工階級不滿的出口從社會改革轉移到消費主義上，過去從有意義的工作中獲得的滿足感如今用金錢就買得到。隨著產線模式的生產型態興起，工作本身變成一件單調乏味的事。企業經濟學家保羅・尼斯壯（Paul Nystrom）認為，單調的工業化工作讓人普遍產生一種「對成就的失望感」以及「徒勞哲學」[15]。他指出，廣告商應該好好利用這一點，阻絕政治改革的途徑，將人們對工業生活的疲乏與倦怠轉化成「對服飾與日常用品的厭倦」。

對此，伍沃德當然表示贊同。舉凡各種挫折失落的個人情緒都能藉由購物消費獲得宣洩，而非只有訴諸政治一途。她說：「對那些無法徹底改變生活或轉職的人來說，即便只是服飾推出新系列，往往也是一種解脫。面對丈夫、家庭或工作早已疲累不堪的婦女，只要看到一頭直髮變成流行的蓬蓬頭，或者滿頭灰白變成年輕的淺棕，就覺得生活的重擔減輕了一些。」[16]

一九二〇年代的廣告商大膽挪用選舉權運動（suffrage movement）的宣傳語言，在演講會（Toastmaster）的廣告中，宣稱「這台『烤麵包機』已經解救了四十六萬五戶家庭……讓人們不用緊盯著烤箱裡的吐司不放，不須翻動或擔心烤焦。」[17]同時，他們也不斷對婦女危言聳聽，要是她們不注意自己外表，就無法留住丈夫的心以及他帶回家的薪水，進而威脅到自身的生計安全。一九二二年，伍德貝里香皂公司（Woodbury Soap）在女性雜誌中提醒讀者：「男人希望所認識的女性能集嬌柔、嫵媚、高雅於一身，一旦有某個令人不舒服的小地方玷汙了這番美好的想像，就再也沒有什麼能平復他們不由自主的失望。」[18]

手工裁縫、女裁縫師這門行業以及仔細的量身手作與職人技藝逐漸被時代淘汰。但隨著親民的大眾時尚興起，人們開始崇拜起另一種新興的名流階層——時裝設計師，其所帶動的品牌崇尚風潮才正要開始。

二十世紀初，巴黎設計師不得不轉向美國市場，不僅是受到當地龐大的商機驅使，同時也基於令人嫌惡卻又無可避免的經濟需求。

一手打造出二〇年代時髦直筒衣裙風格的巴黎設計師普瓦烈於一九一三年搭乘蒸汽船首次前往曼哈頓。船一靠岸，媒體立即蜂擁而上，爭相拍攝他的妻子同時也是靈感來源——開創女性平板身形風格的丹妮絲．布雷特（Denise Boulet）——穿著他為她設計的黃色俄羅斯皮靴的照片。

在紐約，普瓦烈受到成衣業者大獻殷勤。他在回憶錄裡寫道：「當中有許多人開出優渥的價碼，希望讓他們的商品掛上我的名字。」[19]在他看來，顯然美國業者冀望用知名設計師的招牌來彌補其成衣品質低下的缺點。「對他們來說，打著普瓦烈的名號來販售這些普通商品正好是一大妙招。」[20]

他在紐約所到之處只見到膚淺的表象。在藝術博物館看到美國人，他的印象是「在美國，許多人雙眼所及並未經過心靈織機相當積極的內化，因為他們似乎只要有膚淺的感受力就覺得夠了。」[21]他與美國一間女性皮件公司簽了約，卻發現對方無法履行合約內容：

（對方）藉口無法理解我的設計。美國人必須看到完整的成品擺在眼前，才有辦法依樣畫葫蘆，如法炮製。他們絕對欠缺想像力，這使得他們無法想像任何無從預見或假設性的事物。他們就跟使徒聖多瑪（St. Thomas）一樣，只相信眼前所見的東西。[22]

雖然這位巴黎人話講得毫不客氣，但他指出的重點或許沒錯：「美國人的一大特點，就是所有廠商都喜歡找名人掛名，藉此從中獲利。」[23]畢竟美國人熱愛名流，而巴黎在他們心目中早已是地位難以撼動的時尚之都。亨利．梭羅（Henry David Thoreau）曾在一八五四年萬念俱灰地寫道：「巴黎的猴王若將遊客的帽子戴在頭上，全美國的猴子都會群起效尤。」[24]

隨後幾十年，時裝設計師與製造商建立了正式的合作關係。一九四七年，克里斯汀．迪奧（Christian Dior）與一家法國棉紡織廠合作，量產一系列不同品質水準的成衣。他們設計出一套銷售制度，安排迪奧在每年兩次的時裝秀上販售模特兒所展示的服裝。海外買家有三種方案：一是買下版型設計圖，但不能使用迪奧的品牌名稱；二是購買服裝畫作回去仿製，可依個別需求修改，但成品必須加上「迪奧原創仿作」的標籤；或者直接買下該件設計，這是最貴的作法，也可以光明正大放上迪奧商標。這套基本作法延續至今，成為業界常見的模式：設計師將品牌使用權授予成衣製造商，允其掛名銷售，而這些廠商的工廠可能遍及世界各地。

巴黎設計師不只為了製作時裝量產所需的樣板而遠渡重洋，一九三〇年代，可可．香奈兒

（Coco Chanel）的死對頭——以後現代主義風格聞名的艾爾莎・夏帕瑞麗（Elsa Schiaparelli），同時也是超現實藝術家達利（Salvador Dali）的合作夥伴，但她不像香奈兒後來與納粹為伍——與法國商務部（French Ministry of Commerce）代表團冒險前往蘇聯考察。在此之前，她受託為「普通的蘇聯婦女」[25]設計一套合適的女裝。夏帕瑞麗日後在回憶錄中提到，那次她捨棄了個人經典的浮誇風格，跌破世人眼鏡：

> 讓大家想不到的是，我設計了一件非常素樸的黑色連身裙，但仍不脫典型的「夏帕」（Schiap）風格。這款高領連衣裙既可以當上班服，也能穿去看戲，我自己從早到晚都穿。外面再套上寬鬆的紅大衣，搭配黑色襯裡，扣著簡單的大鈕扣。

在西方媒體看來，巴黎設計師為蘇聯家庭主婦設計服裝的創舉或許比任何笑話都來得荒謬。誠如夏帕瑞麗所言：「當時報上刊出聳動的新聞，說我做了一件四千萬名婦女會穿的衣服。」[26]這種認為四千萬名婦女都穿著同一款衣服的想法，完全符合美國人對蘇聯的印象。在西方國家，成衣大規模生產是千真萬確的事實，但廣告語言卻堅稱每件衣服就如同穿上它的女性，都是獨一無二的存在。雖然是量產成衣，但重點是要讓消費者覺得自己與眾不同。尼斯壯在一九三二年寫道：「銷售時尚商品最重要的一點是，每次行銷都必須打造個性特色，避免以大眾化的方式來經營商品及顧客。」[27]

夏帕瑞麗造訪莫斯科期間，在英國大使的斡旋下獲允進入克里姆林宮的金庫，裡頭收藏著過去帝俄時代的文物珍寶。「那些禮服特別漂亮，我愛上一件硬挺的杏色絲絨長袍，上面繡滿翡翠與碩大的珍珠。」[28]看到這些奢美華貴的手工服，就連專門設計成衣的時裝設計師也不免深思：「如此大費周章的功夫，在我看來可能都是徒勞，卻為這麼多人帶來無比的樂趣與工作。究竟還有誰能做出這樣的東西呢？」

一八五〇年代成衣誕生之初，英國藝術評論家約翰・羅斯金（John Ruskin）注意到服裝工作者發揮創意表達（creative expression）的機會愈來愈少。他頌揚中世紀的歐洲大教堂，聲稱在其不對稱結構及獨特風格中，可看出不少工匠大方共享創意控制權（creative control）。相較之下，古典希臘神殿完美對稱的造型，證明該設計乃出自單一建築師之手，再由制度內的奴隸勞工分毫不差地打造而成。但更惱人的是，這種結構竟象徵著政治權力的全民共享。大眾時尚雖然同樣以賦予消費者自我表達的機會為賣點，但實際上的生產模式卻顯示服裝工作者的表達機會大為減少。

隨著裁縫式微，整個為貴族服務的工匠階層也開始沒落。封建貴族社會消失後，不同類型的新政府取而代之，並在意識形態上存在著公開的對立。儘管如此，共產及資本主義陣營兩邊的大規模生產隔著鴻溝，依然產生千篇一律的單調局面。也許更令人不安的是，在法西斯主義掛帥的德國與奉行民主的美國，大規模產製的形式看起來竟然驚人地相似。德國導演蕾妮·萊芬斯坦（Leni Riefenstahl）在一九三四年紀錄片中精心編排的群眾場景呈現出來的視覺效果與美國導演巴士比·柏克萊（Busby Berkeley）在一九三三年至一九三四年間為華納兄弟（Warner Brothers）執導編舞的連續五部賣座歌舞片——《四十二街》（*42nd Street*）、《華清春暖》（*Footlight Parade*）、《淘金女郎一九三三》（*Gold-Diggers of 1933*）、《美女》（*Dames*）、《時尚一九三四》（*Fashions of 1934*）——幾乎如出一轍。後者跟前者一樣，在畫面中將一個個的人體化為構成巨大幾何圖形的微小畫素。在成衣工廠，同一款縫紉機生產出同一款服裝，複製著同一個模子打造出來的身形。

一直以來，歷史學者與哲學家始終對於各種服裝所蘊含的政治意涵很有興趣。服裝歷史學家賽西爾·聖勞倫特（Cecil Saint-Laurent）認為服裝可分為披掛型（the draped）與縫製型（the sewn）兩種，分別象徵雅典式的自由與斯巴達的法西斯主義，並果斷地站在披掛式服裝這一邊。在這個立場上，他並非史上第一人。早在一八二〇年，德國哲學家黑格爾（Hegel）就公開宣稱雅典人披掛式的衣著在美感上勝過德國人的縫合服裝。

我們現代的服裝毫無藝術美感可言，因為我們透過它真正看見的……不是身體在精細、流動的發展過程中所展現的優美、自由、生動的線條，而是數個有著僵硬褶皺、經過鋪排延伸的麻布袋……某塊剪裁後的布料，這裡縫，那裡摺，其他地方牢牢固定，總之純粹就是一種不自由的衣著形式。[29]

他的批判預示了這類現成衣物為後世帶來的影響，不僅主宰了西方，連全世界也成為它的天下。如今這些「純粹就是不自由的衣著形式」係由被剝奪創作自由的服裝工作者生產，隨著工藝創作的樂趣消失，廣告商趁機將人們對僵化枯燥的生產線或計件工作的不滿轉化成對新成衣款式的過度購買。儘管如此，職人失去表現自由的痛苦，卻是不可否認的事實。

※　※　※

一九二〇年代，廣告商想出方法將人們對政治的不滿轉化為消費欲望：從六〇年代晚期至七〇年代，時裝品牌公然抄襲時下的「反文化」（counterculture）衣著風格，將之商品化。

到了七〇年代，顯然西方時尚界已經足以吸納任何以服裝表現的政治操作，並將獠牙拔除，即便是毛派分子（Maoist cadre）的幹部制服也不例外。一九七五年，《時代雜誌》報導了一股新興的流行趨勢：

> 自去年春天起，巴黎時尚界颳起首波中國風潮，歐美設計師開始集體大玩特玩，改造工人制服、寬褲、女性長衫及棉襖，賦予嶄新面貌，或可稱為「毛式時尚」（Mao à la mode）。如今隨著秋冬系列推出，美國女裝設計師從稻田走入宮廷，深入掘挖大清帝國的寶庫，設計出高領旗袍、絲綢提花外套、舊錦緞面貂皮大衣及金色滾邊睡衣，皆以竊用自東方的詩意色彩精心包裝而成。[30]

東方主義並不新奇，利用貧窮創造獨特性來煽動人心亦非現代人的專利，這種姿態起碼在法國瑪麗王后穿著牧羊女圍裙、頭戴罩帽的時候就有了。值得注意的或許是這種毫無自覺的作法很容易將政治意涵淡化、重新吸收消化並傳達給消費者，賦予他們機會在白天扮成毛派幹部，晚上換穿舊錦緞面貂皮大衣。

一九八六年十月，《Vogue》雜誌刊出一篇題為〈名牌意義何在？歐洲風格的大商機〉（What's in a Name? The Big Business of European Style）的報導，介紹歐洲設計師與美國大眾時尚淵源的浪漫緣起。作者寫道：「時間回到很久以前，這些人的先驅——法國裁縫工——身為極少數人士的奴僕，他們才華洋溢，只要有機會創作美麗的東西便心滿意足。如今看來，時尚設計師的起源似乎瀰漫相當濃厚的封建色彩。」這番話充分表現出時尚產業耽溺於自我陶醉、幾乎以救世主自居的上位心態：過去只取悅少數權貴階級的行業，現在卻為許多人帶來快樂，意味著時尚的故事本身即為一項偉大的人道成就。不過，羅斯金可能早就注意到，與一九八〇年代血汗成衣工廠的勞工相比，這些裁縫匠師不僅獲得更多對人性的尊重，也有更多表現創意的機會。

這篇報導堅持認為時尚是門藝術而非商業，並指出儘管一九八〇年代的設計師「已經擁有財閥等級的財力，但他們依然像搖滾明星一樣，只為了表演而活。每個人自成一格，並完全忠於自我，追求個人表現，這就是他們工作的意義。」[31]

時尚雜誌熱衷替名牌打造形象，使讀者產生美妙的幻想。他們不得不這麼做，因為他們自己為了從中獲利也砸下重本。曾任英國《Vogue》雜誌時尚總監長達二十五年的露辛妲・錢伯斯（Lucinda Chambers）在二〇一八年大方接受採訪時，意有所指地提及時尚雜誌是如何收錢替廠商打廣告的。她坦承：「六月封面人物找來艾里珊鍾（Alexa Chung），安排她穿著邁克科爾斯（Michael Kors，簡稱MK）的T恤，簡直爛透了。」[32]「但他是大客戶，所以我很清楚非做不可。」

世上若有腐蝕劑能多少破除這些知名廠商希望消費者信以為真的品牌魔力，那應該就是大量生產的冒牌貨了。

二〇一八年秋天，我跟L太太在前往中國之前，一起去紐約唐人街買山寨名牌包。

我們走在唐人街中心熙來攘往的堅尼街（Canal Street）上，她告訴我，紐約警方在各大品牌強烈要求下，態度變得愈來愈強硬。走到中途，她彷彿鯖魚碰觸到微妙的水流變化般轉了一圈。我也跟著照做，並順著她的視線望去，看到我們所要尾隨的對象：一個戴著白色棒球帽的中國婦人，帶著另一名髮色灰白但根部烏黑、身穿緊身灰色運動衫的女性及她倒楣的男友，來到街上一處安靜的角落。我們走上前，加入了他們。戴球帽的婦女向我們致意，遞上一份護貝型錄，上面貼有不同名牌包的照片。我的目光落在某個紅色的香奈兒漆皮包上，它有著圓弧型的硬邊頂部設計，就像老式的醫生包。L太太也注意到了，用手指著它。我對戴著球帽的婦女說：「我要這一個。」她應了聲好，接著用手機撥了通電話。

「不能直接去倉庫看貨嗎？我們一次逛完比較方便。」L太太問。

「不行。不然我也比較好辦事，相信我。」對方說。

包包送來了，用黑色塑膠袋裝著。我跟L太太打開袋子摸了摸它。「太豔了。」她說。我也這麼覺得，紅過頭了。照片上顏色看起來比較深，對方無奈地承認。

你可以在曼哈頓偷偷買到這些仿製名牌包，也能在越南胡志明市濱城市場的路邊攤光明正大地入手。這些假貨從中國浙江義烏的小商品市場大量流入市面。從杭州開車南下到義烏約一個半小時車程，那年冬天在中國，我跟L太太也去了一趟。

天氣陰沉的元旦下午，我們大約兩點抵達義烏市場。那是一座巨大的商城，由五棟建築物組成，彼此以走道相通，讓人聯想到國際太空站。每層樓都規劃得像座室內城市，以英文字母和數字編號。五區市場專賣名牌皮件和鞋子，在那裡，Bally 變成「Baisty」；仿造 Barbour 字體的「Dasfour」看起來與正牌如出一轍，Dickies 也被動了同樣手腳；Swiss Army 成了「Soldierknife」；Versace、Gucci 被改成「Falani」和「Guigi」；Tory Burch 的十字架圖案被隨便套在 Gucci 的標誌上；Dior 變成「Dor.」，Moschino 被偷換成「Moschicno」；Supreme 變成「Superem」，白色球鞋上印著「Givenchv」，但那個C看起來比較像運動品牌 Champion 的商標。若非有這些亂七八糟的拼字魚目混珠，許多假貨看起來都幾可亂真，畢竟品牌不過是個用來區別正牌與盜版的神奇字眼，有時兩者可能根本就出自同一家工廠。

中國這座文明古國以華麗的絲綢錦緞形塑了西方對於奢侈品的定義，如今卻淪為生產大量「Falbnoagaiga」和「Auexahder Mqlene」等山寨名牌的工廠。

※ ※ ※

普瓦烈在他的美國之行曾說過，「美國生意人」[33]往往「喜歡用知名品牌來包裝平凡無奇的商品。」事實上，與品牌有關的語彙已經遠遠超過其他日常服裝用語。在成衣全面攻占市場前，媒體對時尚衣著的報導重點主要放在布料材質與外觀，例如一八八八年，美國社會眾所矚目的大事就是裁縫機大亨辛格的女兒布蘭琪在巴黎的婚禮。《紐約先驅論壇報》（*The New York Herald Tribune*）對此進行了以下報導：

> （新娘）身穿一襲華麗的白色稜紋緞面婚紗，據說價值三萬法郎……康波塞利斯公爵夫人（Duchesse de Camposelice）穿的則是綴有同色流蘇的珍珠銀灰錦緞禮服，頭戴蕾絲花邊及鑲滿鑽石羽飾的罩帽。絲凱-蒙貝利亞爾公主（Princesse de Scey-Montbéliard）身穿淡玫瑰色禮服，薩克森科堡哥達的菲利浦王妃（Princess Philip of Saxe-Coburg-Gotha）則是穿著淡藍絲綢禮服搭配蕾絲花邊半長裙現身，頭戴綴滿蕾絲、珍珠、羽飾及復古玫瑰絲帶的罩帽。伊莎貝拉女王（Queen Isabella）則身穿復古條紋玫瑰絲綢禮服，佩戴珍珠，外罩波斯披風。[34]

這篇報導引人注意的是當中完全沒有提到衣著品牌。反觀現代，任何八卦小報只要有上流社曾的新聞，像「雙面橫稜緞」（peau-de-soie）這種高級布料都會改以紀梵希（Givenchy）或迪奧（Dior）等名牌取代。

雜誌上不僅看不到必須具備基本織物結構知識才能理解的詞彙，就連服裝結構相關用語也銷聲匿跡，諸如織邊、縫褶、皺邊、褶襇、假縫、口袋貼邊、開襟、緊身胸衣（馬甲）等專業術語很少出現在不諳服裝製作的消費者面前。對既不從事縫紉也鮮少量身訂製的客群來說，這似乎也是理所當然的事。

我曾經給自己訂製一件襯衫。我在胡志明市的時候，找了一位裁縫師做衣服。對方告訴我需要用到多少碼的布料，接著我就去了一間以匹販售的布行買絲布。我仔細檢視架上的每匹布料，店員幫我抽出一些我屬意的料子，讓我可以拿著一小段放在身體上比畫，對著鏡子看顏色合不合適。這讓我想起電影《西城故事》（*West Side Story*）裡瑪麗亞滿心期待地把新洋裝貼在身上的那一幕，這是一個已經近乎絕跡的舉動，表達出穿著者對於衣服及他人的關愛，跟做媒有幾分相似。

我在心裡暗自計算用純白絲布以及印有鑽石碎花的綠色絲布做襯衫的價差，感覺像在買菜準備做晚餐。這時我突然想到，美國人幾乎不上裁縫店，也不逛布莊，很少有機會接觸到日常衣著的材料。對我來說，這件事突然變得跟我從沒自己買過菜，因為我這輩子每餐都只吃速食連鎖店一樣奇怪。那次接觸到這些布料帶給我無比的樂趣。

我帶著布料回到裁縫店，兩位女店員替我量尺寸，一人拿布尺，另一人負責記下三圍。她們替我量身，首先繞過胸部的上中下方圍量一周，再來是腰部、臀部上方及屁股，接著丈量正面身長，並記下三圍之間的距離，畫出我的體型。裁縫是須要用腦且私密的工作。幾天後，我來拿回做好的襯衫。我一穿上身，就能感覺到它是專為我的身形設計，心中油然升起一股尊嚴感。一件只為自己量身打造的訂製襯衫，與沒有特定對象、為普羅大眾而做的成衣襯衫，穿起來竟然有如天壤之別。

在二十世紀，行銷商學會如何將各種不滿的情緒化為購物慾望，這種操作在服飾上所發揮的作用特別深刻，因為服裝自古以來便承載著個人與自我表現、自我保護、自我尊重及群體歸屬的連結。路易十四的宮廷及古代絲路所暗示的想像以及可能賦予的個人價值被拿來大肆推銷，作為商品的賣點。

古代中國絲路為富人帶來商品，新興的國際貿易路徑則造福廣大窮人，實際上也成為害全世界勞工始終無法脫貧的剝削手段。但這一點光靠廣告神話的強大魅力是辦不到的，如果沒有美國政府政策的大力支援，促成資本主義擴張，光憑美妙的幻想仍遠遠不夠。整個二十世紀，為了擴大並維持廉價時尚衣著在全球流通所需的貿易協議與勞動條件，都將隨著另一種新型紡織材料

——合成纖維——的興起而拍板定案。

# 第四篇◆合成纖維

# 第九章 嫘縈

在南方，殺死一個紡織廠工人不算犯罪。1

——佛瑞德．厄文．畢爾（*Fred E. Beal*）

嫘縈（rayon，又稱為人造絲），或稱黏液纖維（viscose），是一種由樹木製成的合成纖維。作法是將木材打成漿，經過液化（以化學方式將木漿轉變成可溶性化合物）後擠壓成細絲，可製成類似絲紗的布料。嫘縈為不產棉的國家帶來奇蹟，使其也能大規模生產纖維。誠如十九世紀俄國化學家德米特里．門得列夫（Dmitri Mendeleev）在一九〇〇年所言：「俄國的中心地帶擁有廣袤的森林及草原，若以此生產黏膠纖維，將能大量供應全世界。」2

二十世紀初，嫘縈本來只是一門以小型生產單位為主的新創產業，不少業者的規模僅初具雛形。到了一九二〇年代後期，它已經發展出龐大商機，成為新興成衣業製作女性衣裙及襪子的主要原料。市場對嫘縈的需求相當大，即使在經濟大蕭條期間也未顯著減緩其發展。一九三一至一九三二年間，美國嫘縈的生產只出現短暫的些微下滑，之後直到一九三六年皆保持穩定成長。義大利和德國的產量在一九三三年後逐年增加；日本成長幅度更是驚人，在一九三五年超越美國，躍居主要生產國。

隨著另一種纖維較短的新型產品——人造棉[3]——問世，一九三一年起，嫘縈開始與其他天然纖維混製成純棉或羊毛嫘縈混紡紗，人造棉亦能作為不織布、毛氈的原料。嫘縈來勢洶洶，對蠶絲及其他纖維造成威脅。在澳洲，就有媒體對此示警。《阿德雷德廣告人報》（*Adelaide Advertiser*）指出：「有太多理由不能不將人造纖維，也就是嫘縈，視為澳洲在世界市場上的『頭號公敵』。」[4]人造棉這種短纖原料的出現，帶動嫘縈產業大幅成長，全世界產量累計增加數百倍。

一九三〇年代，歐洲新興的法西斯國家開始利用嫘縈來實現經濟自給自足的大夢：過去棉花多仰賴進口的義大利及德國將其視為實現紡織獨立的手段。在德國，納粹時期以諾因加默（Neuengamme）集中營的奴工作為勞力來源的人造纖維企業集團——費里克斯公司（Phrix）於一九三八年在威登堡設立同名工廠，以麥稈取代木材作為原料。當年德國能取得的木漿資源有限，該公司成功的創舉讓人想起格林童話裡用麥稈織布的侏儒怪郎普斯金（Rumpelstiltskin），不啻是種宣傳妙招。在納粹政府的嚴密監督下，全球電影股份公司（Universum Film AG，簡稱UFA）還拍攝短片替該公司歌功頌德。至於義大利，則是為了生產嫘縈打造一座全新市鎮——多維斯科薩（Torviscosa）。一九三八年，工廠與城市落成啟用當天，墨索里尼特地親自到場，並安排未來主義詩人馬里內蒂（Filippo Tommaso Marinetti）親筆獻上一段頌詞：「讓鹼性纖維素與二硫化碳結合，在黃原酸鹽橙鐵銹色的溶液中水乳交融，在無畏地伸展於上下輪之間的輸送帶所發出的喜慶鼓鳴中，成為殘忍的血腥武器。」[5]

納粹不只渴望用麥稈製成的嫘縈實現紡織獨立，更希望利用嫘縈副產品所長出的酵母來生產可食用的替代性蛋白質。這種用酵母製成的假香腸被命名為「生物合成蔬食香腸」（Biosyn-Vegetabil-Wurst），在奧地利的毛特豪森（Mauthausen）集中營進行人體試驗，受試者出現嚴重的腸胃不良反應，數百人死於這種人造食品。

在美國，嫘縈則被譽為人類智慧的一大壯舉。一九二六年《美國科學人》雜誌記者寫道：「化學家正迅速掌控一切。」[6]她接著補充：

> 我們周遭到處都能看到他（化學家）的努力，讓這個世界成為更安全、理智、美好的生活所在。然而，又有多少人會停下腳步思考，我們能享受如此便利舒適的現代生活，化

學家的貢獻實在功不可沒。別的不說，就以其中一項成就——人造絲（現在稱為嫘縈）的生產為例，他在這方面確實戰勝了大自然。

同時，嫘縈也被譽為造福平民的成就。某份一九三六年的美國廣告文宣聲稱嫘縈「讓今日女性得以擁有幾年前還是少數人專屬的衣服。」[7]嫘縈（rayon）這個說法充滿現代感，之所以選用它是為了暗喻超現代化的氣體放射性元素「氡」（radon）[8]。英國作家阿道斯・赫胥黎（Aldous Huxley）在一九三二年出版的《美麗新世界》（*Brave New World*）中語帶諷刺地描述這種合成纖維新奇的普羅魅力：「他想起列寧娜，一個穿著玻璃瓶綠人造絲衣裳的天使，正值花樣年華的她，加上皮膚滋養霜的滋潤，顯得容光煥發。」[9]

早在第一次世界大戰開打前，嫘縈便造就出第一批真正的跨國企業。美國勞動改革家葛蕾絲・哈欽斯（Grace Hutchins）在一九二九年的《勞動與絲綢》（*Labor and Silk*）一書中指出，嫘縈產業是當時最著名的工業「卡特爾」（cartel）[10]。該書由支持共產黨的國際出版社（International Publishers）出版，書中以圓及虛線畫出複雜的網絡圖，呈現國際企業實體及其子公司之間盤根錯節的關係。哈欽斯表示，嫘縈工人的工時長、薪資低，組織工會的比率低於紡織製造業的整體統計。

一九三一年八月，哈佛大學經濟學者法蘭克·威廉·道希格（Frank William Taussig）與日後的美國財政部高層官員哈里·德克斯特·懷特（Harry Dexter White）共同發表《嫘縈與關稅：工業奇蹟的本質》（*Rayon and the Tariff: The Nature of an Industrial Prodigy*）研究報告，文中首創「雙占」（duopoly）一詞，意指市場被兩家獨大的業者壟斷，某種程度上也是用來形容嫘縈產業的本質。美國的兩大嫘縈製造商——杜邦（DuPont）及美國黏膠公司（American Viscose）——瓜分了整個市場，其中後者是英國紡織巨頭考陶爾德斯（Courtaulds）在美設立的子公司。

市場勢力集中在少數企業手上的現象不僅在美國顯而易見，全世界也是如此。一九三四年，維吉尼亞州霍普威爾市（Hopewell）發生大規模罷工，某間嫘縈絲廠的工人也群起響應，導致工廠被迫關閉並將機器運往巴西。早在一九三〇年，該工廠便與一間在巴西有業務的義大利公司合併。

企業一旦有勢，就能用錢買收政治影響力，或者說試圖收買。杜邦公司在一九三〇年代透過美國自由聯盟（American Liberty League）暗中資助「反動政治」（reactionary politics）活動，該組織以反對羅斯福新政為宗旨，透過宣傳手冊、廣播談話、公開演說等手法來詆毀羅斯福及其進步政策。

嫘縈是門賺錢的好生意，紡織業老闆個個過著相當闊綽的生活。一九三七年七月，《財星》（*Fortune*）雜誌刊出一篇關於美國人纖公司前總裁山繆・薩維吉（Samuel Salvage）的文章，他於退休後轉任該公司董事長。文中指出，他平常不是待在曼哈頓荷蘭雪梨飯店（Sherry Netherland hotel）的公寓或長島格蘭赫德（Glen Head）的鄉間別墅（他在那裡種了獲獎的鬱金香，並在一九二八年的大英帝國日招待一千五百名英國人），就是在長達一百五十英呎的私人遊艇「柯林二號」（Colleen II）上，以便趁著「週末來趟短程的出海之旅。」[11]

但對工人來說，他們並未因為嫘縈產業的蓬勃發展而受惠，反而蒙受其害。黏液纖維除了製作嫘縈，亦是賽璐玢（俗稱玻璃紙）的原料，兩者過程中皆須使用一種名為二硫化碳（carbon disulfide）的高度神經毒溶劑。作法是先將木質紙漿與燒鹼（氫氧化鈉）混合，接著加入二硫化碳。攪拌上述混合液，靜置，待其「熟成」後注入更多燒鹼，使其形成糖漿狀的物質，也就是「黏液纖維」。將此黏液原料透過細長的切口擠出，就成了薄膜狀的賽璐玢；透過噴嘴注入硫酸槽，則會形成細絲，紡成紗線後就是嫘縈。

早在一八五〇年代，人們便清楚知道二硫化碳具有劇烈毒性。儘管製造過程會導致工人普遍罹患嚴重且經常致命的疾病，嫘縈產業在幾乎整個二十世紀依然不斷擴張。因接觸而引起的二硫化碳中毒是種嚴重的病症，會導致患者發生急性精神錯亂。這種化學物質會破壞神經的感覺能力（包括視覺神經），進而誘發退化性的腦部病變。長期接觸少量的二硫化碳會造成更難以察覺的危害，在不知不覺間增加罹患心臟病及中風的風險。

從十九世紀到二十世紀，科學家致力研究二硫化碳並調查其對人體的影響，那些挺身替為了工作不得不接觸它的工人發聲、主張應維護勞工健康安全的倡議人士卻很難將研究結果用在保護工人的政策中。嫘縈本來有機會被譽為科學的勝利以及「戰勝自然的一大成就」，但科學家的發現要是會擋人財路，他們的忠告還有人肯聽嗎？

二硫化碳是由一位名叫威翰・奧古斯都・蘭帕迪斯（Wilhelm August Lampadius）的德國礦物兼冶金化學家於一七九六年首次合成。一八四〇年代，科學家發現這種化學合成物可以作為強效溶劑，很快就應用於冷硫化法（cold-process vulcanization）。硫化是天然橡膠加工的主要工序之一，少了這個過程，橡膠會變得太黏或太脆而無法用於大多數的商業用途。化學家發現，利用二硫化碳來溶解硫磺，再將橡膠浸入溶液中，可使其性質變得更加穩定，進而製成各種產品，包括浴帽、奶嘴、保險套及玩具球等。

使用冷硫化方式生產氣球及保險套的法國工人是最早一批二硫化碳中毒的受害者，所造成的嚴重影響包括（男性）性興奮後出現陽痿、眼睛不適、精神錯亂等症狀。暴露在二硫化碳中經常導致抑鬱、自殺、幻覺、憤怒及殺人衝動等一連串的精神問題。二硫化碳投入使用初期，人們尚未認清這種無形氣體恐對人體及腦部造成危害，遑論提出抗議，受害者往往不是被關進監獄或精神病院，就是不幸喪生。一八五〇年代，巴黎內科醫師奧古斯特·戴貝斯（Auguste Delpech）研究硫化工人暴露在二硫化碳環境中所產生的影響。報告中列出二十四名病例，皆出現類似梅毒末期的嚴重神經系統症狀，甚至有過之而無不及。第二十五名病患在接受檢查前就已經死亡：她精神錯亂的情況愈來愈嚴重，最後刻意吸入大量二硫化碳蒸氣窒息而死。

一八七〇年代，二硫化碳被當成農藥引進美國，主要用來對付破壞農作物的地鼠。不久之後，其足以致命的精神作用危害開始顯現。一八八二年，某位名叫阿洛伊斯·阿布雷希特（Alois Albrecht）的法國移民（至今仍被稱為加州文圖拉市〔Ventura〕的正直市民）走到鄰居家，指控對方企圖毒殺他及他兄弟，接著便開槍射殺對方。這名法國男子被帶到警長面前，聲稱他目睹鄰居手裡拿著毒藥，但這時警方去搜查死者屍體也沒用，因為他看到毒藥早就被魔鬼拿走了。後來才發現，他臥室隔壁的房間內有罐五十磅重的二硫化碳，罐子破了個小洞導致毒氣外洩，瀰漫整間木屋。儘管如此，時隔短短一年，一八八三年《洛杉磯時報》（*Los Angeles Times*）刊出一則廣告，向消費者保證「瑞德與佛斯特公司（Read and Foster's）的二硫化碳安全便宜又有效，任何時候使用都不會有危險……就算是小男孩也安全無虞。」[12]

一八八七年，在哈德遜河州立精神病院（Hudson River State Hospital for the Insane）接受治療的橡膠廠工人陸續出現精神錯亂症狀，醫師佛瑞德列克·彼得森（Frederick Peterson）對此產生興趣並開始展開研究。他是紐約哥倫比亞大學內外科學院神經學系（Nervous Department of the College of Physicians and Surgeons）的主任，調查後發現這些病患就是因為工作才會接觸到二硫化碳。他在發表於《波士頓醫學外科期刊》（*The Boston Medical and Surgical Journal*）（後來改名為《新英格蘭醫學期刊》〔*The New England Journal of Medicine*〕）的報告中明確指出，他在調查期間受到業界百般阻撓：

> 我延宕了好幾年才公布這些案例，因為我想或許還會聽到更多類似的事件，或是能從廠方或替員工看病的醫生身上獲得更多資訊。但令人驚訝的是，不管哪一間工廠，當主管單位被問及工人所處的工作環境是否有害健康時，態度竟然都遮遮掩掩，一問三不知。[13]

同時，硫化也為橡膠製品在日常生活中的應用開啟更廣闊的可能性，其中製造業界特別看好的就是服飾業。

服飾業商曾經有個夢想，希望能設計出一體成型的衣服和鞋子，或是用乳膠將兩者黏合在一起，省去縫製的麻煩。多虧有了二硫化碳，或許有望藉由橡膠省下製衣過程中成本最高的縫製工序。至於修補，「就只要在破損的地方貼上新的古塔波膠（gutta-percha，又稱馬來樹膠）就行了。」[14]法國數學家查爾斯・杜賓（Charles Dupin）看過一八五一年世界博覽會（The Great Exhibition）展出的橡膠製品後興致勃勃地寫道。橡膠可以製成絲線，生產出富有彈性的布料，化學家、機械工程師及工廠裁縫都夢想著有朝一日能大量生產固定尺寸的彈性衣物，讓不分體型的人都穿得下。一八四〇年代晚期以降，英、法、美等國業者開始販售仿製皮革的膠鞋，法國廣告商稱之為「灰姑娘的橡膠拖鞋。」[15]

橡膠衣最早在一八五〇年代問世時是種高級時尚。一八五八年，某位記者聲稱「在法國瑟堡（Cherbourg），所有美麗的巴黎及各國女性……有別於千篇一律的常見服飾，皆穿著輕柔時髦……仿蘇格蘭紋格紋及塔夫塔綢的橡膠衣。」[16]一八六二年，市場上出現價格親民的防水橡膠雨衣以及白色橡膠、紙張及塑膠材質的皮帶、衣領、袖口，讓貧窮的夥計和勞工階級在盛裝打扮時也能擁有長久以來備受推崇卻難以實現的純白「亞麻」造型（見第二章）。但到了十九世紀末，橡膠服飾已經明顯跳脫菁英定位，成為成衣業大眾化及規格化的象徵。橡膠、紙張、賽璐珞（合成塑膠）變成工業化生產的大眾成衣的象徵符號。在英法兩國，橡膠服裝有了「美國內衣」（linge américain）這個新的說法。在歐洲，「美國」成了民主、廉價及粗俗商品的代名詞。從一八八五年開始，橡膠鞋開始被稱為「美國鞋」，即使是歐洲製的也不例外。橡膠的應用雖然在鞋子衣物方面略有斬獲，但始終無法大規模推廣，成為主力。業者對於無法實現的橡膠夢或許大失所望，但他們很快就能目睹另一種新式布料——嫘縈——正式崛起。

利用二硫化碳製作嫘縈的工法始創於一八九二年，並於同年獲得專利。儘管同一時期已經研發出各種毋須仰賴這種化合物也能做出人造絲的製程雛形，二硫化碳仍因其獨特的能力而備受重視：它可以使纖維素液化而不改變基本的分子結構，同時也比其他方法來得更便宜有效。

隨著二硫化碳在嫘縈生產上的應用愈來愈有利可圖，憂心忡忡的毒物學家也開始研究它在這種新局面下對社會造成的重大危害。十九世紀後半葉，二硫化碳在歐洲醫學界受到廣泛關注。到了一九三〇年，一般認為中樞神經系統中毒引起的精神疾病肯定與二硫化碳中毒脫不了關係。一九三〇年代，義大利醫學論文則認為二硫化碳與帕金森症和精神疾病的成因有關。不過研究二硫化碳中毒醫學研究史的醫學教授保羅．大衛．布蘭克（Paul David Blanc）表示，科學研究遵循著「一種奇怪的模式，走的並不是一條直線的道路，而是幾乎不斷原地繞圈……每次新的加入者似乎都能發現同樣的老問題，於是又回到原點從頭開始研究。這就好像一種週期性的失憶症，所有已知的成果很快被人淡忘，或幾乎無人記得，導致知識必須重新建構。」[17]他指出，隨著二硫化碳在橡膠工業及黏液纖維新技術應用上的此消彼長，這一點更是不言可喻。

正當科學家奮力研究二硫化碳毒性並試圖掌握致病線索時，黏液纖維所開創的龐大市場誘因也為工人帶來嚴重的新風險。種棉讓勞動者的身體付出極大代價，同時造成土地的負擔；生產布料的機器往往會對工人造成傷害，然而隨著黏液纖維的興起，其製造過程本身更對人體造成難以察覺的無形危害。

保護勞工免於職災的措施發展於嫘縈興起時期，是當時為了爭取勞工權益而發起的廣泛訴求之一。在這場以爭取更高薪酬及更安全的工作條件為目標的抗爭中，嫘縈及其他紡織成衣工人扮演著核心的關鍵角色。

「我們工廠的衛生條件很好，但空氣中有種味道，女孩們聞了都會暈倒。」[18]美國格蘭茲多夫嫘縈絲廠（Glanzstoff rayon factory）檢驗部門的女員工艾妲・希頓（Ida Heaton）如此寫道，該廠位於田納西州伊莉莎白頓鎮（Elizabethton）。另一名員工克莉絲蒂・葛拉格（Christy Gallaher）透露：「就我所知，過去曾經發生一天多達二十七人昏倒的意外，每天大約會有六名女孩不支倒地（原文照登）。我還知道有幾個人暈倒後摔在水泥地上，傷勢相當嚴重。」

格蘭茲多夫工廠的員工就跟其他嫘縈工人一樣，並未組織工會。事實上，這也是格蘭茲多夫的老闆選擇在田納西建廠的原因之一。一九二〇年代，美國南方城鎮的民間人士及商界菁英以廉價的勞力為賣點，積極拉攏業者到當地設廠。到了三〇年代，嫘縈絲廠的分布以田納西州納什維爾（Nashville）郊區的老山胡桃鎮（Old Hickory）為起點，往東延伸至伊莉莎白頓，再一路北折，沿途涵蓋西維吉尼亞州的帕克斯堡（Parkersburg）、維吉尼亞州的科文頓（Covington）、羅諾克（Roanoke）、里奇蒙（Richmond），接著進入賓州，行經路易斯頓（Lewiston），最後來到最東邊的馬庫斯胡克鎮（Marcus Hook），形成狹長的生產地帶。

工廠設在南方有兩項明顯的優勢。首先，北方紡織廠多以生產羊毛及棉布為主，若要改成嫘縈加工，就必須翻新設備，而南方工廠則是在興建之初就是以生產嫘縈為目的。其次，北方紡織廠組織工會的風氣愈來愈盛，導致業者紛紛從工資較高、工會化程度高的新英格蘭及更遠的地區南遷。一九二五年，田納西州東北隅卡特郡（Carter County）、人口僅有二千七百四十九人的伊莉莎白頓小鎮，吸引來自德國的企業巨擘、歐洲嫘縈龍頭之一——賓霸（J.P. Bemberg）公司在市郊設廠。翌年，美國賓霸公司（American Bemberg Corporation）[19]設立，另一家業者——美國格蘭茲多夫工廠——亦於一九二八年開始投入生產。該公司人事經理賈德納（J. R. Gardner）在他針對該地區進行的勞工調查中寫道，對賓霸公司而言，美東阿帕拉契山脈地區的勞工應該是安全的好選擇，因為他們迫切想要工作，不會受到作風激進的歐洲工會影響。

> 我們認為僱用本地勞工能大大降低罷工及勞權糾紛的風險。這些人基本上對工會或勞

工組織毫無概念，他們相當珍惜穩定的工作和升遷機會，並且死心塌地，絕不輕易轉行。[20]

但賈德納錯了：即使以南方紡織業的標準來看，縲縈絲廠的工時仍嫌過長，薪資又低。有位名叫芙蘿西・科爾（Flossie Cole）的女工，第一週上工就長達五十六小時，卻只賺到八塊一毛六，相當於現在的一百二十美元[21]。如此嚴苛的待遇，加上危險的工作環境（包括紡紗間裡導致不少作業人員昏厥的不明煙霧），讓工人們開始關注北方歷經無數工會抗爭所造就的影響[22]。

一九一二年，麻塞諸塞州勞倫斯市（Lawrence）發生大規模的「麵包與玫瑰罷工事件」（Bread and Roses Strike），震撼當地。[23]在國際勞工組織（International Workers of the World，簡稱IWW）帶頭之下，來自五十一國的紡織廠移民女工聯合起來抗爭，經過數個月的苦鬥，終於成功爭取到百分之十五的加薪。該事件影響到新英格蘭地區的紡織業者，擔心工人群起效尤發起類似程度的罷工，而主動提高薪資。因此這場罷工造福了總計三十萬名的勞工獲得加薪。一九二六年，紐澤西州巴賽克市（Passaic）也發生大規模的紡織廠罷工。

伊莉莎白頓的紡織廠設立不到五年，當地工人採取強硬立場，拒絕向低薪與廠方不合理的「加速」生產策略（即增加工人的生產配額，但工資不變，有時甚至更少）低頭。一九二七至二八年間，他們在未經工會同意的情況下擅自發起多場野貓罷工（wildcat strike），並在美國紡織工人聯合工會（United Textile Workers Union of America）[24]支持下，於一九二九年發起聯合罷工。

這些事件受到新聞媒體的廣泛關注，女工會同盟（The Women's Trade Union League，簡稱WTUL）立即派出代表瑪蒂達・琳賽（Matilda Lindsay）前往報導，該組織係由一群移民安置工作者——包括著名社會運動人士珍・亞當斯（Jane Addams）——於一九〇三年美國勞工聯盟（American Federation of Labor，簡稱AFL）在波士頓會後聯手成立，該聯盟在會議上明確表示無意納入女性成為會員。琳賽在一九二九年四月號的女工會同盟《生活與勞動公報》（*Life and Labor Bulletin*）中似乎相當強調這些罷工者都是百分之百土生土長的本國人。「這兩間紡織廠將近有五千名員工是在地人，全都是美國人，其中大多數是婦女和年輕女孩。」[25]事情的發展似乎沒那麼糟，反而樂觀可期：琳賽指出，在當地警長及田納西州國民警衛隊博伊德將軍的支持下，雙方已達成初步協議。從紀錄片可以看到罷工者的隊伍井然有序，由男性打頭陣，不是打領帶就是穿著熨燙過的白襯衫再套上工作服；女性緊跟在後，個個身穿連衣裙，留著旁分的鮑伯髮型，頭戴鐘型帽，腳踩高跟鞋——這是她們的盛裝打扮，最前端的領隊則身披美國國旗。

然而事態卻急轉直下，勞資雙方衝突愈演愈烈。原本兩間發動罷工的工廠係由亞瑟・法蘭茲・菲力克斯・莫特沃夫（Dr.Arthur Franz Felix Mothwurf）博士這位德國有機化學專家一手管理。七月號的《生活與勞動公報》指出[26]，莫特沃夫違背協議，將所有工會領導人列入黑名單。此舉再度引發罷工，當局出動國民兵維護治安，在路上及工廠屋頂架設機關槍，隨後進行大規模逮捕。

從伊莉莎白頓開始的工廠騷亂蔓延到卡羅萊納州皮德蒙特（Piedmont）各地的紡織城鎮。誠如《時代》雜誌在一九二九年四月十五日刊出一篇題為《蠢蠢欲動的南方》的報導所言：「上週，紡織廠的罷工潮如掃帚起火般一發不可收拾，燒遍南方的工業地帶……各地的起因雖然沒有直接關聯，卻無一不顯示出發展如火如荼的南方將出現更大規模的騷動。」[27]

與十年前相比，一九二〇年代是美國勞工運動相對平靜的時期。一九一四到一九二〇年間，平均每年發生三千多起罷工事件[28]；一九一九年創下二十世紀最高紀錄，有四百多萬人參與，相當於二成一的勞動人口走上街頭抗爭。相較之下，一九二八年僅發生六百零四起，為一八八四年以來最少；一九二九年則只有九百起，動員二十八萬九千人，僅占勞動人口的百分之一點二。一九一〇年代晚期，當局採取激烈強硬的反工會手段，例如一九一九年的帕爾默搜捕（見第八章），有效發揮鎮壓罷工的作用。工資調漲的趨勢也是如此。一九一四至一九二九年間，工人的平均薪資提高了將近四成；同一時期，廣告文案寫手伍沃德認為當時的多數女性只敢在衣服的線條上作文章，卻沒有勇氣對生活做出更深刻的改變。然而這段相對平靜的期間內也發生了兩件大事，包括一九二二年的鐵路大罷工，以及南方紡織工人的罷工。

南方紡織工人的勞動條件在第一次世界大戰後不斷惡化，引發各地嚴重的不滿情緒。戰爭期間政府採購軍服、帳篷、軍需物資的國防訂單為南方的工廠城鎮帶來繁榮，不僅工資提高，工作機會也變多，成為戰爭年代的特殊現象。隨著戰時經濟的熱潮褪去，整個一九二〇年代，生產過剩導致紡織業者採取「延長工作制」（stretch-out）[29]，增加每名工人所須操作的織機數量[30]並縮短休息時間，按件計酬並加派人手監督以防工人放慢速度或交談。在此管理模式之下，工人的工作量加倍，工資卻不增反減。不出所料，這種作法備受各界詬病。

一九二九年春，共產黨旗下紐約全國紡織工會（National Textile Workers' Union，簡稱NTWU）的兩位工會組織者——佛瑞德．畢爾（Fred Beal）及艾倫．道森（Ellen Dawson）——透過報導得知北卡羅萊納州加斯托尼亞市（Gastonia）的洛雷紡織廠（Loray Mill）採取嚴苛的延長工作制，且素以環境惡劣危險聞名，決定前往當地一探究竟。兩人抵達後發現該廠工人群情激憤，幾乎毋須多加勸說就已經準備採取激進的抗爭手段。全國紡織工會於加斯托尼亞召開首場公開會議的兩天後[31]，洛雷紡織廠的一千八百名工人正式發起罷工，提出多項訴求，包括每週工作四十小時、週薪不得低於二十美元、承認工會、廢除延長工作制等。從田納西州伊莉莎白頓的嫘縈絲廠開始不過才兩週半，南方紡織工人罷工的火苗已經蔓燒成一片燎原野火。

短短四十八小時內，北卡羅萊納州州長麥克斯・賈德納（Max Gardner）派出五支國民兵部隊對抗手無寸鐵的罷工人士，其中大多是十幾歲的年輕女孩及母親。賈德納自己在鄰近的克里夫蘭郡（Cleveland County）擁有一家紡織廠，當然不會支持這項罷工行動。某個自稱「加斯頓郡民」（Citizens of Gaston County）的團體花錢在當地《加斯托尼亞日報》（*Gastonia Daily Gazette*）刊登全版廣告，宣稱「全國紡織工會希望推翻資本、商業及所有既定的社會秩序……沒有膚色界限，信仰自由戀愛——主張摧毀南方及美國人所認為神聖的一切。」[32]諸如此類的說法激怒了一般民眾，也組成武裝民兵加入戰局，例如有個名為「百人委員會」（Committee of One Hundred）的義警團體，成員多為工廠業者及民間頭人，在部分州軍隊奉賈德納之命撤離時主動進駐罷工區域協助巡邏。

隨著衝突愈演愈烈，顯然罷工群眾與工會組織者要對抗的不只是雇主，而是企業主、民間領袖、地方執法單位、媒體、國民兵的聯合力量，以及法外暴力的恐懼。工人被趕出工廠宿舍後以帳篷為家，廠方找來數幫暴徒，每晚到他們所聚居的「帳篷城市」（tent city）滋事作亂，破壞工會財產、毆打劫持工會組織者，並恐嚇三百名堅持到底的罷工者及其家人。

面對這種令人難以置信的暴力襲擊，工人唯一擁有的強力武器就是歌曲的力量。「根據過往經驗，我很清楚大家如果在罷工人牆中唱對了歌曲，會產生多麼重大的意義。」[33]畢爾寫道。

「這些人沒聽過工會的罷工歌曲，為此我繕打了幾份〈團結〉（Solidarity）的歌詞，教他們用〈光榮的哈利路亞！〉（Glory, Glory Hallelujah）的旋律來唱。不久，加斯托尼亞的罷工者開始自己寫歌。黛西・麥可唐納（Daisy McDonald）在洛雷紡織廠當紡紗工，只能靠僅僅十二塊九毛美金的工資來養活七個孩子與患有肺結核的丈夫。她寫了一首由九個小節組成的歌曲，記錄了這次罷工的主要事件。另有位名叫歐德爾・柯力（Odell Corley）的十一歲替班小工，則改編民歌〈在老斯莫基山頂上〉（On Top of Old Smoky），將原來歌詞裡不忠的愛人換成貪婪的資本家：

老闆會害你餓死，
說著一個又一個的謊，
多過鐵道枕木，
多過天上繁星。34

在加斯托尼亞的工運女歌手中，沒有人像艾拉梅・威金斯（Ella May Wiggins）創作如此多產。一九二九年四月至九月這段期間她至少寫了二十一首歌來不斷鼓舞罷工者，為他們加薪添火。這些作品包括〈大胖子老闆和他的工人〉（The Big Fat Boss and the Workers）、〈兩個小小罷工者〉（Two Little Strikers）、〈快來加入I.L.D.〉[35]（Come and Join the I.L.D.）等，都是借用她小時候在卡羅萊納西部藍嶺山脈（Blue Ridge Mountains）學到的山歌旋律譜寫而成。畢爾後來寫道：

> 每晚，我們罷工者的吟遊詩人艾拉梅都會寫出新歌。她站在某個角落，嚼著煙草或吸鼻煙，為寫在工會傳單背面的新詩譜曲。突然間，有人叫她唱歌，其他人也紛紛出聲附和。[36]

工運組織者維拉・巴哈（Vera Buch）後來回憶起她唱歌時的情景：「她一開口，那張憔悴枯瘦的臉龐就隨著歌聲而容光煥發起來，淡褐色的雙眼閃爍著光芒。那一刻的她異常美麗。」[37]艾拉梅不僅唱歌，她還公開演說。透過這兩種方式，她以母親的身分發聲[38]。在某次演講中，她坦言以她的工資根本不可能讓一家大小溫飽。「我一個星期的收入從來沒超過九塊，根本不夠養家活口。」[39]她對台下聽眾說。

> 我生了九個孩子，其中四個死於百日咳。我晚上得工作，拜託監工把我排在白天，這樣

孩子發病時我才能在身邊照料他們，但他不肯……我不得不辭職，但家裡沒錢看病，他們就這樣死了。光靠我微薄的薪水，我沒辦法像妳們一樣為孩子做任何事，所以我才會站在這裡替工會挺身而出，也正因為如此，我們都應該站出來聲援工會，這樣才能讓孩子過上更好的生活，不用像我們活得如此悲慘。

像艾拉梅這樣的母親與十幾歲的年輕女工集結起來，站上公開抗議的第一線，組成人牆與警察及國民兵正面對峙。「有名婦女一手抱著嬰兒，另一手拿著大木棍。」[40]《夏洛特觀察報》（*Charlotte Observer*）特派記者在某次衝突場面如此寫道。

艾拉梅最膾炙人口的工運歌曲是〈工廠女工的母親哀歌〉（*Mill Mother's Lament*），唱出了只有在工廠工作的為人母者才能體會的心酸：

我們一早離家，
輕吻孩子道別，
我們為老闆賣命，
放孩子在家哭鬧。

我們領錢，
買完了菜，
就再也沒錢買衣，
連半毛錢都存不了。[41]

艾拉梅從小在藍嶺山脈的伐木場長大，以各式各樣的改裝棚車為家，過著居無定所的生活。一九一〇年後，木材公司引進機械伐木[42]，加上冠軍纖維公司（Champion Fiber Company）及其他木漿廠為了供應新興的嫘縈絲廠而前來開採，就連最細小的樹木也有市場，導致整座山林被砍伐一空，任其荒蕪。河床及土地——包括過去適合耕種的河邊窪地——的再生能力也遭到破壞。到了一九一九年，阿帕拉契山脈的硬木資源逐漸短缺。艾拉梅的父親詹姆斯梅在北卡羅萊納州安德魯斯（Andrews）附近替冠軍纖維公司伐木時，不幸被木材壓死。二〇年代初，北卡羅萊納西部的伐木產業瓦解後，成千上萬的山上人家為了找工作，紛紛移入逐漸邁向工業化的皮德蒙特謀生，威金斯一家就是其中之一。艾拉梅十四歲時就嫁給她的先生約翰・威金斯（John Wiggins），但在一九二六年左右，這名伐木工人竟拋棄了全家，留下艾拉梅獨力撫養九個孩子。

工會勢力來到加斯托尼亞時，艾拉梅正在某間輪胎簾布工廠當女工。她抱著豁出去的勇氣，義無反顧全心投入這場抗爭。她發放救濟物資、加入委員會，並協助被監禁的罷工者抗辯。巴哈回憶說，她的「記帳本既工整又正確」[43]，對此她相當自豪。艾拉梅不住公司宿舍，而是選擇位於城外有「樹墩鎮」（Stumptown）之稱的非裔美國人小村莊的農舍。即使面對工會內部的種族偏見，她仍主張應該不分膚色，將黑人及白人勞工一起組織起來。最後在勢均力敵的投票表決中，她所屬的地方工會分部決定讓非裔美國人加入。

五月，艾拉梅與十一名罷工者組團前往華盛頓，向負責調查南方工廠勞動條件的美國參議院委員會作證。然而，就在她上場之前，委員會突然喊停。儘管如此，她仍然躍上全國的新聞版面：她在美國國會大廈的走廊偶遇北卡羅萊納州的資淺參議員李．斯萊特．歐弗曼（Lee Slater Overman），當面向他陳情自己面臨的困境：工資太低，買不起像樣的衣服讓孩子穿去上學。

但艾拉梅最為人熟知的還是她的抗議歌曲，也因此讓她成為眾矢之的。「工廠老闆們都討厭艾拉梅[44]，因為她寫出這些歌。」某位罷工者說。一九二九年九月十四日，她搭著載滿罷工者的卡車前往南加斯托尼亞（South Gastonia）參加工會集會，竟被一夥武裝暴徒開槍射中胸部，當時她肚子裡還懷著第十個孩子。艾拉梅遇刺身亡不久，加斯托尼亞的罷工即隨之瓦解。

一九三〇年三月六日，法院無視五十多名目擊者的證詞，在短短三十分鐘的審議後，當庭宣判因謀殺她而遭起訴的五名洛雷紡織廠員工無罪。「我們早就知道沒有人會受到法律制裁，」

畢爾後來寫道。「在南方，殺死一個紡織廠工人不算犯罪。」[45]艾拉梅雖然離世，但她的歌曲始終傳唱不輟。〈工廠女工的母親哀歌〉[46]後來被民謠歌手彼得・席格（Pete Seeger）錄成唱片，聲稱他自己寫歌都是受到艾拉梅的啟發；伍迪・蓋瑟瑞（Woody Guthrie）也深受影響。艾拉梅的故事及罷工相關事件[47]成為後來六本小說的靈感來源，包括一九三〇年瑪莉・希頓・沃爾斯（Mary Heaton Vorse）的《*Strike!*》、一九三二年葛瑞絲・朗普金（Grace Lumpkin）的《*To Make My Bread*》、桃樂斯・瑪拉・佩吉（Dorothy Myra Page）的《*Gathering Storm: A Story of the Black Belt*》、菲爾丁・柏克（Fielding Burke）的《*Call Home the Heart*》、薛伍德・安德生（Sherwood Anderson）的《*Beyond Desire*》以及一九三四年威廉・羅林斯（William Rollins）的《*The Shadow Before*》。

可悲的是，儘管洛雷紡織廠的罷工事件催生出無數動人的詩歌與故事，卻始終未能逼迫廠方做出任何妥協讓步。

※　※　※

就在加斯托尼亞罷工尚未瓦解、整個美國南方的紡織工人仍堅守陣線對抗惡劣的工廠業者之際，北方的螺縈絲廠正展開一場另類的戰鬥。那年，一位名叫艾莉絲・漢米爾頓（Alice

Hamilton）的工業毒理學家，數十年來只在科學期刊及政府報告中發表研究成果，卻找上大眾媒體公開她的發現，希望讓世人關注這件事的急迫性。她在《哈潑》雜誌（*Harper's*）上刊登文章，譴責一般工業製程在使用有害化學物時，往往未先測試安全暴露限值。套用她的說法，在這種情況下無疑是「把工人當成實驗動物。」[48]

漢米爾頓博士出生於一八六九年，是二十世紀初美國研究二硫化碳毒性的權威專家。一九一五年，她在寫給聯邦勞工統計局（Federal Bureau of Labor Statistics）的〈橡膠工業使用的工業毒物〉（Industrial Poisons Used in the Rubber Industry）報告中，用了整整六頁的篇幅來介紹二硫化碳。早在一九一五年，這份報告便預先指出「精神病院是否早就收治過二硫化碳中毒引起的病患卻沒發現，這當然是有可能的，因為這些發病的橡膠工人從所在城鎮被送來的時候，院方根本沒有調查他們的確切職業以及任何可能致病的工業汙染源。」[49]

二硫化碳中毒誤診實際上在美國及國外都很常見。一九一五年，義大利嫘縈絲廠爆發大批工人罹患神經疾病，當時有些醫師診斷為「集體歇斯底里」。但漢米爾頓從她自己的經驗知道，這些病患有時受限於病情，本身並無法提供充足線索好讓醫生發現病因與化學藥劑有關。就在同一年，某位來自匈牙利的橡膠工人就醫時堅決否認自己的職業。漢米爾頓指出，醫生問及該名病患的工作內容，對方「語無倫次，不斷說他在河邊伐木，完全不肯相信自己曾經待過橡膠工廠。」[50]當時她正在研究二硫化碳，發現病患礙於男性尊嚴，也會影響他透露罹患精神疾病的意願。她在一九二四年的案例報告中指出：

> 他不想談論自身症狀，只希望別人不要打擾他，後來才百般不願地坦承他的心情一直很低落，而且一旦入睡就很難叫醒。但他太太卻表示他整晚跳上跳下、不時痙攣抽搐，老是昏昏欲睡，後來還說自己遇上一些怪事，例如當他定睛看著溫度計時，它彷彿準備跳下牆壁，朝他走來。[51]

一九三五年，漢米爾頓率先展開迄今企圖心最宏大的二硫化碳研究。她從一九二〇年起任教於賓州布林莫爾學院（Bryn Mawr College），在卡蘿拉．沃里斯霍夫社會經濟與社會研究之研究生部（Carola Woerishoffer Graduate Department of Social Economy and Social Research）擔任工業毒物的特別講師。該系所堪稱社會運動的大本營，匯聚了許多觀念進步且由女性主導、旨在改善勞工勞動條件的行動，包括女工會同盟、基督教青年會（ＹＭＣＡ）工業部門、全國消費者聯盟（National Consumers League）以及勞工暑期學校（Summer Schools for Labor）等諸多組織團體皆與之有所連繫。創系主任蘇珊．金斯伯里（Susan Kingsbury）在二月時致信布林莫爾學院院長，請求聘任醫學博士阿黛爾・柯恩（Adele Cohn）擔任研究助理一職，負責進行「賓州東部工業疾病調查」[52]。在北方各州中，嫘縈生產主要集中在賓州。這項研究案將由漢米爾頓負責監督。

一九三五年春，柯恩在金斯伯里博士三名研究生的協助下，花了三個月的時間追蹤工會轉介的病例。當地醫院紀錄中查無已知的二硫化碳中毒病例，因為一般醫生通常診斷不出來。某次拜訪郡書記官時，柯恩找到另一項關鍵的資訊來源。她指出，該書記官寫道：「不知為何，自從嫘縈絲廠來了之後，本郡的精神病患增加不少。」[53]

漢米爾頓決定擴大研究範圍。一九三七年，她獲得美國勞工部（U.S. Department of Labor）的支持，以賓州為起點，針對各州的黏液纖維產業進行調查評估。她組建了一支陣容堅強的研究團隊。在實地作業上，擁有工業衛生師及職業健康專家雙重身分的莉莉安・爾斯金（Lillian Erskine）成為她仰賴的左右手。她是勞工標準部（Division of Labor Standards）的特別調查員，被派往賓州負責這項工作。

儘管布林莫爾學院的跨州研究因雇主公開反對而無法透過廠方直接找到嫘縈工人，他們依然想出了解決方法。研究團隊以口耳相傳的方式招募受訪者，利用問卷進行訪談。接著工人們被帶離現場，到另一個地點接受醫療小組檢查。他們必須使用賓州勞工及工業部（Pennsylvania's secretary of labor and industry）部長雷夫・巴歇爾（Ralph Bashore）辦公室提供的祕密公務車來接送。受訪的工人共計一百五十九名，分別來自兩間工廠，其中一百二十人當場接受檢查。結果相當令人震驚：七成五的受訪者表示情緒或性格出現轉變，三成的人產生幻覺，約三分之一的人性欲減退，一成的人覺得遭受迫害。現場體檢發現四分之三的工人有周邊神經損傷的跡象，幾乎同樣比例的人精神鑑定結果顯示異常，七分之一的工人出現帕金森氏症徵狀。整體而言，四分之一的工人確定患有嚴重的二硫化碳中毒相關疾病。

即使遭逢重重阻力，爾斯金及漢米爾頓的研究還是於一九三八年順利在《美國醫學會雜誌》（*The Journal of the American Medical Association*）上發表。爾斯金在報告中強調，把這些精神病患送入醫療機構將使納稅人付出鉅額的社會成本：精神病院收治的大量病患「在在證明為了工業生產而接觸二硫化碳……是導致賓州納稅人（在醫療照護方面）直接費用增加的原因。」[54，55]

儘管這份研究報告言之鑿鑿，當時（一九三九年）尚未成立任何處理二硫化碳暴露的執法機構，要再等上三十年，美國才正式成立職業安全和健康管理局（Occupational Safety and Health Administration，簡稱ＯＳＨＡ）。

漢米爾頓的證明確實對美國標準協會（American Standards Association）後來提出的建議產生了些許影響。該協會在一九三九年六月的有毒粉塵及氣體濃度許可標準委員會議（Sectional

Committee on Standard Allowable Concentrations of Toxic Dusts and Gases）上表決通過，將二硫化碳暴露的標準值設為百萬分之二十（20 ppm），比美國黏膠公司顧問菲利普·德林克（Philip Drinker）建議的百萬分之三十低了許多，但還是遠遠高於漢米爾頓的建議，根本無法保障工人的安全[56]。最令人忿忿不平的是，就算具體的科學知識清楚擺在眼前，還是無法解決任何問題。

紡織工在爭取工會的過程中遭遇了難以跨越的阻礙；保障嫘縈工人職場安全、不受毒害威脅的抗爭也毫無進展，但成衣製造業的勞權反而大有斬獲，取得空前的勝利。

不像美國的紡織業最早發軔於新英格蘭地區，接著才傳到南方，成衣製造業自從縫紉機問世以來，主要的發展就一直集中在紐約市。

一九〇〇年代初期，美國湧入一波來自俄國柵欄區（Russian Pale）[57]的猶太移民潮，大批十幾歲的年輕女孩來到下東城（Lower East Side），她們身上有種強大而獨特的特質，雖然被迫進入血汗工廠，卻渴望接受教育，並相當熱衷馬克思主義。她們在俄國時接觸到馬克思，「當時每卷《塔木德經》（*Talmud*）背後都夾帶著馬克思的著作」[58]有些歷史學家以米爾德·摩爾（Mildred Moore）於一九一五年自創的「工業女權主義者」（industrial feminist）一詞來稱呼克拉拉·列姆利希（Clara Lemlich）、寶琳·紐曼（Pauline Newman）、蘿莎·施奈德曼（Rose Schneiderman）這類女性勞權人士，但我個人還是喜歡把她們稱為勞碌的讀書人，深受其求知若渴，勤勉自學的態度感動。

引燃一九〇九年大規模成衣女工抗議風潮的克拉拉·列姆利希於一八八六年出生在烏克蘭哥羅多克村（Gorodok）。出身猶太家庭的她，因為是女性，無法接受正規的宗教教育、習讀相關書籍；加上當時身處俄羅斯帝國，礙於猶太人身分，也被村內僅有的公立學校拒於門外。為此，她的父母禁止在家講俄語以示抗議，但列姆利希還是認識了一些非猶太裔的農家小孩，跟著他們學會俄國民謠，再教給年紀較長的猶太女孩。這些姊姊們則教她俄文，並借她托爾斯泰、高爾基和屠格涅夫的書作為回報。當她已經看到無書可看之後，便開始替人縫襯衫鈕扣，並且用意第緒語幫不識字的母親們寫家書，寄給在美國的孩子，藉此賺錢買書。她把書藏在廚房用煎肉的鍋子蓋起來，每次只要父親發現，就會把這些藏書通通燒掉，她就只能重新收集。她十六歲那一年，俄國發生基什尼奧夫（Kishinev）集體屠殺猶太人事件，促使他們舉家從烏克蘭移民到美國紐約下東城。

列姆利希來到美國，希望能在公立學校體系中找回她在俄國被剝奪的正規教育權利，然而礙於家計，她不得不到血汗成衣工廠當縫紉女工，使她感到相當失望。

但她因而在工廠裡結識志同道合的女工，合力促成了成衣業的勞動生態改革。她們白天在血汗工廠辛苦賣命，到了晚上則將下東城地區的成衣女工組織起來，推動激進的勞權理論，要求享有「接近藝術的權利」。工業女權主義高呼應該讓工人也有接受教育與文化薰陶的機會，誠如施奈德曼所言：「勞動的女性想要的是生活的權利，而不只是生存——就像富家女有權享受生活，親近陽光、音樂及藝術……工人不能沒有麵包，但同樣需要玫瑰。」[59]

一九〇九年十一月二十二日，紐約庫珀聯盟學院（The Cooper Union）大禮堂擠滿了圍觀群眾。不久前的九月底，三角女襯衫工廠（Triangle Shirtwaist Factory）的三百名女工發起罷工，每天頂著嚴寒死守糾察線[60]。根據工運人士的說法，警察轉過身去，收下塞在雪茄盒裡的百元大鈔，就放任廠方派去的惡徒對罷工群眾胡亂施暴。這三百多名義大利及猶太裔年輕女工一反原先工會成員認為女性及移工不可能被組織起來的想法，發起井然有序的罷工運動，至今已經持續了好幾週。如今紐約數以千計的女襯衫店員工也正打算起而效尤。

在座無虛席的講堂裡，美國知名勞工領袖山謬．岡珀斯（Samuel Gompers）剛結束演說[61]，主持人正準備介紹下一位講者上台，這時有位纖瘦的年輕女孩站了起來，請求讓她公開發言，她前陣子才剛參與三角工廠罷工，並在糾察線上遭人毆打。獲得允許後，這名女孩——也就是列姆利希——站上講台，疾聲要求大家進行投票表決，核准她們發起總罷工。表決結果通過，兩萬名成衣工人正式走上街頭，為自己的權益發聲。

在這場她一手促成的罷工期間，列姆利希被公司警衛及警察的棍棒打斷了六根肋骨並逮捕十七次。最後，有「貂皮大隊」（Mink Brigades）之稱的生力軍——一群專程前往市中心加入罷工行列，聲援縫紉女工的貴婦名媛——來到華盛頓廣場公園，讓外界開始關注公園裡每天發生的暴行，進而扭轉了輿論風向。一九一〇年二月罷工落幕，幾乎所有工廠都與工會簽訂了合約，唯獨三角襯衣公司除外。成立於一九〇〇年的國際女裝服飾工會（International Ladies Garment Workers' Union，簡稱ＩＬＧＷＵ）本來乏人問津，會員人數始終不見起色，這時規模及勢力開始呈現爆炸性成長。兩年後，三角襯衣工廠突然發生火災，造成一百四十六名工人喪生。這場意外為反血汗工廠的勞權抗爭迎來了全新的勝利時代。

三角大火過後三個月，紐約州長在工運人士的施壓下成立專責委員會，調查全州的工廠，並於翌年推動該州勞動法的修法。主導該委員會的兩大要角法蘭西斯·柏金絲（Frances Perkings）及羅伯特·華格納（Robert Wagner）後來透過羅斯福新政推動制定《全國勞動關係法》（National Labor Relations Act，又名為華格納法），建立了美國最全面性的勞工保障制度，保證聯邦政府有義務保障勞工組織工會的權利。然而影響更大的是國際女裝服飾工會所取得的成就。

三角工廠意外發生後，國際女裝服飾工會的規模與地位因之水漲船高。[62]該組織主張工廠勞動環境的責任歸屬於設計、採購、銷售小型工廠生產之成衣的業者，而這些工廠必須與工會訂立協定，僅能僱用該工會之會員，作為保障勞工權益的策略。到了一九三五年，全美約有七成的服裝女工都是由國際女裝服飾工會擔任代表；一九四〇年代末，服裝產業的週薪高達整體製造業的將近八成五。該工會與美國成衣業工人工會（Amalgamated Clothing Workers of America）數十年來的努力，終於在二戰後的經濟繁榮期開花結果。到了一九五〇年代，紐約、紐澤西、賓州等地與新政及民主黨關係密切的服裝工會組織勢力遍及整個東岸。

國際女裝服飾工會實現了早期理論派的烏托邦願景，在賓州波科諾（Poconos）替會員打造了一座度假村，設有進修部，提供經濟學、歷史、文學、哲學和工會領導技巧等課程[63]；工會成員也能帶家人到健康中心看病就醫。該度假村提供勞工親近藝術、戲劇、音樂及運動的機會。

國際女裝服飾工會透過文化武器對外宣傳思想，獲取大眾對勞權運動的支持，同時也讓工人有機會接觸高級文化。《時代》雜誌一九四九年六月報導，該工會在紐約ＷＦＤＲ廣播電台（在洛杉磯及查塔努加亦設有分站）的開台節目上，播放「威爾第歌劇的詠嘆調及紀念羅斯福的民歌」[64]。一九三七至一九四〇年間，由工會成員擔綱演出的音樂劇《銀線與金針》（Pins and Needles）[65]至今仍是百老匯最歷久不衰的作品之一。透過〈給我唱首有社會意義的歌〉（Sing Me a Song With Social Significance）、〈跟著有工會的人比較好〉（It's Better With a Union Man）等歌曲，這部音樂劇描繪一群年輕人所身處的世界，他們對政治有所覺知，也對愛情充滿憧憬。其中有首歌是這樣唱的：「你準備好接受今天的教訓了嗎？準備好聆聽歷史現身說法了嗎？」緊接著是大合唱，依序由湯瑪斯・潘恩（Thomas Paine）、喬治・華盛頓、保羅・李維爾〈Paul Revere〉等歷史人物開口，最後是成衣工人：

> 在自由的道路上不能停滯不前，
> 若不前進就是倒退。[66]

就在國際女裝服飾工會在美國北方開始取得具體斬獲的同時，南方紡織工人爭取組織工會的勞權抗鬥才正要緊鑼密鼓展開。一九二九年的罷工雖然導致艾拉梅不幸身亡，但並未使南方成立紡織工會的希望破滅，反而為另一場更浩大的罷工奠定了基礎。

一九三四年九月一日，美國史上最大規模、在所有行業中亦數一數二的紡織工人罷工正式揭開序幕。在美國聯合服裝工會（United Textile Workers of America）領軍下，從新罕布什爾州到密西西比州總共號召了將近五十萬人投入，光是南卡羅來納就有四萬三千人參加。一九三三年，在羅斯福總統執政的第九十九天，國會通過《全國工業復興法案》（National Industrial Recovery Act），勞工們將之解讀為爭取工會組織權的勝利。南卡羅來納州的工人在糾察線上高舉標語，上面寫著：「羅斯福，我們最偉大的領袖。」[67]

九月六日，南卡羅來納州格林威爾（Greenville）南部的霍尼佩斯（Honea Path）鎮上，約有三百人站在奇科拉紡織廠（Chiquola Mill）外等待哨音響起，該州三分之二的紡織廠皆因罷工而暫時關閉。隔街與這群罷工人士對峙的是鎮民代表及反工會的工廠工人，他們全副武裝，手持獵槍、步槍及手槍。紡織廠負責人丹・畢勤（Dan Beacham）[68]（同時兼任鎮長及法官），則在四層樓高的廠房屋頂架設了一座一次世界大戰時期的機關槍。哨聲一響起，罷工者立刻上前堵住工廠大門，反罷工人士往前衝，兩方人馬衝突一觸即發，隨即引發槍戰：先是手槍，接著是機關槍。槍戰持續了三分鐘，造成七名罷工者喪生[69]，大多是在逃離時背部中彈而死；另有數十人受傷。這場罷工很快就宣告瓦解。

針對南方這場大規模罷工，羅斯福總統任命的調解小組只能做出薄弱的結論：紡織工人的不滿必須進一步研究商討，並敦促成立「紡織勞動關係委員會」（Textile Labor Relations Board）來聽取工人的申訴，最後還不痛不癢地建議雇主別歧視罷工者。事後，羅斯福公開支持調解小組的調查結果[70]，並於一九三四年九月底親自向罷工者喊話，希望他們回到工作崗位，同時呼籲業者接受調解小組的建議。美國聯合服裝工會宣布罷工勝利，並舉行多場遊行作為慶祝抗爭結束。

雖然罷工順利畫下句點，但結果卻澈底失敗。紡織廠業者拒絕承認工會，也不願滿足勞方任何經濟訴求。這種反彈在南方最為激烈，不少雇主拒絕讓罷工者復職。罷工並未替紡織工人帶來美好願景，反而徒留苦果。

二〇一六年春，我開車南下造訪當年艾拉梅遇襲的事發地——加斯托尼亞。向晚餘暉中，大地揚起淡淡薄霧，與鄉間綠野交織成優美的景緻。夜幕低垂，我駛過夏洛特市郊，看見遠方燈火閃爍。我來到加斯托尼亞一間黃色大房子，草坪修整得相當整齊。我告訴短租民宿的主人琳恩，說我正在調查一九二九年紡織業大罷工的那段歷史，她表示儘管自己是土生土長的托斯尼亞人，卻從沒聽過這件事。她只知道祖母早年從山上移居下來到洛雷紡織廠當女工，並發誓絕不讓她任何一個孩子做同樣工作。翌日，我去參觀洛雷紡織廠，找不到任何有關這場罷工的紀念碑或標記。

我從加斯托尼亞出發，前往位於南卡羅來納州、霍尼佩斯上面的格林威爾，一九三四年罷工中最激烈的衝突就發生在這裡。說不定在整起事件的核心所在，還保存著些許當年罷工的鮮明回憶，能夠挖掘出一點蛛絲馬跡。格林威爾當地的文史組織——紡織歷史協會（Textile History Society）——可能保留了這些紀錄，該會成員馬歇爾·威廉斯（Marshall Williams）答應與我見面。

我把車子停在招牌字母下方的格子裡，這些字母被拆開，各自排在獨立的黃色方格裡，彼此互不侵犯，上頭寫著「W-a-f-f-l-e H-o-u-s-e」（鬆餅屋）。見了面我才知道馬歇爾是位浸信會牧師，有著一雙湛藍的眼睛，曾經為這座他自小生長的紡織村落寫過書。他請我喝咖啡，店裡除了我們再也沒其他客人。他攤開一疊自己出版的小冊子，用膠圈裝訂在一起，上頭寫著《格林威爾的紡織歷史》（*The Story of Textile Greenville*）、《格林威爾的紡織巨擘》（*Greenville's Textile Giants*）等書名。

馬歇爾在杜尼安紡織廠（Duncan Mill）社區長大，父母於一九三四年來到格林威爾。我指出這個時間點剛好就是大罷工那一年。「就在那一年，」他緩緩道來，「北方的工會勢力試圖南進，有些工廠對此爭論不休，但沒有持續很久，因為他們（北方工會）不受歡迎。工會在這裡組不起來，每個人當然都知道奇科拉紡織廠的衝突事件，有些人連命都丟了。確實想組工會的人不是沒有，但大多數人最後並未行動。就我所知，這裡組過工會的紡織廠少之又少，他們禁止勞工成立組織。工運人士被當成外來的投機客，這是南方資本主義者重大的勝利。」

那天下午，我去了休斯總圖書館（Hughes Main Library）的南卡羅來納資料室。我在那裡查找一九三四年罷工的相關資料，發現一本寫於一九七四年、題為《格林威爾、工會主義與一九三四年紡織業大罷工》（*Greenville, Unionism, and the General Strike in the Textile Industry, 1934*）的博士論文，作者是史坦・蘭斯頓（Stan Langston）。這本論文由他親自打字、油印，上頭還有一些校正的手寫字跡。他在序言中寫道：「如果有人在格林威爾居民面前提到……一九三四年的紡織業大罷工，很可能會發現許多人對此都不願多談……事實上，知道這件事的在地年輕人少之又少，因為他們的長輩親戚根本不想談起這件事。」

一則出自二〇一四年九月六日《格林威爾新聞》（*The Greenville News*）的剪報——就在奇科拉紡織廠槍擊案八十週年紀念之際——顯示這項緘默協定（conspiracy of silence）[71]始終長埋當地居民心中，成為不能說的祕密。「這一天將無聲無息地在霍尼佩斯小鎮上悄然流逝。」記者如此寫道。她在報導中提到七十七歲的時任鎮長厄爾・羅利斯・梅爾斯（Earl Lollis Meyers）曾經請母親瑪麗跟他聊聊一九三四年的罷工。在某次週日晚餐上，他好奇問起當時工會的事，她只說：「別問了，給我閉嘴。」後來他一再追問，但瑪麗始終三緘其口，直到臨終前才說出這段深埋多年的回憶：一九三四年，她還只是個小女孩，槍擊發生時她正在院子裡玩耍。她父親是布間的監工，當下立刻把家人叫進屋子裡，隨後送他們搭上P&L鐵道公司的列車前往格林威爾避難。瑪麗回憶說，接著他父親就去了工廠，「用木杖替那些被亂槍打死的人翻身，這樣他們的鼻子才不會被壓扁。」

這些死者的遺孤跟兇手的小孩都出現同樣的失憶症狀。蘇・卡農希爾（Sue Cannon Hill）的父親克勞德就是不幸喪生的工人之一。她從小就看著母親每天去父親喪命的紡織廠工作。

「但更重要的是，」記者彼得・艾波柏姆（Peter Applebome）寫道，「她還記得村民的反應，大家心知肚明卻絕口不提，這件在她年輕生命中、這座紡織小鎮所有人生命中最重大的事件從來沒被提及，彷彿槍聲從未響起，工人從未死亡，工會從未存在，罷工根本沒發生過一樣。」[72]

就跟其他地方一樣，霍尼佩斯的罷工結束後，那些加入工會的人不是被解僱就是趕出工廠宿舍，或是被迫承諾絕對不再組織工會並且封口，永遠不再提起過去這些事件。

二十世紀初的勞工抗爭成敗參半。北方的成衣工人成功爭取到高品質的工作條件，然而南方的紡織工在追求同樣目標的過程中卻遭遇難以克服的阻礙。美國的嫘縈製造業自上世紀初建立以來，就是靠著薄弱的勞動保障來剝削勞工才得以維持，直到一九七〇年代產業外移為止。或許嫘縈工廠的工作條件始終未見改善，仍足以致命，但工人們並不輕言放棄，選擇奮力一搏。不少人採取罷工行動作為反抗雇主的手段，但在德拉瓦州，有名女工另闢蹊徑，為自己爭取正義。

一九三四年一月至二月間，也就是大罷工前的幾個月，一位名叫艾蜜莉．鮑恩（Emily Bowing）的年輕女工在新堡郡（New Castle）某間嫘縈工廠工作，負責繅絲。她深受神經及心理症狀所苦：「失去理智、無意識的語無倫次、缺乏自制力、做惡夢、哭鬧、頭痛、視力衰退、性慾消失」[73]等所有二硫化碳中毒的典型症狀一樣不少。鮑恩決定做一件幾乎沒有勞工敢做的事：對德拉瓦嫘縈公司（Delaware Rayon）提起過失訴訟。

該公司巧妙地利用各種性別化的人格誹謗作為回擊。他們要求鮑恩接受五名公司自己找來的醫生檢查，並獲得法院首肯。事後，這五名醫生認為[74]她患有子宮頸內膜炎及子宮後傾及沾黏，換句話說就是西元前五世紀醫學上所定義的歇斯底里。他們還以她的婚姻及經濟狀況——後者更令人忿忿不平——為例，說明這就是造成她心理痛苦不堪的原因。最後法院判定德拉瓦嫘縈公司勝訴。

雖然鮑恩是唯一勇於對工廠提起訴訟的人，但該廠確實有不計其數的工人因此中毒。一九三三年，漢米爾頓博士在哈佛大學醫學院收到一封電報，內容寫道：「嫘縈工廠爆發二硫化碳中毒造成的精神疾病，醫師急欲瞭解該病一般症狀、最理想的治療方式以及病因，請盡速答覆。」[75]她後來表示，雖然她馬上回覆了這封電報，但對方再也沒回應，這個案子很快就被壓了下來，並未公諸於世。

二硫化碳含有毒性，這一點毋庸置疑。事實上它還被當成神經性毒劑且效果相當好，為嫘縈專家創造了兼差機會，淪為戰爭的幫凶。曾深入參與納粹酵母蛋白質（生物合成蔬食香腸）實驗計畫的瓦特·薛伯（Walter Scheiber）在投身嫘縈產業之前，曾在法本公司（IG Farben）從事神經毒劑的研究。二戰後，他被招攬到美國替政府研發化學武器，也就是所謂的「迴紋針行動」（Operation Paperclip）[76]，從此嫘縈的生產便透過二硫化碳，與毒氣及軍火製造結下不解之緣。在匈牙利，嫘縈工廠則是在二戰初期就轉型成兵工廠；美國德拉瓦州新堡的軍火工廠在戰後由德拉瓦嫘縈公司接手改成紡織廠。

科學證據已經證明二硫化碳是種毒性強烈的神經毒素，任何人在周遭環境下工作皆須做好全面性的防護措施。但說是一回事，實際制定政策保障工人的生命安全又是另一回事。

美國職業安全和健康管理局在一九七〇年剛成立時，沿用了許多化學藥劑舊有的容許暴露標準，不受新制規範，二硫化碳即是其中之一。過高的美國標準協會的百萬分之二十（20 ppm）正式成為法定標準值，在美國國內採用至今。然而更重要的是，印度、印尼及泰國也沿用這套標準，此三國與中國並列亞洲四大嫘縈生產國，但後者的官方標準值要低上許多，只有百萬分之二（2 ppm）。但目標終究不是現實：二〇一五年五月，中國山西省北部的化工廠發生二硫化碳「外漏」事故，造成八名工人死亡。有關這些罹難者的生醫資料不多，但某份針對印度中央邦（Madhya Pradesh）納格達（Nagda）當地嫘縈工人的人類學研究指出，他們提到身上出現陽痿、精神疾病、麻痺及心臟病發作等症狀，都是二硫化碳中毒的典型病徵。

嫘縈布料讓庶民女性也能擁有絲綢般的華美奢侈，但它的身世在在顯示出二十世紀追求平民奢華的美夢終究只是虛有其表：關於這份工作，人們看到的不是安全、高薪的實質保證，而是打扮光鮮亮麗的工人形象。儘管美國政府對紡織及服裝業勞工提供的保護未盡周全，但在二十世紀前半，勞工團體仍然在某些方面取得了重大的進展，尤其是國際女裝服飾工會。然而，二戰結束後幾年內，美國國務院做出的決策為服裝製造業打開移往海外的大門，抹殺了過去幾十年來好不容易取得的成就。在這些發展進行的同時，出現了一種全新的布料：其纖維完全由石油提煉製成，且形式及樣貌多元，可塑性極高。就像其他象徵戰後進步的時代圖騰一樣，這種布料形象百變，很多時候看似要打破傳統服裝的框架，實際上卻羅織出另一種陷阱，使人深陷其中。它，就是尼龍。

# 第十章　尼龍絲襪

要是尼龍絲襪能再流行就太好了
棉襪滿足不了男人的胃口[1]

——〈要是尼龍絲襪能再盛行〉（When the Nylons Bloom Again）
出自百老匯音樂劇《不再失禮》（*Ain't Misbehavin'*）

一九三九年十月二十四日，尼龍絲襪在德拉瓦州的威明頓市（Wilmington）初次上市，四千雙在三小時內就搶購一空。杜邦公司的化學專家華萊士・休姆・卡羅瑟斯（Wallace Hume Carothers）[2]在一九三五年發明了這種聚合物，卻在兩年後自殺身亡，無緣親眼見到尼龍輝煌的成功。尼龍本來是該公司「己二酸己二胺鹽縮合產物」（hexamethylene diamine—adipic acid condensation product）的品名，又稱尼龍六（nylon 6），簡稱六，後來用來泛指聚醯胺

(polyamide)[3]。尼龍很快就被應用在商業上，先是成為牙刷刷毛的原料，接著是女性褲襪。與嫘縈不同的是，尼龍完全由石化原料提煉而成，但一九三九年的紐約世界博覽會上，卻標榜尼龍純粹由「碳、水、空氣」製成。這項產品號稱能修飾女性的腿部線條以滿足男人的慾望，於是新奇的尼龍絲襪立刻造成轟動。一九四〇年五月十六日，四百萬雙尼龍絲襪在美國各大百貨公司上架，短短兩天內就銷售一空。

美國加入二戰後[4]，尼龍成為軍用物資列入管制，被徵用來生產降落傘、輪胎簾布、繩索、蚊帳及吊床等物品。女性沒有絲襪可穿，就用裸色化妝品塗在腿上，再用眉筆在小腿後側畫上絲襪縫線。一九四五年，尼龍絲襪終於重回市場，吸引無數美國女性爭相排隊購買，但在嚴重供不應求的情況下，各地引發「尼龍絲襪暴動」(nylon riots)，其中最著名的一次發生在匹茲堡，一萬三千雙的絲襪竟有多達四萬人爭搶。

對美國女性而言，終戰意味著尼龍絲襪可望重返市場以及高薪工作的結束。一九四二到一九四四年間，美國女性大量進入勞動市場，在勞工部婦女局及有組織的婦女團體推動下，雇主開始僱用女性來從事過去只有男性能做的工作，例如開堆高機、焊接、挖水溝，以及在鋼鐵廠、造船廠、兵工廠當女工等。有些人是首度投入勞動市場，第一次接觸這些工作內容；有些則是從過去的低薪工作「高升」。為了支援身兼母職的勞動婦女，政府還設立托兒所，並提供熱騰騰的午餐。

「這些婦女認為，她們既然有能耐在國家危及之際奉獻一臂之力，應該也有機會在恢復和平後繼續養家活口。」記者露西・葛林鮑姆（Lucy Greenbam）寫道[5]。然而，早在戰爭結束前，工會及戰爭人力委員會（War Manpower Commission）就不斷鼓吹女性放棄工作，政府日間托兒的經費也被取消。工會的資歷原則（seniority rules）規定戰爭期間的勞工必須將工作讓給自沙場歸來的退役軍人。政府發起大規模的宣傳運動，呼籲婦女離開職場，回歸家庭。

對尼龍襪的瘋狂搶購，或許是不少女性在面對自己人生選項被壓縮時，藉以發洩滿腔怒火的管道。然而諷刺的是，這種對合成纖維及其所預示的美好事物的新興狂熱，反而加速了美國服裝製造業的衰敗。

一九四五年八月六日[6]，日本廣島衛理公會（Hiroshima Methodist Church）的谷本清（Kiyoshi Tanimoto）牧師正準備幫鄰居松尾先生把裝滿他女兒衣服的日式大衣櫃搬到某個嫘縈工廠老闆家裡，該處位於市區兩哩外，是相對安全的地點。這時，天空劃過一道奇怪的璀璨閃光，兩人立即做出逃生反應：松尾跑進屋內，用數片座墊作掩護躲在裡面；古本牧師則是把自己塞進庭園兩塊岩石的縫隙間。當下他感到空氣中傳來一股巨大的衝擊波，細碎的瓦片與木屑如雨點般落在他身上，等他爬出來一看，屋子已經灰飛煙滅。美軍在廣島投下了原子彈。

二戰期間[7]，日本國內損失了八成的紡織機械，不是毀於戰火就是運往海外殖民地，或者改造另作他用。日本戰敗後，美軍在麥克阿瑟將軍（正式頭銜為盟軍總司令〔Supreme Commander for the Allied Powers，簡稱ＳＣＡＰ〕）的帶領下占領了日本。戰後的當務之急是重建日本的紡織業，尤其在一九四九年毛澤東在中國取得政權後，美國國務院希望儘快推動日本再工業化，將之打造成亞洲的民主堡壘。

美國對日最初的五年紡織振興計畫本來將重點放在絲綢上。日本曾在一九三〇年代外銷絲綢到美國及歐洲，但在一九四七年，日本絲綢的出口額隨著尼龍成為女性絲襪布料新寵而遽降。在南方國會議員的鼓吹下，美國國務院的策略家將目標換成另一種原料——棉花。

當時美國手上剛好有一千萬捆的原棉庫存。戰爭期間，政府為獎勵棉花生產，祭出補助措施，致使種植面積大增，如今卻面臨無處消化的窘境。一九四八年，密西西比州棉農出身的參議員詹姆斯・伊斯特蘭（James Eastland）提出所謂的「伊斯特蘭法案」（Eastland Bill），批准政府動用外援經費資助美國對日輸出棉花。很快地，日本就躍升為美國棉花最大進口國。一九五三至一九五四年的出口季，日本市場占美國棉花外銷總額的百分之二十五點七，但相對地，美國國會亦通過開放日本織品進入國內市場，從此成為本地產品主要的競爭對手。

紡織業的利益集團在國會有強大的勢力代表，試圖阻止進口商品大量傾銷，但議員們發現國會根本無能為力。儘管最初憲法賦予國會制定關稅的權力，但由於一九三〇年代中葉某項大型關稅法案引發外界對政治腐化的抨擊，致使國會暫時將此權力讓渡給時任總統羅斯福，意味著國會嚴重喪失其應有的權力，因此將該法案，也就是一九三四年《互惠貿易協定法》（The Reciprocal Trade Agreements Act）的移交年限設為三年。長久以來，此法案的更新成為府院角力的導火線，引發國會保護主義勢力及國務院強硬派的衝突：前者希望拯救美國本土的紡織產業，後者則主張必須將對抗共產主義視為優先要務，其次才是照顧紡織業的需求。這些強硬派認為，若不提供亞洲國家生產布料並外銷的機會，他們就更有可能「倒向」共產主義。打出共產主義這張恐懼牌相當有效，就在一九五四年，正當國會準備回收制定關稅的權力之際，關鍵成員被拉到一旁聽取越共在越南奠邊府（Dien Bien Phu）打敗法國的簡報，情勢隨之扭轉。他們在表決時倒戈，導致美國市場門戶大開，亞洲織品的進口量從此失控增長。

一九五六年，日本對美的紡織品出口已經成長至戰後幾年的七倍，美國紡織業者遭受嚴重打擊。美國外援資金讓亞洲的紡織廠得以引進最新技術，但美國本土業者使用的機器有高達六成五已經過時老舊。美國紡織工人的薪資本來就比其他產業低了百分之十六，在一九四七至一九五七年間，差距更增加到百分之三十。

美國紡織業淪為冷戰下的犧牲品，相關人士認為這是過去歷史造成的不公不義，對此忿忿不平。一九五八年某次聽證會上，內華達州參議員喬治・馬龍（George Malone）疾呼：「這不就是美國破天荒首度授權行政部門以產業作為條件來換取外交策略的推動嗎？」[8]另一場聽證會上，某位紡織業高層坦言，當然「我們的盟友必須仰賴扶持才能抵擋俄國及其附庸國經濟計畫的野心，」[9]但如果這些策略最後「破壞了……美國本土產業的根基，」結果只是適得其反。到了一九六〇年，他們的言論更加絕望。即將離任的美國棉花生產商協會（American Cotton Manufacturers Institute）主席要求政府提供配額保護，他表示：「難道一定要等到工廠倒閉、民眾大排長龍等候救濟，華盛頓政府才肯承認我們國內產業可能已經受到無法彌補的損害了嗎？」[10]這些人的恐慌相當合情合理：即便在一九五七年，日本迫於美國國會保護主義勢力的壓力，答應對服裝及紡織品採取自願性出口限制（voluntary export restraint），美國國務院歡迎亞洲商品進口的政策顯然意味著國內的服裝及紡織業即將走上窮途末路。

美國從未像日本那樣占領過南韓及臺灣，卻確實對其進行軍事干預以防止兩國落入共產主義的魔掌，並提供大量軍事國防金援。根據聯合國統計，一九四五至一九五八年間，美國提供南韓價值二十六億美元的經濟援助，協助該國興建基礎建設，包括鋪設道路、打造現代化港口、發展電力等。此外還比照它在香港、馬來西亞、泰國、菲律賓、印尼和新加坡的作法，挹注大筆資金振興臺灣及韓國的國內產業。這麼做的目的就是為了將這些國家與日本串連起來，並透過日本建立亞洲各國與西方貿易及投資網絡的連結。拜美援所賜，這些國家經濟快速成長，不僅開創所謂的「亞洲奇蹟」，也使得它們成為美國紡織及成衣業者的主要競爭對手。對於好不容易才爭取到組織工會權的美國成衣工人來說，即將大舉入侵、便宜到不可思議的廉價服飾無疑又是一場災難。

一九四七年，美國迎來首批進口棉質女裝上衣。到了一九五四年，韓戰結束，日本的女裝上衣銷美數量達十七萬一千件，並於一年後暴增至四百萬件。一九四七至一九六〇年間，美國的服裝進口成長了十二倍。一九六〇年代，香港及臺灣也開始生產低成本的女裝及童裝外銷美國。當時工會的競爭對象，就是這些生產成本遠遠低於國內業者的海外廠商。

日本進口服飾之所以能賣得比美製成衣便宜，不僅僅是因為該國在一九五〇年代中期每年受惠於關稅減免、美國外援、便宜的棉花取得及現代化技術等優勢，同時也得力於極端的性別工資差異。紡織設備現代化雖然有助提升生產效率、降低成本，但以成衣業來說，依然沒有任何技術比得上人工作業更有效率。日本成衣業如同美國，仰賴懸殊的男女工資落差來降低成本，而在香港、臺灣及韓國，年輕女性的工資也同樣低得嚇人。

就在美國國務院扶植東亞國家建立產業並對其開放國內市場的同時，海外懸殊的性別工資差異無形中也削弱了美國女性工會人士在爭取待遇平等方面的成果。事實上，寫下二十世紀美國最重要的女性勞工成功典範的國際女裝服飾工會此時正處於瓦解邊緣。

約翰．甘迺迪總統最後在國內棉紡織業者的施壓下讓步，起碼祭出一些保護措施，並將棉紡織品及服裝的年進口成長率限制在百分之六以下。他還替南方的紡織業者減稅以利他們升級設備，並設立基金為失業勞工提供職訓及補助。雖然這些政策一直持續到八〇年代雷根（Ronald Reagan）在任期間才中止，但真正目的其實是要加快美國產業退場的腳步，而非讓它們存活下來。貿易自由化成為新典範，而甘迺迪的進口配額政策將產生意想不到的後果。

甘迺迪的配額制度係依照美國棉花生產商協會的要求制定，因此管制範圍僅限於棉布及棉製衣物。然而戰後紡織業的舞台已經從傳統的棉花逐漸轉移至合成纖維（例如尼龍），愈來愈多的精彩故事輪番上演。

合成纖維在二戰結束數十年內迅速發展。全世界紡織纖維的總產量在一九五〇至一九六六年間幾乎成長了一倍[11]，石化人造纖維的占比亦然[12]。這中間增加的產量幾乎都進了美國市場。

合成纖維是杜邦公司的天下，它因為發現尼龍，一開始就獲得強大的專利地位，尼龍旋即成為該公司最賺錢的產品。一九六二年，杜邦公司成為業界龍頭，執全美總值一百九十一億的化學產業之牛耳。

石油所能製造的布料琳瑯滿目，從此開始蓬勃發展。二戰後，杜邦公司的「嫘縈部門」旗下掌管嫘縈、醋酸纖維、賽璐玢、尼龍等四條生產線。一九五二年元月，公司高層預計未來將有更多產品問世，便將擁有二萬四千三百名員工的嫘縈部門改組成紡織纖維部門。到了六〇年代，杜邦公司已經發展出七大系列產線：在原有的嫘縈、醋酸纖維及尼龍之外新增了壓克力纖維（腈綸）、聚酯纖維、彈性纖維（氨綸）（spandex）及碳氟化合物（fluorocarbon）纖維，品項總計多達三千種。截至一九六九年止，該公司已經發明了三十一種達克綸（Dacron）及七十種尼龍，每樣產品有如分子鏈，行銷人員必須替它想個名字，就像亞當替動物命名一樣。

很快地，國內其他業者也投入生產，成為杜邦公司的競爭對手。一九五五年，杜邦公司掌握了全國七成的合成纖維產能，但到了一九六〇年，在聯合化學（Allied Chemical）、美國氰胺（American Cyanamid）、美國恩卡（American Enka）、塞拉尼斯（Celanese）、陶氏化學（Dow Chemical）、伊士曼柯達（Eastman Kodak）、孟山都、聯合碳化公司（Union Carbide）等眾多對手的瓜分下，其市占率已經掉至五成。當年生產尼龍纖維的美國廠商有五間，到了一九六五年則增為十間。

生產尼龍所須投入的資本是嫘縈的兩倍，因此石化合成纖維市場主要集中於在某些企業上。一九七二年，全球前五百大企業之中有三十二間是合成纖維製造商；十三間大型企業撐起了全世界五分之三的產量。在這種寡占市場的框架中，產品差異化及專利成為攸關生存的重要關鍵。尼龍是第一種完全由石油衍生物製成的紡織品，其問世激發了業者的好奇心，想知道石油還能做出什麼樣的合成纖維。一九六五年，美國業者總共投入了一億三千五百萬美元來研發新產品。

合成纖維業者不僅投入鉅資從事聚合物的研究，也在當時新興的行銷科學砸下重本。一九六〇年代，主宰美國合成纖維市場的幾家大型龍頭企業花了七千萬美元進行促銷，相較之下棉業只花了四百萬。他們還讓零售商貸款、補貼廣告費用，並出錢替使用其產品的工廠安裝更快速的針織及紡織機。

杜邦公司是這一波化纖浪潮的先驅，其行銷手筆之大，在業界首屈一指。為了讓自家產品增添高級的時尚光彩，該公司開始著手爭取巴黎設計界的認可。打從一九五〇年代初起，杜邦就與菁英設計師組成的法國高級時裝公會（Chambre Syndicale de la Haute Couture）建立互惠的合作關係：由法國裁縫師將合成纖維材料融入巴黎系列作品中，杜邦公司再買下這些高級時裝樣版，找來知名攝影師拍照並進行鋪天蓋地的宣傳。一九五二年，法國設計師迪奧來到德拉瓦州與杜邦公司的經理們會面，研究新的合成纖維並參觀實驗室。翌年，換成紀梵希來訪。他本來在風格前衛大膽的女設計師夏帕瑞麗旗下工作，後來借用美國運動服飾「分離」的概念，將之引入晚禮服的設計中。若說迪奧讓杜邦公司與高級時尚畫上等號，那麼紀梵希發表於一九五四年二月的「奧綸」（Orlon）壓克力纖維系列則是將該品牌進一步推向年輕族群。對美國的女性消費者來說，這些產品所傳達的訊息相當明確：杜邦的合成纖維品質如果好到能做成高級訂製服，那麼肯定也能滿足她們的需求。

一九五〇年代中期，聚合物化學家製造出萊卡彈性纖維（Lycra spandex）的雛形。一九六四年，杜邦公司召集一百二十名男女組成「彈力伸縮大隊」（Stretch Corps），到全國各地推廣這種新型合成纖維。他們身穿由棉、達克綸及萊卡混紡製成的制服，走入店家與消費者實際互動，並教店員如何解說萊卡布料的特色。

合成纖維在市場上炙手可熱，帶動另一種新型休閒服裝開始大行其道，那就是運動服飾。一九五八年，美國有七百家專門生產運動服飾的公司，銷售總額高達二十億美元，其中消費主力來自年輕的新興市場，買家就是有閒又有錢的青少年。六〇年代中後期，美國外衣的消費族群將近大半是十五至十九歲的年輕人。

此外色彩鮮豔、質地輕盈的奧綸春季毛衣也成了合成纖維的天下，這種毛衣相當受到年輕女性歡迎，在一九五九年時，年銷售量高達一億件；到了五〇年代末，美國有半數的女裝毛衣以奧綸製成。

合成纖維之所以廣受大眾喜愛，原因之一在於照料相當容易。洛杉磯作家艾倫．梅林科夫（Ellen Melinkoff）在她所寫的戰後美國女性時尚社會史中表示，一九五六年達克綸材質的荷葉邊女襯衫首度問世時，因為洗後乾得快、幾乎不須熨燙，很快就擄獲女性消費者青睞，大家紛紛倒戈。「我們都迷上了合成纖維[13]，對棉織衣物變得不屑一顧……巴不得趕快把衣櫃清空。」梅林科夫如此寫道。她說以前洗衣服是件相當麻煩的苦差事[14]，星期一幾乎整天都耗在這上面。蒸氣熨斗尚未問世之前，婦女會將晾乾的衣服用水噴溼，再捲起來放在冰箱蔬菜室內保溼但不會發霉，等有時間再上漿熨燙。

不過合成纖維的優勢不僅在於容易打理，另一項利多就是擁有鮮豔繽紛的色彩。透過石化纖維與合成染料的相互作用，可以將布料染成各式各樣的螢光色。

苯胺染料的發現全然是個意外。一八五六年，有位十八歲的化學家[15]嘗試用煤焦油合成奎寧，卻發現燒杯內部變成深紫紅色。這種美麗的顏色後來以發明者柏金（Perkin）為名，成為眾所皆知的「苯胺紫」，隨即又研發出明亮的桃紅色，並衍生出各式各樣色系。這些染料是合成化工業的第一批商業產品，也是日後製藥產業的濫觴。

苯胺染料跟煤焦油一樣含有劇烈毒性[16]。紡織染整是世界上汙染最嚴重的產業之一，世界銀行的資料顯示全球約有二成的廢水來自於此。紡織染整必須用到鉻、鉛、鎘、硫、硝酸鹽、氯化合物、砷、汞、鎳、甲醛染料固色劑、氯化去汙劑等化學物品。[17]這些染料本身就很危險，還會與布料加工的消毒劑——尤其是氯——產生反應，並形成經常致癌的副產品。染料汙水會阻塞土壤孔隙，破壞其生產力；若隨意倒入河流[18]，恐汙染飲用水及土壤，影響整個生態系統，造成嚴重的公衛問題，危害大眾健康。

化學染料工業問世之初，身兼織品設計師及社會理論家的威廉·莫里斯（William Morris）就痛斥苯胺染料的顏色「有如瘀青，既粗糙又廉價」[19]，並提出警告說這些色調早晚會「毀掉世上所有的美」。一千八百年前，古羅馬作家普林尼哀嘆外國顏料大量進口造成羅馬美學的崩壞。「如今紫色塗上了我們的牆，印度獻上河底的泥漿、蛇及象的血汙作為貢品，氣派宏偉的繪畫已不復見。」[20]莫里斯的雙眼已經習慣了普林尼所譴責的全球貿易所帶來的繽紛色彩，但對於化學藥劑所解放的顏色光譜仍震懾不已。

顏色過去在服裝上具有相當明確的象徵意涵。[21]濃郁的番紅花橙黃曾經是少女的象徵，因為採摘番紅花是年輕女性的工作；從骨螺貝殼提煉而出的紫色染料，由於珍稀量少，過去只有王公貴族才能使用。但所有苯胺染料都是從同一根焦油試管的爆炸反應中誕生的，就跟杜邦化學實驗室每種全新的合成纖維皆提煉自唯一一種原料——石油同樣道理。

從奧綸毛衣、聚酯針織連身裙到義大利風格的壓克力纖維條紋上衣，合成纖維不斷進化發展。到了一九六〇年，業界的針織技術更上一層，生產出橫編布料——又稱為「雙面布」——這種布料磅數夠重，適合製作男女褲及套裝。

這些合成纖維所創造的新式流行時尚跳脫了舊有的階級藩籬，社會各界讚譽有加。英國設計師瑪莉官（Mary Quant）在她位於切爾西國王路（King’s Road）「芭札爾」（Bazaar）店內販售代表性的迷你裙，讓歐美時尚界掙脫巴黎設計師的掌控。她在自傳中寫道：「過去只有權貴才能引領時尚，如今街頭女孩身上所穿的平價小短裙就是時尚……她們可能是公爵、醫生或碼頭工人的女兒，卻對地位象徵興趣缺缺，也不擔心自己的口音或階級……她們代表一種全新的精神……是摩登的年輕世代。」[22]

這些新型石化纖維大受市場歡迎，加上多變的可塑性，一度成為許多美國成衣紡織業者的福音，但真正的麻煩這時才要登場。

一九六〇年代，日本恢復國內的化學「卡特爾」（壟斷少數資源以控制該產品產量及價格的同業聯盟），並開始加強人造纖維的生產。到了一九七〇年，日本成為僅次於美國的世界第二大合成纖維生產國，同時也是香港、臺灣和韓國服飾業的主要紡織原料供應者。這些地方的加工成衣外銷到美國，賣給當地的包商、進口商及零售業者。但別忘了，甘迺迪總統的配額政策僅針對棉織品，石化纖維並不在此限，因此這些亞洲成衣最後還是暢行無阻地進入了美國市場。

美國業者雖然在六〇年代中葉面臨日、臺、港、韓等地低價纖維及服飾大量進口的威脅，但全球市場的整體擴張也帶動了杜邦公司營業額的成長，其纖維銷售總額從一九六〇年的七點四一億美元增加到一九七〇年的十三點六億元，但這看似無底洞的需求很快就碰壁了。

隨著亞洲來的競爭愈演愈烈，美國業者也開始增加合成纖維的產量。各公司為了跟上腳步，紛紛蓋新廠房或改建舊廠以從事最新的人造無機纖維加工，並為此進行合併。這時規模通常較小的天然纖維業者反而成了受害者。

美國正面迎戰的結果，造成嚴重生產過剩。一九七〇年代，市場充斥大量的平價聚酯纖維成衣，石化布料開始給人廉價的印象。過去這些布料的價值主要來自廣告所賦予的神祕感，但說到底，它們就只是石油分子結構的重新組合而已。合成纖維一旦失去尖端科技的光環加持，市場的強烈反彈就有如海嘯般來得又急又猛。一九七三年以後，石化纖維在消費者心中的地位每況愈下，合成衣物的消費比例如雪崩般遽降。一九八五年，《美國織品時尚》（*American Fabrics and Fashions*，暫譯）雜誌針對聚酯纖維做了一整期的專題報導，悲嘆雙面布已經淪為品味低下的代名詞，打壞了聚酯纖維的招牌。

一九七四年，時任總統理查·尼克森（Richard Nixon）與各國協商並簽訂《多種纖維協定》（The Multifiber Agreement，簡稱ＭＦＡ），首次針對人造纖維製品及衣物實施貿易配額管制。然而該協定對於進口的限制範圍有限，雖然減少了翌年的配額增長，卻幾乎無助於穩定或降低整體的進口量。這些配額規定就跟甘迺迪的棉紡織品配額一樣，將造成意想不到的後果。

在每項紡織品皆有配額限制的情況下，外國業者開始另覓新商機，製作更昂貴的「時尚產品」以提升出口價值。他們開始針對一九七〇年代大量進入職場的美國女性生產專業服飾，「職業女裝」於焉誕生。

一九五四年，女人為了搶購尼龍襪大打出手：女性在戰後突然被排擠出就業市場，有人告訴她們這項產品有助重新擄獲男人的心，使得她們對此趨之若鶩，到了幾近狂熱的地步。七〇年代初，女性換上聚酯纖維衣物，風光回歸職場。七〇年代最具代表性的「職業女裝」非長褲套裝莫屬。儘管包括夏帕瑞麗在內的各家設計師早在二戰前就已經推出褲裝，咸認將之推向主流的經典代表，當屬伊夫．聖羅蘭（Yves Saint Laurent）於一九六六年八月推出的「菸裝」（Le Smoking Suit）。作為第一款專為女性設計的褲裝晚禮服，「菸裝」破天荒打破性別束縛，將男性線條融入女裝之中，無疑是項大膽的聲明。一九六九年，紐約曼哈頓的社交名媛南．肯普納（Nan Kempner）身穿這套禮服，被紐約知名餐廳 La Cote Basque 拒於門外。她當場脫下西裝褲，將上半身的外套穿成迷你裙，露出大腿走進餐廳以示抗議。當時的社會風氣絕對不容許女性著褲裝出席正式社交場合，直到一九七二年，公立學校才開放女孩穿褲子。

菸裝所帶起的褲裝風潮從此定義了「職業女性」的形象。一九七〇年代，女性紛紛換上褲裝，藉此宣示她們在男性主導職場上的生存權利。企業顧問約翰．莫洛（John T. Malloy）在一九七七年的暢銷書《穿出成功新女性》（*The Woman's Dress for Success Book*）中疾聲呼籲讀者千萬別穿褲裝：「在多數的商務職場上，褲裝往往是失敗的裝扮……妳若得跟男性打交道，即便是下屬，穿褲裝只會自找麻煩……妳渴望成為自由解放的女性，該燒掉的是聚酯褲裝，而不是內衣。」[23]

但比起這項莫名其妙的服裝建議，美國女性面臨著更大的問題。儘管她們可以把自己打扮成積極進取、自主自決的時代新女性，眼前卻潛藏著看不見的危機：就在她們重返就業市場的同時，高薪優渥的製造業工作也開始外移。

別無選擇的美國女性紛紛投入只有最低工資的廉價工作。據估計，一九七三至一九八〇年間，美國民間新增的就業機會中有七成是低薪的零售及服務業。六〇年代末到七〇年代的女性就業潮只是一種空泛的幻想，媒體或許會認為這與「女性解放」思潮有關，但實際上這些工作提供的收入或向上流動性根本微乎其微。某位經濟學家表示：「我們可能面臨著與某些邁向工業化的第三世界國家類似的情況：女性就業機會雖然大幅增加……但這些工作並未帶來任何好處，無助於解決女性貧困的問題。」[24]事實上，這幾十年來反而見證了美國所謂「貧窮女性化」現象的加速形成。

美國成衣業遇到的問題則更加複雜。說來諷刺，《多種纖維協定》的新配額制度反而替國內成衣業界製造了更多競爭對手。在該協定之下，出口配額已達上限的國家無法繼續以本國名義外銷，於是將生產外包給新加入的成員國。起初這些新國家的對美貿易並沒有配額限制，香港、臺灣和韓國紛紛採取這種模式，將生產轉包給新加坡、越南和菲律賓等東南亞國協國家，藉此規避配額限制並善用當地低廉的勞動成本。一九六〇到八〇年間，以美國市場為目標的外銷成衣生產據點遍布世界各地，到了八〇年代初，美國進口成衣的來源國多達上百個。一九八一年，美國服裝的貿易逆差高達七十億美元。

一九八四年，《美國織品時尚》貿易雜誌以「進口危機」為專題推出特刊，指出美國節節上升的貿易逆差中有百分之十五來自服裝進口。當時美國每生產一百碼的布料及衣物，其中就有五十二碼是進口貨。紡織業是美國第三大產業，產值在一九八三年的國民生產毛額中占了四百五十億元，高於汽車工業的四百億，如今卻陷入危機。一九七〇年代，貿易自由化造成美國工作機會大量流失。一九七〇年，紐約市本來有二十一萬人從事服裝業，到了一九八一年幾乎腰斬只剩一半。該雜誌提出警告，當前全國纖維、紡織及成衣製造業的二百三十萬工作人口正面臨失業的風險。

據估計，一九七二到一九九一年間，美國製造業減少了百分之七的工作人口，其中紡織成衣業占了五分之三以上。這使得組織工會更形困難，工作條件也益加惡化。早在開放進口前，美國紡織工人在爭取工會方面就屢屢受挫，反觀二十世紀中葉兩代的成衣工，卻在工會的庇護下享有優良的工作品質。但事到如今，一度銷聲匿跡的血汗工廠再度出現。

一九九五年，加州及聯邦當局搜索洛杉磯東部艾爾蒙特市（El Monte）的某處公寓大樓，查獲七十名被販運來美的泰籍人士。他們遭到強行扣留，淪為美國知名服裝品牌的黑工。到了二○○○年，全美估計有半數成衣業者的勞工工作待遇堪比血汗工廠，也就是說這些公司僱用女性新住民，所支付的薪酬卻違反聯邦政府的法定最低工資及《公平勞動基準法》的其他聘僱標準。

凱蘿．瑪洛妮（Carol Malony）曾於一九八○年代在洛杉磯生產一系列的女性內衣，並與知名品牌「維多利亞的祕密」（Victoria's Secret）合作，為美國女性帶來浪漫奢華的法式蕾絲花邊內衣系列。過去她在位於洛杉磯的工廠生產自己的同名品牌內衣，「（成衣）在美國愈來愈難做。」她說。「可別不相信，我真的想把生產線留在美國，也確實找過方法。」但最後還是不得不跟上出走潮，將內衣生產據點轉移到巴基斯坦的一處工廠。如今她移居越南胡志明市，在「時尚製衣有限公司」（Fashion Garments Limited，暫譯）擔任內部設計師，該公司位於邊和工業區（Bien Hoa Industrial Zone），經營者來自斯里蘭卡。

很少有成衣工廠會聘僱內部設計師，但時尚製衣公司之所以找來瑪洛妮坐鎮，是因為他們想打入女性內衣市場。事實證明此策略相當成功：H＆M看上她的設計而下了一筆鉅額訂單。瑪洛妮還記得在九○年代，包括梅西（Macy's）、潘尼（JCPenney）、凱瑪（Kmart）、席爾斯（Sears）等連鎖百貨業者在首爾、臺北及香港都設有專職辦公室。很快地，The Limited、The Gap、Esprit 和 L. L. Bean 等連鎖服飾也跟進[25]。有了這些辦事處，他們在亞洲城市便能更迅速地與工廠簽訂合約。時至今日，無遠弗屆的網際網路已經讓這些採購辦公室無用武之地，在紐約完成的成衣設計可以透過電腦，輕鬆地將詳細的製造規格傳送到大洋彼岸的生產據點。

過去五十年來，像越南邊和這樣的加工出口區（Export processing zone，簡稱EPZ）如雨後春筍大量湧現。這些廠區都是獨立的法律實體，為自主運作的自由貿易特區，針對外銷生產所需投入的原料及資本財提供無上限且免稅的進口優惠，以「行政作業簡單」、「在勞動法規方面享有比國內市場更大的彈性空間」作為招商賣點。加工出口區不僅提供企業優渥且長期的免稅優惠及特許權，還包括品質往往更勝地主國本身的通訊服務跟基礎建設。若說美國在戰後不久提供的軍事保護傘及基礎建設資助造就南韓、臺灣及香港成為三大外銷成衣產地，那麼今日的加工出口區祭出的優惠條件——私人保全、私人發電機及更方便的進出口運輸——就是這種泡沫經濟模式的縮影。

正如高調的反共言論成為亞洲成衣出口業的推手，支持加工出口區的論點堅稱它們有助於國家發展及振興當地經濟。另一方面，批評者指出，由於加工出口區的優惠措施——從原物料的輸入、加工到成品外銷，皆不徵收進出口稅——未與地主國建立向後聯結（backward linkage），不太可能帶來上述好處。他們真正提供的，是接觸尋求低薪勞動力的海外跨國企業的機會。

下了從胡志明市北上往河內的高速公路，過收費站，轉進通往邊和工業區的道路，在前後都是十八輪大卡車的夾縫間，我搭的計程車是路上唯一一輛小客車。我們穿越一座麻棕色的磚砌拱門進入邊和，入口兩邊種著棕櫚樹與白花木蘭。車子繞經 Racino Plast、Lucky Starplast、Boramtek Vietnam、Vingal Vnsteel、臺灣商會（Taiwan Business Association）等公司。我們迷失了方向，就開進一間寶獅（Peugeot）汽車廠問路。展廳牆上掛著好幾幅放大的艾菲爾鐵塔圖片，在傍晚五點的光影照映下，圖中金髮女子的臉緊緊挨在另一名黑髮男子身上。我致電瑪洛妮的先生詹姆士．波勒斯基（James Poleski），他叫我稍等。於是我就在15A和3A路口轉角的樹蔭下等他。有個在鋁工廠負責進出貨檢查的菲律賓人隔著廠房大門的金屬柵欄跟我聊了起來，每隔一段時間就有卡車或摩拖車匆匆駛過空蕩蕩的街道。這個加工出口區很不尋常，占地大得像座城，有寬闊的人行道，但路上跟人行道完全空無一人。

吉姆來接我，我們沿著3A路走了十五分鐘，來到時尚製衣有限公司。他在警衛室幫我印了一張通行證，走進公司，穿過廠房首先映入眼簾的是一整排的縫紉機，作業員們正忙著生產耐吉（Nike）的灰色高性能纖維高爾夫球衫。廠內每條大型走道上方都掛著寫有公司名稱及商標的牌子，例如安德瑪（Under Armour，簡稱UA）、維多利亞的祕密（Victoria's Secret PINK）等。在維多利亞的祕密那一排，工人們埋首製作胸前印著偌大「PINK」字樣的粉紅針織拉鍊外套。吉姆解釋，大部分公司基本上會保留一部分的廠房全年或在合約期間內維持全日運轉，是業界最先進的作法。對大公司來說，這比起將業務轉發給許多規模更小的生產單位及分包網絡（生產據點往往位於海外）要方便許多。擁有廠房及縫紉設備卻負擔不了貨運保險的小型企業，可能會接下與品牌採購代理有直接往來的大型企業的分包工作，成為下游承包商。相較之下，這種作法一勞永逸，也方便歐美買家前來簽訂生產合約。我們走過工廠的樣品室，每款設計的原版就是在這裡製作，必須先經過客戶同意才能正式投入生產。吉姆靠過來偷偷對我說，光是這間樣品室「就比我（他）待過的許多工廠還要大。」

我們走上二樓的設計室，裡頭的玻璃牆可以俯瞰整個作業現場。門口擺了一張大桌子，上面放著成排折疊整齊的愛迪達跟卡哈特（Carhartt）上衣，是廠方為了當天來訪的愛迪達童裝設計團隊準備的，好讓他們可以一目瞭然該公司所具備的各種印刷技術。三名白人女性圍著一張桌子坐著，上頭擺著各自的 MacBook Pro 筆電和茶杯；另一張長桌上放著沒吃完的招待點心：裝在長型瓷盤裡已經冷掉的炸薯條。其中一位頭頂霜金色挑染、臉戴金絲圓框眼鏡的女性，正在與其他兩人分享火焰雪山蛋糕的作法。透過大片玻璃窗，樓下的產線一覽無遺。工人們坐成一排，靠在縫紉機前反覆車縫著一件件同樣的接口，從未間斷也毫不休息。他們的動作有如機械般規律、熟練且訓練有素，深知只要一毫秒沒跟上就會造成什麼差錯。廠內沒人交談，只有縫紉機噠噠作響。這座嶄新乾淨的廠房獲得美國綠建築協會「能源與環境設計領導認證」（Leadership in

Energy and Environmental Design，簡稱ＬＥＥＤ），是那種會刊在投資宣傳手冊裡自我吹捧的設施，但有一點讓我有點介意。

吉姆和瑪洛妮各自的大辦公桌就在設計室後方，周圍擺著好幾尊穿著內衣的人形模特兒。瑪洛妮已經六十多歲了，體態保持得相當好，散發著數十年如一日的迷人女性氣質。我們聊起她早年從事內衣業的日子，我的眼光同時飄向 MacBook Pro 筆電前的那三位女性。她們的玻璃帷幕工作室居高臨下，俯瞰著現場成山遍海的作業員，這一幕讓我想起在《紐約時報》週日時尚專欄上看過一篇介紹英國時尚精品購物網站 Net-A-Porter 創辦人娜塔莉·馬斯內（Natalie Massenet）的報導。照片中的她站在公司總部的看台上，俯視數百名在電腦前努力工作的員工，一列列平行橫排的辦公桌無限延伸，幾乎消失在視線盡頭。攝影師想藉此暗示馬斯內高高在上的地位。她擺出每次媒體想打造出全新的女性巨擘時都會採用的姿勢：雙臂交叉抱胸，親切的表情透露出友善的統御風範。

我在湯麗·柏琦（Tory Burch）[26]的照片上也看過她擺出類似的姿勢。她以全國女性中階主管為客群，推出紐約上東城風格的精品時尚而致富，在二〇一三年登上富比士億萬富豪榜。馬斯內和柏琦都是新自由女性主義（neoliberal feminism）的象徵，該路線從機會及促進自由的角度來定義剝削。柏琦以「懷抱野心」（#EmbraceAmbition）及「女性主義就是平等」作為品牌標語，這種「女性主義」崇尚的是少數女性資本家社會階層的向上流動，支持了美國女權穩定進步的說法，卻未如實反映其他問題，比方說外國及新移民女性勞工普遍面臨的結構性貧困。

隨著成衣業紛紛出走美國，列姆利希、施奈德曼這些早期工業女權人士辛苦付出的努力又被打回原形——當年她們大膽提出訴求，主張滿足對智識的渴求是每位縫紉女工與生俱來的權利。但新自由女性主義並不把縫紉當成好工作加以保護，反而在世界各地重新尋覓最便宜好用的女性勞動力來源。

像列姆利希這樣的勞動階級移民在一九〇九至一九一〇年間的罷工中，只有等到俗稱「貂皮大隊」的中產階級婦女支持者出面聲援時才能獲取社會大眾的同情。但是馬斯內這類有錢的「女性主義者」似乎不想與女工們為伍，反而選擇隔著玻璃窗遠望著這群為數眾多卻不值一提的女性。這些越南女工若想爭取列姆利希所主張的同樣權利，就得跟名符其實遠在世界另一端的雇主正面對抗。當年國際女裝服飾工會吃盡苦頭才將整個美國東岸組織起來，如今本地勞工要動員的範圍擴及全亞洲，但即使如此還是不夠。

亞洲的反共言語凌駕了所有戰後關注的事務，成為國際間的熱門焦點；美國的成衣紡織業也悄悄外移。一九八〇年代，隨著冷戰言論被雷根總統在中美洲重新提出，美國成衣業也將迎來令人不安的全球化新篇章。

# 第十一章　加工出口區

我看見美國正在散播災禍，我眼中的美國是降臨在世界上的黑色詛咒。我看見長夜將至，毀滅世界的毒菇從根部開始枯萎。[1]

——亨利．米勒〈春天的第三或第四日〉（Third or Fourth Day of Spring），節錄自《黑色的春天》（*Black Spring*）

「這裡就像個小波多黎各，基本上是美國人在管的。」阿倫漫不經心地說，我們開車在聖佩德羅蘇拉（San Pedro Sula，又稱汕埠市）附近亂繞，這裡是宏都拉斯第二大城，同時也是該國最大的製造業中心。「這裡有更多自由，」他邊說邊比出引號手勢強調。

阿倫成年後，多數時間都在吉爾登（Gildan）、恆適（Hanes）等成衣品牌擔任產線經理，負責生產美國消費者喜愛的便宜襪子及內衣褲。這些成衣的製造目前都集中在宏都拉斯的加工出口區，當地俗稱「ZIP」。一九八〇到九〇年代這二十年間，加工出口區如雨後春筍般盛極一時，催生者聲稱廠區能提供大量工作機會，有助振興當地經濟。但若要舉出反證來駁斥，阿倫的親身經歷就是其一。畢竟他除了是個收入微薄的成衣勞工，更是一名管理人員。他盡忠職守，沒有出過任何差錯，但如今他說要搬到加拿大另謀出路。

阿倫出生於一九八六年，母親是名藥劑師，繼父是業務。他小時候被家裡送去上私立學校，他表示公立學校的資金嚴重不足，學生只能席地而坐聽老師上課。他在二〇〇三年申請上聖佩德羅蘇拉當地的中美洲科技大學（UNITEC），主修工業工程，於二〇〇九年畢業。翌年他在吉爾登找到人生第一份工作，擔任製程工程師，除了替產線上所有製程編修作業手冊，還負責員工培訓、作業現場稽查等。他一開始在針織部，後來陸續轉到染印及整燙部門，整燙跟熨燙很像，都是透過加熱方式去除織品上的皺摺，使之平整並定型。十個月後，他轉換跑道從事研發，先後任職恆適公司及卡坦集團（Grupo Kattan）旗下，該集團是耐吉等知名品牌的代工廠。此時他每月收入達七百美金，卻面臨瓶頸，再也升不上去。

阿倫和他太太講電話——她早一步先去了加拿大，在安大略當地的大學就讀——兩人比較起兩地的菜價。他說像葡萄這類的水果在加拿大通常比較便宜，七百塊的月薪在宏都拉斯其實不太夠用，他一家三口每週買菜經常得花上七十到八十五元，「而這還只是生活必需品的開銷。」

他表示，很難想像過去工廠在他底下的那些紡織和成衣工人要如何度日。在收入懸殊的光譜兩端，月薪高者至少四百六十五元起跳，低者則只有二百六十三元，不少人家裡都有三到四個孩子要養。不僅如此，通常只有真正的大公司才會依法支付最低薪資。

阿倫說，除了成衣公司，他的大學學歷在宏都拉斯唯一能找到的工作就是客服人員，但月薪頂多只有五百元。他忿忿不平地說，除非你是宏都拉斯中央銀行總裁麗娜・瑪利亞・奧莉薇・布里吉歐（Rina María Oliva Brizzio）——國會議長的女兒——就算沒有財金相關學歷，也能坐領每月八千三百元的高薪。

我問他爸媽與小孫女相隔這麼遠，會不會很難過——他女兒今年才三歲。阿倫說他媽媽已經在幾年前因糖尿病過世。「她年輕時做了錯誤的決定。」他接著又說：「在宏都拉斯，百事可樂比水還便宜。」

在世界各地四處尋覓廉價勞力的過程中，美國的服飾品牌不僅是投機者，有時也會主動積極地寄生在其他國家身上，藉此壯大自己。宏都拉斯就是一例：數十年來，美國國務院與美國企業一搭一唱，聯手在當地生產廉價服飾並回銷國內，他們將創造出的工作機會視為振興宏都拉斯經濟的福音，同時進行政治干預，使該國人民難以脫貧。一九八〇年代，宏都拉斯以成衣外銷崛起，當時雷根總統積極採取行動，對抗被其視為對美國利益與日俱增的威脅——加勒比海盆地

（Caribbean Basin）[2]區域的共產勢力。他祭出雙管齊下的反制策略[3]，一方面鞏固美國在該地區的軍事霸權，另一方面訴諸經濟手段，促進加工出口的成長。為此他發起加勒比海盆地振興方案（Caribbean Basin Initiative，簡稱ＣＢＩ），除了提供軍事援助，亦針對特定範圍產品提供單方面的貿易優惠，開放免稅外銷美國。

美國成衣及紡織業者意識到這是一大商機。一九八〇年代初期，不少美國服飾業者面臨亞洲廉價進口成衣的競爭而陷入苦戰，加勒比海盆地諸國正好提供了低廉的勞力與地利之便，成為他們的附屬工廠，以更具競爭力的價格來生產商品。同時，美國紡織業者也發現，隨著國內成衣製造商的布料採購量愈來愈少，加勒比海當地的成衣廠正好可以填補空缺，吸收過剩的產量。亞洲成衣商在自家後院就有規模龐大的紡織產業作為後盾，當然不會購買美國的紡織原料。

一九八四年，加勒比海盆地振興方案首次生效，美國的紡織企業、成衣公司、進口商及零售業者開始遊說政府放寬加勒比海盆地區域的進口限額並降低關稅。他們提出一項重要但書：若政府打算開放該地生產的成衣進入美國市場，就必須使用國產布料。一九八〇年代初期，美國進口成衣的亞洲「三巨頭」——香港、南韓、臺灣——開始透過分包將生產作業轉移到加勒比海地區，以規避美國市場的配額限制。美國紡織業的說客則希望避免在提高進口配額的同時，反而無意中幫了亞洲業者一把。在各方利益團體的遊說下，美國終於在一九八六年通過「紡織品特別保障方案」（Special Access Program，簡稱ＳＡＰ），允許使用美國布料並在加勒比海國家加工的服飾以低廉的關稅或免稅優惠進入美國市場。

雷根針對紡織品實施單向的特別貿易待遇，並於一九八七年正式生效。在該方案的保障下，加勒比海地區加工的成衣對美外銷金額在短短四年內翻倍成長，從一九八七年的十一億增加到一九九一年的二十四億美元。《富士比》雜誌在一九九〇年指出：「加勒比海正逐漸變成美國的成衣加工區。」[4]紡織品特別保障方案透過降低對美外銷的門檻來吸引投資，並提供當地發展基礎建設所需的資金。要將工資低廉的地區打造成海外生產據點，不只要有便宜的勞力，還須提供穩定的供水、交通、運輸、電信及其他通訊服務、稅務假期、租金補貼、培訓補助等誘因。加勒比海盆地振興方案諸國的加工出口區在世界銀行、國際貨幣基金組織及美國國際開發總署（United States Agency for International Development，簡稱ＵＳＡＩＤ）的資助下，上述條件一應俱全。

美國國際開發總署早在二戰後初期（一九六一年）就已經成立，負責提供計畫資助開發中國家的基礎建設及社會方案。該機構在雷根時期開始透過商業振興組織撥款，而非直接交給受援國政府。加勒比海地區的成衣製造業接受援助時引發國內各界反彈，其中批評最猛烈的是美國國家勞工委員會（National Labor Committee，簡稱ＮＬＣ）。該機關在一九九二年發布了一份名為〈花錢出賣我們的工作機會〉的調查報告[5]，譴責國際開發總署把外援當幌子，將全國納稅人的錢拿去補助成衣產業外移，造成國內工作機會流失。

國家勞工委員會指出，更荒謬的是此舉反而讓亞洲成衣業者坐收漁翁之利。到了九〇年代中期，南韓已經是加勒比海地區最大的亞洲投資國，瓜地馬拉成衣業大部分都是韓資企業。在牙買加首都金斯頓（Kingston）當地的自由貿易區，投資者大多來自香港；臺灣在中美洲亦扎根甚深。

儘管美國對加勒比海諸國政府施壓，限制遠東地區的業者進入，但基本上都是徒勞無功，因為這些亞洲企業往往都是美國品牌的承包商，這一層關係使得問題變得更加複雜。就算不看成衣製造，服裝產業中最賺錢的一環——設計及銷售——也被壟斷在美國的零售業者手中。美國大型零售商推出成本較低的自有品牌如潘尼的 Arizona、薩克斯第五大道（Saks Fifth Avenue）的 The Works 或聯邦百貨公司（Federated Department Stores, Inc.）等，刻意繞過國內製造商，由臺港、韓等地的公司來承攬實際上的生產作業，將之發包給加勒比海地區的成衣業者。

儘管加勒比海盆地振興方案的用意是為了刺激經濟成長，但實際上美國各大服飾業者僅將該地區視為廉價的勞力來源，同時嚴格遏止任何有利當地競爭的獨立生產。美國企業為當地帶來的僅有少量的技術及低技術性的低薪工作。同時，進口配額限制亦使在地業者幾乎不可能自行開發產品外銷到美國市場。

加勒比海某些地方的成衣業本來相當興盛，直到振興方案實施後才一蹶不振。這種先盛後衰的發展模式最早出現在牙買加。早在該方案被正式納入法律之前，該國總理愛德華・西加（Edward Seaga）就大力支持該計畫主張貿易自由化及經濟結構調整的基本理念，並著手將牙買加轉型為成衣出口國。西加操盤國家經濟的手腕深獲雷根好評，多次公開表示讚許，讓他成為雷根制定加勒比海盆地振興政策的重要顧問，也使得牙買加模式被雷根當成該方案所要獎勵的發展典範。西加在任的前三年，美方提供的金援高達五億美元，反觀前朝政府執政最後三年只拿到五千六百萬元。牙買加成為每人平均第二高的受援國，國際開發總署、美洲開發銀行（Inter-American Development Bank）及各大商業銀行的貸款，連同多邊外援，為該國挹注了大量資金。

然而好景不常，接下來幾年內，牙買加國內的成衣產業結構出現了轉變，當地中小企業被一批大型企業取而代之，這些企業大多為外資，且幾乎全以出口為導向。一九八〇年，牙買加民眾所穿的衣服有八成五是國內自製，成衣出口僅占總數約四分之一，且多數業者皆為本地人。到了一九九二年，局勢逆轉，國內成衣市場僅有一成五的產品出自本地業者，高達九成七的外銷成衣生產集中在自由貿易區，其中牙買加廠商所占的比例遽降。該國成為世界上負債最多的國家之一。

牙買加成為美國成衣生產基地快速崛起的故事在整個加勒比海盆地不斷重演。素有「美洲三豹」（Three Jaguars）之稱的薩爾瓦多、宏都拉斯及瓜地馬拉三國對美成衣出口量超越了牙買加。一九八五至一九九四年間，薩國的出口成長率高達三千八百個百分點，但國內勞工的實際薪資卻大幅衰退。一九九八年，加工出口區的成衣工人平均時薪只有五十六美分，換算日薪僅四塊半，遠遠不足以應付一般家庭的基本需求。

事實上，美國各大主要服飾零售業者皆早已布局進軍加勒比海地區。名單顯示，透過加勒比海盆地振興方案插旗上述三國的企業包括沃爾瑪（Walmart）、凱瑪（Kmart）、潘尼（JCPenney）、席爾斯（Sears）、薩克斯第五大道、凱文克萊（Calvin Klein）、迪奧、維多利亞的祕密、Spiegel、麗詩加邦（Liz Claiborne）、The Limited以及ＧＡＰ等時尚品牌。

這些公司扮成藏鏡人躲在外包業者背後，利用全美洲最壓榨勞工的工作條件謀取利益。亞洲人在中美洲及加勒比海地區經營的工廠以苛刻勞工及打壓工會組織之作法在業界聲名狼藉。一九九五年，在國家勞工委員會的推動下，針對薩爾瓦多聖馬可斯自由貿易區（San Marcos Free Trade Zone）某間名為Mandarin International的臺商成衣廠展開一場跨國運動，揭發該廠涉嫌僱用未成年勞工、死亡威脅、肢體暴力、強迫加班、極低工資及集體開除加入工會者等種種劣行。該廠是美國各大服飾品牌的外包商，包括潘尼、艾迪鮑爾（Eddie Bauer）、麗詩加邦、J. Crew、Casual Corner及ＧＡＰ都是它的客戶。雖然這些亞洲業者被冠上無良公司之惡名，但他們實際上效力的對象卻是美國的零售百貨業者。套句社會學家賽西莉亞・格林（Cecilia Green）的話，就是「少部分最成功且最『高明』的資方似乎沒有弄髒他們的手。」[6]

有時，一場公關災難掀起的風暴就能讓西方品牌與勞力剝削的工作條件畫上等號。「你可以說我長得醜、沒有才華，但說我不關心兒童……你有什麼資格？」[7]一九九六年，電視節目主持人凱西．李．吉福德（Kathie Lee Gifford）在她的脫口秀《*Live with Regis and Kathie Lee*》上聲淚俱下說道。事件起因於有調查員在宏都拉斯的喬洛馬（Choloma）加工出口區發現她在沃爾瑪推出的同名自有品牌服飾竟然僱用童工（該品牌年營業額高達三億美元，沃爾瑪承諾將捐出部分銷售收入給兒童慈善機構）。東窗事發後，她在電視上演出苦肉計，向美國大眾求情。

同年稍後在白宮玫瑰花園的記者會上，時任總統柯林頓宣布將成立專案小組調查血汗工廠的勞動情形，凱西．李身穿一襲粉色短裙套裝陪同出席。「只要世界上還有貪婪，（剝削）這個問題就會繼續存在。[8]只要有人能踩在別人身上，利用對方的勞力賺到任何一毛錢，就會有人這麼做。但這正是我們今天所要談的主題，確立監督機構，找出並屏除這些不肖人士，恢復成衣業的良好聲譽。」她以緩慢嚴肅的語氣意味深長地說。凱西．李成功扭轉了局勢：短短幾個月內，她從全民唾棄的無良公敵搖身變成英勇的改革鬥士，但實際上美國成衣業界幾乎沒有什麼改變。

凱西．李的公關災難過後二十年，我和阿倫驅車前往喬洛馬參觀當地工廠。在越南時，我佯稱自己是有興趣的投資者，輕而易舉騙過當局，順利進入加工出口區[9]。但這一招在宏都拉斯沒用。我後來才知道，先前寄的電子郵件之所以石沉大海，原因就出在宏都拉斯的加工出口區跟工廠球員兼裁判，實際上都是同一批人在管理。這些自貿特區通常由一小批業者自營，其本身在廠區內就設有工廠。他們成立各種人頭公司，假借名義租用廠房，形同將加工出口區納為己用。例如喬洛馬主要的自由貿易區之一——INHDELVA——就是卡坦集團所有[10]。該集團旗下還有多家成衣廠[11]，每月替 Jos. A. Bank、Stitch Fix、Pronto Uomo、Kenneth Cole、Vanity Fair、Ministry of Supply、Dickies、VF Corporations、Van Heusen、Men's Wearhouse 等品牌生產七十二萬件服飾。

既然不得其門而入，我決定旁敲側擊，改從周遭環境觀察。我和阿倫開車沿著小路行駛，經過手持機槍的警衛與頂部繞滿鐵絲網的圍牆，在可愛集團（Grupo Lovable）經營的加工出口區外，看見剛下班的工人魚貫離開，這時廠區的鐵門打開，一輛克勞力物流的卡車開了出來。出口旁有路邊攤，販售鞋子、切片甜瓜、芒果、手機殼、緊身褲、芭比娃娃和印有白雪公主的毛巾等水果雜貨。一對男女走出工廠大門，騎著一輛摩托車離開；三個女孩停下腳步，與擺攤的朋友聊了起來。這群工人中也有幾個看起來年紀較長的婦女，但大多數是十幾歲的年輕人。退役的美國橙黃色校車載滿通勤的勞工，他們準備搭車回到南方十英哩外的聖佩德羅蘇拉家中。有位女孩從我們身旁經過，她身穿紅色緊身褲，別著珍珠耳環，頭髮用髮帶綁成馬尾，邊走邊抬起手腕背，以規律的節奏朝另一隻手掌拍打，動作看起來相當隨性，但其實是為了舒緩手腕的痠痛，這是她每天坐在縫紉機前工作長達十二小時的代價。

就在前一天，我和阿倫開車到聖佩德羅蘇拉北部邊緣，去探訪一處位在河邊的臨時營地，那裡的居民大多是拆遷戶。雞到處亂晃啄食，有個小孩爬上了垃圾堆。阿倫說，這裡的人大多以居家清潔工為業，只有少數幸運者在俗稱「ZIP」的加工出口區找到工作。另一個在幾乎乾涸的布蘭科河（Río Blanco）邊的違建聚落，有頭牛在河床上漫步，婦女拿著塑膠碗朝河畔走去。枯涸的河床上長滿綠草，隨風翻飛；白色石塊間雜其中，像突起的骨頭。一個男孩將石頭綁在繩子上，高舉過頭，旋轉揮舞著。傍晚六點左右，暮色漸濃，將北邊山脈暈染成一片紫藍，赤道附近總是如此。

用鐵皮及廢棄合板釘成的組合屋沿河岸一字排開，其中散落著幾間看起來更為堅固的煤渣磚房。近年來，像這樣的臨時聚落已經成為成千上萬被迫遷的宏都拉斯人的避難所，且無法預料能住多久。這些無家可歸的難民就跟那些農民一樣，被財閥奪走賴以維生的農園：該國富商米格爾．法古賽（Miguel Facussé）計畫性地陸續向農民合作社收購土地，在亞關（Aguán）地區取得廣達二萬二千英畝的棕櫚園。當地人表示，這些土地其實是透過威脅恫嚇的手段「買」來的。

阿倫說，每當河水上漲（隨著熱帶風暴強度增強，情況愈來愈頻繁），沒有一次不發生水災，岸邊居民的所有家當也跟著付諸流水。空氣中瀰漫著燒塑膠的臭味，阿倫指出那是社區用來偷接電網的電纜燃燒的味道。他說這些人家裡偶爾會出現收看衛星電視用的小耳朵，有時也有電視機。「這座城市的每條河邊都有這樣的人。」

這些難民窟所展現出的窮困，過去經常被拿來作對比，藉此誇耀加工出口區所帶來的「機會」。加勒比海盆地振興方案並未為當地勞工創造財富，但在宏都拉斯，它確實促成了某種寡頭階級的崛起，形成一股強大的右傾勢力，影響國家政治。該國許多財閥權貴[12]，例如卡那瓦迪（Canahuatis）和法古賽家族，都是在一九八〇年代利用振興方案帶來的商機趁勢崛起，靠成衣加工出口業的外資致富。因此，當宏國政府試圖改善勞工的工作條件時，損失最大的就是這些財閥，於是他們就動手干預。

宏都拉斯前總統馬努耶．賽拉亞（Manuel Zelaya）[13]出身該國兩大傳統保守黨之一，此二政黨代表少數寡占家族企業統治宏都拉斯長達數十年，這些企業則與美國及跨國公司聯手掌控了該國絕大部分的經濟。賽拉亞於二〇〇六年當選總統，效法薩爾瓦多、委內瑞拉、阿根廷、玻利維亞、巴西、厄瓜多、烏拉圭及其他各國興起於一九九〇至二〇〇〇年代初期的左翼及中左翼政府，在政治上採取進步立場。他支持將最低工資提高百分之五十，呼籲政府恢復小農地權，並阻擋有心人士推動公有港口、教育體系及電力系統民營化的企圖。結果在他競選期間，所有支持他的有錢企業主通通收手，其聲勢開始下滑。

二〇〇九年四月，塞拉亞公開要求選民在六月二十八日針對一項不具法律約束力的公投做出表決，是否同意在該年十一月的總統大選同時選出修憲代表於翌年或二〇一一年某個未定的時間點召開全國制憲代表大會（*constituyente*），進行修憲。為了爭取代表權，民間的社會正義行動者要求宏國政府仿效委內瑞拉、厄瓜多和玻利維亞成立制憲代表大會。近年來，上述諸國施行此制度，擴增了原住民、女性及小農等傳統上沒有投票權之族群的民主權利。

六月二十八日前夕，軍方不顧宏都拉斯憲法規定，拒絕配送公投選票。就在投票日當天清晨五點半，宏國軍方成為寡頭勢力的打手，成功發動拉丁美洲二十年來首次軍事政變，逮捕並罷免了賽拉亞，由國會議長羅伯特・米契列地（Roberto Micheletti）代理總統。在國際社會強烈的譴責聲浪中，憤怒的宏國民眾湧上街頭抗議，當時美國歐巴馬政府立即採取行動協助穩定局勢，替新政府爭取時間，直至十一月的總統大選順利舉行。但反對黨候選人最後卻紛紛退選，使這場選舉淪為一場騙局。然而美國很快就承認了選舉結果，並恭賀新任總統波夫里歐・羅博（Porfirio Lobo）勝選。

宏都拉斯長期以來始終是美帝國大業中一顆重要的棋子。一九五四年，美國以宏都拉斯作為基地，發動了一場由中央情報局主導的政變，推翻瓜地馬拉社會主義派的民選總統雅各伯・亞本茲（Jacobo Arbenz）。此行動開啟了該國長達數十年的內戰，政府對人民展開連串的鎮壓屠殺。一九八〇年代，美國利用位於帕麥洛拉（Palmerola）、與宏都拉斯政府合作的索多卡諾美國空軍基地（Soto Cano Air Base）對尼加拉瓜的左翼桑定（Sandinista）政府展開對抗。在宏國政變前夕，擁有六百名美軍駐守的索多卡諾基地具有重要的戰略地位，攸關美方在中南美洲的軍事利益，為美國在拉美地區極少數可以起降大型飛機的軍事據點之一。

歐巴馬政府在宏都拉斯政變時出手保護的動機之一是為了保住索多卡諾基地，另外一個目的就是要討好並攏絡當地商界，尤其是成衣紡織業。二〇〇九年七月，就在塞拉亞下台幾周後，曾在前總統柯林頓的彈劾案中為其辯護而聲名大噪的律師蘭尼・戴維斯（Lanny Davis）出現在國會山莊，在眾議院外交事務委員會上作出不利於宏國流亡前總統賽拉亞的證詞。當時他的身分是奧睿律師事務所（Orrick, Herrington & Sutcliffe）的合夥人，受推翻賽拉亞的政敵委託出席。「我的委託人代表的是中南美洲商業協會（宏都拉斯分會）（the [Honduras chapter of the] Business Council of Latin America，簡稱CEAL）[14]，個人不代表政府，亦不與米契列地總統談話……謹代表恪守法治的企業家發言並深以為傲。」他對記者如此表示。

胡安・卡納瓦迪（Juan Canhuati）被認為是宏國政變的主要策劃者之一，出身該國最大的成衣製造家族。卡納瓦迪家族旗下有可愛企業集團[15]，在喬洛馬握有三處加工出口區，替好市多、Hanes、Russell Athletic、Foot Locker、JCPenney 及 Sara Lee 等美國品牌代工，是中美洲數一數二大的實業集團。二〇一〇年，該家族另一成員馬利歐・卡納瓦迪（Mario Canhuati）獲羅博總統指名出任外交部長，同時毫不避嫌地繼續兼任可愛集團總裁。此外宏國社會學兼經濟學者萊蒂西亞・沙羅蒙（Leticia Salomón）亦點名卡坦集團總裁雅克伯・卡坦（Jacobo Kattan）為政變另一名寡頭首腦。這些重視商業利益的寡占企業不願見到美國經援斷炊，欲極力確保資金能源源不絕流入，美方似乎也作如是想。

美國法律規定，受援國發生「重大軍事介入」的政變時，應立即停止對該國政府的資助。二〇〇九年七月二十四日，美駐宏都拉斯大使通報時任國務卿希拉蕊，電報中表示「毋庸置疑，（宏國）軍方與最高法院及國會密謀，於六月二十八日針對行政部門發起了一場違憲的非法政變。」[16]然而希拉蕊和歐巴馬皆小心翼翼避免使用「軍事政變」一詞，以確保宏國金援不被中斷。

政變前夕，宏國一般人民的生活絕對稱不上恬淡靜好，甚至相當難過。絕大多數人相當貧窮，主要新聞媒體都操控在寡頭財閥手中，為其所有。但該國確實擁有中美洲最強大的勞工運動，民間基層的社會運動——尤其是女性及原住民族群——正在蓬勃發展。有些報紙，特別是聖佩德羅蘇拉當地的《時代報》（*El Tiempo*）為政治對話提供了發表的平台。獨立刊物可公開出版，社區經營的廣播電台也不會受到騷擾。但這一切在政變之後都變了。

據無國界記者組織（Reporters Without Borders）指出，羅博總統上任後半年內就有八名記者遭到兇殺。在他主政下，宏都拉斯的刑事司法系統幾乎完全解體，法治亦隨之崩壞。暗殺、性侵、綁架、毒品走私等犯罪層出不窮，卻從未繩之以法，社會福利也被掏空。許多基本公共服務遭撤除，政府失能造成組織犯罪猖獗，謀殺率飆升，高居世界第一。為了保命，成千上萬的宏都拉斯人紛紛逃往美國。

宏都拉斯的菁英權貴利用國家社會的內部崩潰，營造對自己有利的態勢。二〇一一年九月底，宏國上下陷入混亂，總統羅博北行前往聯合國發表演講。他提出警告，宏都拉斯的黑幫及毒販勢力愈來愈猖獗，對人民性命安全造成「嚴重威脅」。勞動歷史學者丹娜・法蘭克（Dana Frank）認為，這種修辭框架相當成功，導致二〇一四年發生五萬七千名中美洲兒童難民非法隻身闖越墨西哥邊境偷渡美國的事件時，無論是在政變中成功奪權的新任宏國政府或在背後支持的美國皆未被追究政治責任。看在美國右翼媒體眼裡，這些宏都拉斯兒童只是利用邊境管制不力的漏洞趁勢入侵。自由派的媒體報導則表示黑幫及販毒分子猖獗，導致宏國暴力橫行，兒童才不得不逃離家園保命。兩派說法皆未暗示真正的事實，誠如莎拉・查耶斯（Sarah Chayes）在她替卡內基國際和平基金會（Carnegie Endowment for International Peace）撰寫的報告中指出：「都市暴力及人口外流是獲得美國（及歐盟）支持之該國政府貪腐的副產品。」[17]

我最早注意到宏都拉斯是在二〇一二年，當時我發現我弟的大學連帽上衣標籤寫著「宏都拉斯製造」。就在同一天，我在《紐約時報》上看到一篇新聞，報導四名非洲裔宏都拉斯民眾（其中兩人是孕婦）被兩架載有該國維安部隊及美國顧問的國務院直升機開槍誤殺致死，另有四人受傷。我不禁納悶，我們日常所穿的運動上衣怎麼可能來自一個治安如此混亂、連無辜女性也會被誤認為毒販而被人從直升機上射殺的地方？事實證明這種想法是有問題的，正如《衛報》記者在二〇一三年的報導中寫道，聖佩德羅蘇拉的加工出口區「為海外市場生產大批粗製濫造的 New Balance 運動衫和 Fruit of the Loom 平口內褲，理當是個熱鬧繁榮的地方，但街上卻靜悄悄的，毫無動靜，空氣中瀰漫一股緊張的氣氛。」[18]作者說該地「理當是個熱鬧繁榮的地方」，顯然與現實不符：宏都拉斯的加工出口業與社會暴力亂象相互依存，關係密不可分。加工出口區為廠商提供安全保障及基礎設施，方便他們取得低廉的勞動力。同時，一般民眾也很想找到一份安全有保障的工作。法外暴力的始作俑者往往就是警方。加工出口區並不會讓城市變得「更熱鬧」，它就如同被取代的香蕉園、鋁土礦場、甘蔗園，是種開採單位。

宏都拉斯製造業協會（Honduran Manufacturers Association）的辦公室位於阿爾提亞塔（Altia tower）大樓八樓，其所在的「阿爾提亞智慧城市」科技園區是一處封閉的飛地，就在布蘭科河違章聚落公路的轉彎處，出入皆有門禁管制。這座閃耀著金光的玻璃高塔與城市景觀形成強烈對比。大樓有幾家電話客服中心進駐[19]，係業者向大樓擁有者尤瑟夫・阿曼達尼（Yusuf Amdani）承租。尤瑟夫是卡利姆集團（Grupo Karim）的總裁，他跨足紡織及房地產，是宏都拉斯數一數二的商業巨擘。像阿倫這樣的年輕人很可能一輩子都活在尤瑟夫的庇護下。事實上，他幾乎就是如此。

尤瑟夫同時也是阿倫母校——中美洲科技大學——的經營者，凡是任職於上述客服中心的學生皆享有折扣優待。該校學生及客服中心員工在午休時可以到智慧城市園區內的 Altera 商場購物，同樣也屬尤瑟夫所有。學生畢業後可以選擇到客服中心就職，或進入他在喬洛馬的眾多製造工廠。尤瑟夫在該區擁有的物業包括紡織廠、布料廠及成衣工廠[20]。過了阿爾提亞塔，大老遠就能輕易認出尤瑟夫的豪宅，因為它蓋在山上，居高臨下俯瞰著市區所有屋舍建物，明目張膽地超出了法定的海拔許可高度。

我在前往聖佩德羅蘇拉主要港口途中順道造訪阿爾提亞塔。在隨行翻譯古斯塔沃的協助下，我向宏都拉斯製造業協會的櫃台人員表明自己正在寫書，想要入港採訪以瞭解加工出口區對宏國經濟的貢獻。艾絲翠（Astrid）塞了三本亮面印刷的精美手冊到我手裡，其中一本封面人物是名宏都拉斯婦女，她戴著老花眼鏡，嘴搽口紅，坐在縫紉機前，斗大的標題寫著：「我們準備好了」。她叫我去找卡菈．詹森（Carla Johnson）。

到了港口，古斯塔沃隔著鐵門柵欄喚了持槍警衛一聲，並報上卡菈詹森的名號。對方推開大門，等我們駛入後隨即關上，同時檢查車內，再三確認後才示意我們進去。卡菈踩著高跟鞋，深色眼影搭配金色假髮，戴著鑲有白色塑膠珠飾的大耳環。她安排我們到會議室，牆上掛著時任總統胡安・奧蘭多・葉南德茲（Juan Orlando Hernández）及第一夫人安娜・賈西亞・卡利雅思（Ana García Carías）的肖像，另外還有一排國旗及一個木製船舵。港口經理在那裡迎接我們。阿佛瑞多・艾瓦拉多（Alfredo Alvarado）畢業於某所昂貴的私立學校，本來在吉爾登的成衣廠負責品管，後來透過家族人脈牽線才得到這份工作。這時我突然明白了阿倫是怎麼想的：在宏都拉斯，只有跟對人才能靠關係更上一層樓，找到比在吉爾登更高的管理職，而這一切艾瓦拉多得來全不費功夫。

這座港口接收來自喬洛馬、比亞努維瓦（Villanueva）、蒲埠（Progreso）、拉利瑪（La Lima）、布法羅（Bufalo）、多斯卡米諾斯（Dos Caminos）、納科（Naco）、波沃林（El Polvorín）等加工出口區的貨物。艾瓦拉多說這些貨物幾乎都運往美國。他年紀跟我差不多，手裡拿著兩支手機，是個大忙人。

我們聊起當地主要的進口商品——從休士頓運來的德州棉花、穀物、燃料、紡織機具等。他說港口二十四小時開放，從這裡不論到佛羅里達州的大沼澤地港（Port Everglades）、休士頓或邁阿密，都得花上三天航程。

該港口近期的暢旺榮景，得力於總統葉南德茲對外銷企業的支持，完全以商業利益為依歸，並在運輸方面積極協助，確保系統能順利運作。但並非所有人都樂見這種發展。我問起最近發生的幾起示威事件，包括在喬洛馬燒輪胎霸占橋梁的陳抗人士、抗議政府企圖將教育體系私有化的教師、反對醫療保健民營化計畫而走上街頭的醫生等，艾瓦拉多彷彿遭遇情傷似的，搖搖頭無奈地說：「沒錯，不是每個人都敢在抗議期間冒著風險把船開進港。」他用認真的眼神看著我，「那場面簡直就像恐怖攻擊。」

採訪結束後，古斯塔沃開車載我到海邊，來到柯德斯港（Puerto Cortés）一間名為「El Sapo Enamorado」（暫譯：戀愛中的青蛙）的海濱餐廳，是當地人和聖佩德羅蘇拉的勞工週末休假的好去處。我在茅屋下看著加勒比海細碎的浪花，徐徐海風拂面，心中滿是感激。兩名十幾歲的女孩涉水走入海中，時而扭動，時而彎身，愈接近大海，她們的身體變得愈放鬆自在。海灣外，一艘貨輪悄悄駛出港口，緩慢航向地平線的彼端。

貨輪抵達美國時，看不見任何有關宏都拉斯這個國家或歷史的蛛絲馬跡，但一切早已化為無形的糾葛，藏身其中。Hanes 平口內褲的買家不會看到那些組合屋的難民除了應付水災，還得面臨日常飲水被織品染料廢水汙染的威脅；他們也不會知道那些死於非命的記者和環保人士叫什麼名字。然而，儘管成衣業竭力不讓消費者窺見其對土地與人民生計的剝削，其中一個環節確實名副其實的「觸及」了地球上的每一片海岸。

服裝汙染不僅長期危害開發中國家的生態系統，在製造過程中還衍生出一種新型態的水汙染，無形且無孔不入，破壞力極強。被染紅的河水教人看了怵目驚心，象徵成衣業背後的環境代價；但這種新型的汙染源卻小到肉眼難以察覺，那就是名為「超細纖維」（microfiber）的微細塑膠碎屑，亦即目前合成織物的原料。

上世紀的最後十年，超細纖維的問世讓聚酯纖維再次翻紅。「微」（Micro）是「一九九〇年代的時尚訊息」[21]。杜邦公司的代表得意地宣布：「本公司將推出『Micromattique』超細纖維布料，準備引領全新的時尚風潮。」超細纖維長度不到五毫米，直徑以千分之一毫米計算，用途更加廣泛，可以創造豐富多元的織品觸感。但這些纖維因為太微小，洗衣機濾網根本無法過濾，致使它們隨著汙水進入處理廠，但多數處理廠也缺乏精密的過濾設備來加以攔阻。廢水經過處理後排入河流及大海，微細的塑膠纖維亦順勢流入其中。

這些微小的塑膠一旦進入海洋就再也無法排除。它們「透過攝食被海洋生物吃下肚，在整個食物鏈中逐漸累積。」[22]記者布萊恩・雷斯尼克（Brian Resnick）寫道。這些塑膠碎屑「本身就對野生動物有毒，但也可以像海綿一樣，吸收水中其他毒素。」二〇一八年的研究顯示，在西北大西洋中洋深海捕撈到的魚類中，有四分之三在胃部發現微塑膠，就連存活在全球最深的太平洋馬里亞納海溝的生物，也在體內發現超細纖維的蹤跡。

超細纖維是海洋塑膠汙染的主要來源，在海灘周圍的沉積物、紅樹林、北極冰層及人類食用的產品中皆可發現其蹤跡。二〇一八年某篇研究啤酒、自來水及海鹽汙染的科學論文指出，「平均每人每年攝入超過五千八百顆合成碎屑微粒，其中大部分是塑膠纖維。」[23]每年滲入海中的超細塑膠纖維高達五十萬噸，相當於五百億支塑膠瓶[24]。超細纖維已經成為全球水資源當前的重大課題，只是舊患還沒解決，這項新難題又隨著成衣生產規模的擴大而更加惡化。

愈來愈多快時尚品牌——例如 Zara、Forever 21 及H & M——搭上風潮，紛紛推出超細纖維服飾。這些零售業者以增加生產、不斷推陳出新的方式來因應百貨公司日益縮水的營收。傳統上百貨公司每年平均換季三次左右，到了二〇〇〇年變成每月都有新品上架，如此頻繁的節奏在當時看來相當怪異，但如今已經跟不上時代了。

二〇一〇年，潘尼服裝百貨也加入快時尚的行列，與義大利品牌 Mango 合作，該公司有辦法將開發新品的週期從設計、生產到店面上架全都壓縮在一個月內完成。潘尼執行長表示：「如果你一年才鋪四次貨，顧客一年就只有四次上門的理由。」[25]創立於一九七五年，總部位於西班牙西北部的拉科魯尼亞（A Coruña）的 Zara 是這種模式的推手，該公司每兩週配送一次新品到店內。二〇一四年，它在馬德里機場附近斥資興建了四間倉庫，每天配送近五十萬件服裝，以每週一次的頻率進貨到各家門市。Zara 品牌擁有者 Inditex 集團成為西班牙最大的企業，Zara 也成為世界上最大的時裝通路。

但若非全球貿易規則的改寫，就算Zara不斷瘋狂推出新品，也不可能促成二十世紀前半葉成衣製造業的爆炸性成長。

一九八〇年代，破產危機和利潤不斷減少促使零售業大力推動貿易進一步自由化，要求取消進口配額限制及關稅。一九八四年，席爾斯、潘尼百貨連同其他十七家零售商及許多零售協會組成「零售業貿易行動聯盟」（Retail Industry Trade Action Coalition，簡稱RITAC），針對全球採購展開遊說。他們曾爭取降低加勒比海盆地國家的關稅，並繼而支持北美自由貿易協定（North American Free Trade Agreement，簡稱NAFTA），該協定允許墨西哥的紡織成衣產品可不受限制地進入美國市場，嚴重損害國內織布及服裝業者的利益。此外該聯盟也主張擴大與中國的貿易規模，最後更取消一九七四年以來掌控全球成衣流通的《多種纖維協定》。此後配額限制分階段逐年開放，到了二〇〇五年，該協定正式退場，每單位的進口成本穩定下降，美國服裝業終於迎來致命的一擊。

一九九七年，所有在美國買得到的服裝超過四成是國內生產，但到了二〇一二年只剩百分之三不到[26]。進口配額限制取消，形同移除了貿易障礙，買家可以自由向價格最優惠的國家進貨，各國開始大打價格戰。在這種全新的貿易模式下，身為出口國的宏都拉斯表現相當亮眼，只不過這一切都是建立在勞工絕望的犧牲上。

衣服愈便宜，民眾就愈會買。一九八四年美國平均家庭消費支出中，服裝占百分之六點二；二〇一一年則降至百分之二點八[27]。儘管薪水用於花費的比例下降，但美國人買衣服卻是不減反增，合成纖維成衣亦然。二〇一三年，聚酯纖維、尼龍、壓克力纖維及其他合成布料衣物占全球服裝總量的六成。

貧富差距日益擴大往往伴隨著廉價服飾的大行其道。除了成衣製造業沒落，零售業的薪資大幅減少也是造成美國貧窮現象的原因。勞工統計局的數據指出[28]，二〇一八年零售業的年薪中位數僅達二萬三千三百四十美元。

零售業人員不僅薪資低，而且還受到嚴密的監控。二〇〇七年，女裝品牌安・泰勒（Ann Taylor）[29]推出名為「安泰勒勞力分配系統」（Ann Taylor Labor Allocation System，簡稱ATLAS）的內部管控機制，藉此監測每位員工每小時的銷售業績以及每筆交易的金額。根據這些統計，就能將績效最高的店員安排在最繁忙的尖峰時段，較差者的工時則被削減。某位管理高層表示，為這套機制取名很重要，「因為它賦予系統獨特的個性，像真人一樣，這麼一來被（員工）討厭的就是系統本身，而不是我們。」[30]

※　※　※

為我們帶來服裝的全球供應鏈看起來或許複雜得嚇人，但真是如此嗎？服裝品牌將生產外包給世界各地最廉價的代工業者，接著營造出消費者心目中美好的表面形象，與現實切割。這種操作方式的確相當簡單。他們只有在真正需要強調時，比方說將基層勞力的剝削——有時甚至是人命損失——直接歸咎於採購訂單，才會把產業幕後運作的複雜性當成藉口，證明中間隔了太多層因素，並非他們所能掌控，以此撇清關係。

西方品牌開始傾向採取道德承諾的模式，通常體現在「企業責任準則」或「行為準則」中。這類準則在二十一世紀初期暴增[31]，被企業當成對海外虐工事件曝光後的公關回應。但社會學者在當地的研究顯示，這些準則對大型零售商的採購或承包商及外包業者的生產方式並未帶來根本性的改變。

從以下事例便能看出這類準則的成效：一九九〇到二〇一二年間，孟加拉的成衣製造業發生了二百五十六起工廠火災，造成一千三百名工人喪生、數百人受傷。針對近年來最慘重的六起事故研究發現，這些案例的共通點就是「逃生門被封死、消防設備不足或欠缺、缺乏逃生訓練或訓練幾近於無。」[32]每間事發工廠的客戶皆為歐洲及北美的知名服裝品牌，這些企業都設有行為準則，「具體提及承包商必須遵守的安全標準，並期盼其遵循相關法令。」[33]

顯然這些準則對勞工的保障發揮不了什麼作用，這在孟加拉的成衣大樓倒塌事件中更是顯而易見。二〇一三年四月二十四日，該國首都達卡（Dhaka）郊區的熱那廣場大樓（Rana Plaza）意外倒塌，該棟建築物內有多家成衣廠，專門替法國樂蓬馬歇（Bon Marché）、家樂福、英國Primark、Store Twenty-One、義大利班尼頓（Benetton）、Essenza、西班牙Inditex集團、Mango、美國潘尼、沃爾瑪、The Children's Place、DressBarn、FTA International、Iconix Brand、及德國C&A等歐美品牌代工服裝。當天早上，一名政府工程師向聚集在大樓外的工人們提出警告，表示大樓支撐柱上出現明顯裂痕，恐有安全疑慮。儘管如此，廠方仍堅持讓工人入內工作。事實上，幾乎所有向這些工廠採購的品牌及零售企業皆訂立了自己的行為準則，但問題就出在該大樓當初興建時並未取得完整許可，並且違規加蓋樓層。當日上午八點四十五分，工廠開工沒多久大樓便意外倒塌，總計造成一千一百多人死亡、二千五百多人受傷。

這場意外之後，服裝業界出現強烈的檢討聲浪，促成二〇一三年五月《孟加拉消防及建築安全協議》（Accord on Fire and Building Safety）的問世，目前已有一百五十多家全球品牌及零售商簽署，尚包括其他業界成員如影響力強大的孟加拉成衣製造出口協會（Bangladesh Garment Manufacturers and Exporters Association）及全球產業總工會（IndustriALL）、國際網絡工會

（Union Network International，簡稱ＵＮＩ）等兩大國際工會組織。該協議歷經多年來一連串的協商始終沒有定案，卻在熱那廣場倒塌事件後火速達成決議，拒絕自願性的企業社會責任行為準則模式，而是要求所有簽署方包括孟加拉的成衣業者、全球品牌及零售商立約保證共同承擔財務責任。這些條款就跟國際女裝服飾工會與批發商及製造業者共同簽署的內容一樣，是具有約束力的法定義務，批發商不得將保障工人勞動條件的責任推卸給製造業者。本協議可由簽署國之法院強制執行。

儘管美國零售品牌占孟加拉成衣出口的二成二，但有些企業龍頭全都拒絕簽署《孟加拉消防及建築安全協議》。ＧＡＰ、沃爾瑪和其他至少十五間在孟加拉設有代工廠的業者竟反過來成立「孟加拉勞工安全聯盟」（Alliance for Bangladesh Worker Safety）來互別苗頭。該美系「聯盟」最重要的特點是，它讓美國品牌得以逍遙法外，永遠不會被追究責任。

在工業織品貿易的發源地，促使其興起的趨力包括壓榨女性、破壞自然以及殖民暴力等惡習。如今這些陋習又捲土重來，造就二十一世紀的全球成衣貿易儼然一頭可怕的巨獸，但並非所向無敵，難以改變。

資本密集的合成纖維產業就如同與其緊密交織的快時尚系統，必須像癌細胞一樣不斷轉移才能存活。這使得它有如貪婪的野獸，卻也脆弱無比。隨著快時尚飛速發展、一步步演化出畸形怪誕的比例，另一種服裝生產方式也悄然興起，背後的推動者是一群想要開創更靈巧、更人性化的工作模式的有心人士。他們使用的材料雖然多元，卻對某種古老的纖維原料——羊毛——特別情有獨鍾。羊毛的應用範圍極廣，既能投入龐大的工業生產，也能發展極小規模的手工紡織。它的歷史相當悠久，過去是平民百姓、窮人賤民才穿的布料。羊毛的故事告訴我們，有時當產業的發展面臨窮途末路之際，它就有可能反璞歸真、改變型態，以更小的規模、更永續的形式尋求新生。

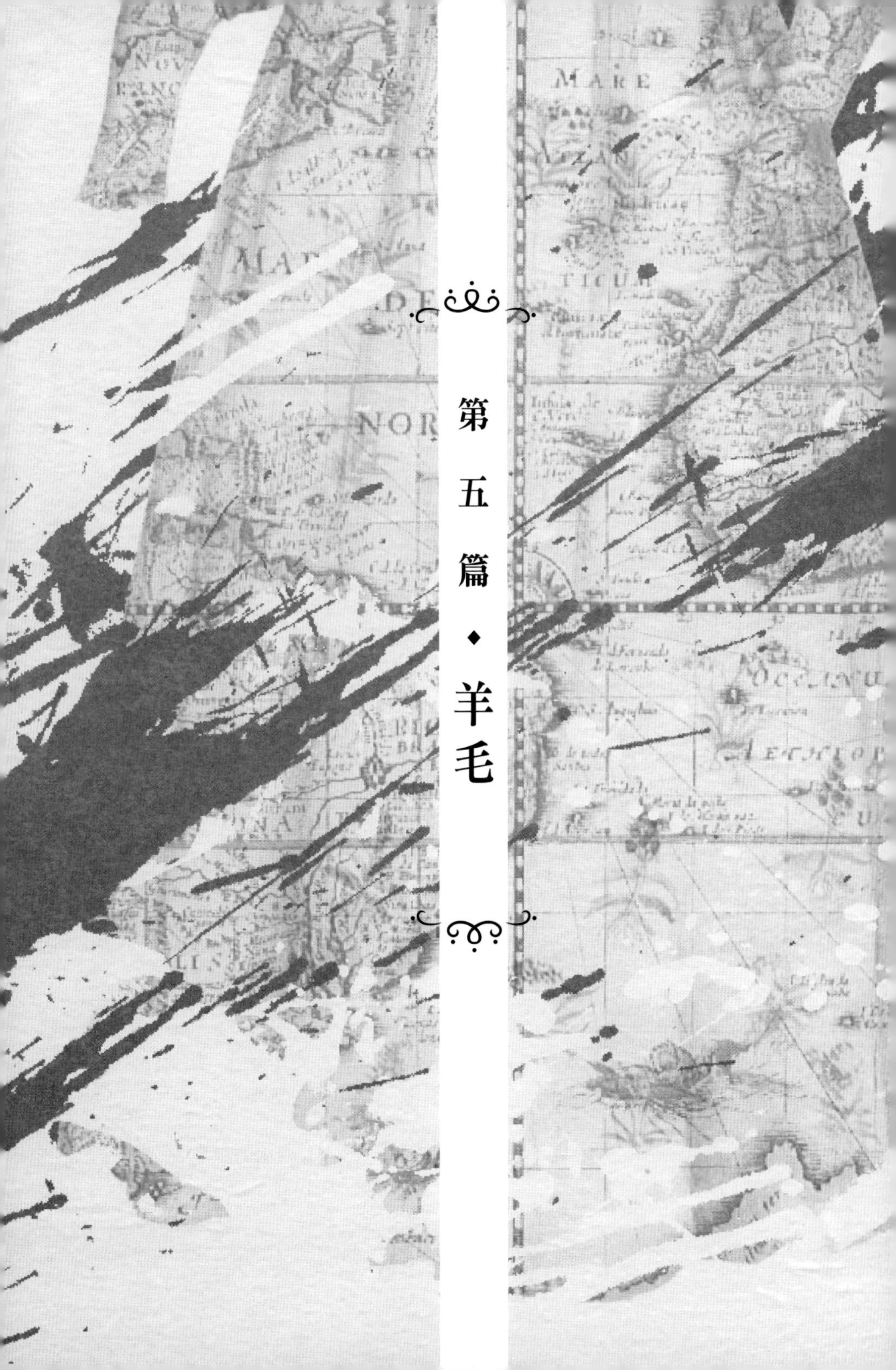


# 第五篇◆羊毛

# 第十二章　以小搏大

你們這小群，不要懼怕，因為你們的父樂意把國賜給你們。

——《路加福音》第十二章三十二節

二〇一三年二月某個晚上，在懷俄明州拉勒米（Laramie）的巴克霍恩酒吧外，幾個北達科他州的壓裂（fracking）採油工人稱讚我的伍爾里奇（Woolrich）毛毯大衣很好看。我很喜歡這件大衣，雖然有時穿起來會覺得有些不太自在，因為這件衣服的設計任意挪用了印第安納瓦荷族（Navajo）的圖騰意象。我是在拉勒米當地的二手商行買的，那是我見過收集最多伍爾里奇服飾的舊貨店。

拉勒米的空氣很稀薄，該城海拔約七千英呎（約二千一百多公尺），比素有「里高城」（Mile High City）之稱的丹佛市（Denver）還要高出整整二千英呎。當時戶外溫度是零下二十度，但由於氣候乾燥，這種寒冷在中部高地平原反而沒那麼難熬。酒吧牆上到處掛著麋鹿的剝製標本，每週一次的「開放麥克風」（open mic）脫口秀之夜是懷俄明州東南部這個鄉下地方為數不多的娛樂活動之一。該州地廣人稀，儘管幅員遼闊，但人口卻是全美各州中最少，就連騾鹿也遠比人類多。

我謝過那些工人對這件毛毯大衣的恭維，並問他們為何不穿羊毛衣。

「這些都是工作規定的裝備，我們在鑽油台上必須這樣穿，聽說能防火。」其中一人邊說邊指著他身上成套的黑色合成纖維外套跟長褲，上面還有反光條。

「要是鑽油台發生爆炸，你覺得這玩意兒能保護你嗎？」

「絕對不可能。」另外一人說完就笑出聲來。「有一次我不小心把煙蒂彈到衣服上，立刻就燒出了一個洞。」

我心想，身在龐大的美國紡織業過去重要的羊毛產地，這群人頂著零下低溫在鑽油平台上工作，竟然不准他們穿毛衣保暖，是多麼諷刺的一件事。

位於拉勒米的懷俄明大學（University of Wyoming）過去是全美唯一一所提供羊毛博士學位的高等學府。該校羊毛系[1]成立於一九〇七年，當時懷俄明建州才剛邁入第十七年，州內擁有六百多萬頭羊，居民人口卻不到十五萬，比例約為四十一比一。人與羊的數量之所以如此懸殊，是為了提升西部羊毛的品質。

一九三〇年代後期，美國農業部責成懷俄明大學羊毛系利用其羊毛實驗室（原本是為了洗滌羊毛而試辦的小型工廠，日後逐漸轉型成半商業化機構）為羊毛纖維——特別是纖維直徑、長度及收縮率——制定聯邦標準。該系制定的毛料等級標準[2]就是我們現在羊毛製品上看到的標籤資訊，比方說，「Super 100's」[3]代表該產品係由平均直徑為十八點七五微米（micron）或更細的羊毛製成；「Super 250's」更細緻，纖維直徑在十一點二五微米以內。

一八八〇年代，開闊的牧場上牧草豐美，取得容易[4]，加上羊毛與羊肉價格勁揚，讓懷俄明州迎來第一次大規模的畜羊熱潮。牧羊人與牧牛場主為了爭奪牧草，競爭得相當激烈。「離開聚落，獵槍就是唯一的法律。放羊跟養牛的畜牧業者始終爭鬥不斷。」[5]當地銀行家愛德華．史密斯（Edward Smith）於一八八〇年代初期在國會作證時如此說道。一八九七年，美國對澳洲羊毛開徵關稅，帶動了第二波的牧羊熱潮。到了一九〇〇年，懷俄明州的綿羊數量已經超過五百多萬頭。隨著牧草日漸稀少，牛羊業者衝突持續加劇，手段愈見兇殘。一九〇五年，一群蒙面人騎馬闖入大角郡（Big Horn County）某個牧羊營地行兇，以獵槍、炸藥、棍棒等方式殺死了四千頭羊，並將多隻牧羊犬活活燒死。儘管如此，羊群數量仍不斷擴大，到了一九〇八年，懷俄明州的羊毛產量已經躍居全國第一。

除了改善洗毛技術並進行相關研究，懷俄明大學羊毛實驗室也成為研究中心，致力提升羊毛品質，例如找出可使羊毛收縮率降至最低的飲食結構、制定可生產最多羊毛的育種方案等。該系進一步將觸角延伸至全世界，教師們透過美國農業部及國際開發總署的專案計畫走訪各國，在阿富汗、伊拉克、伊朗、歐洲、澳洲、紐西蘭及中國等地進行研究，並將成果公諸於世。羅伯特·荷馬·伯恩斯（Robert Homer Burns）的角色或許就是把研究羊毛當成工作[6]的最佳寫照：他當過懷俄明大學羊毛系的系主任，並於一九三七至一九三九年間在美國農業部從事羊毛收縮率研究，同時兼任行銷專員。一九四六年，他前往中國研究製毯用的羊毛，後來又在紐約擔任伊朗政府顧問。

打從創系之初，懷俄明大學羊毛系就試圖透過嚴謹的檢測及育種方面的建議，致力提升當地羊毛的品質。到了二十世紀中葉，該計畫總算研究有成：當地羊毛在質與量方面皆有了顯著提升。一九五〇年，光是懷俄明州的綿羊就產出將近一千七百五十萬磅的羊毛。

就跟美國諸多專案計畫一樣，羊毛系的研究及產學合作的成果相當豐碩，卻注定只有幾十年的好光景。一九七〇年代中期，貿易自由化加上先進的壓克力纖維的競爭導致羊毛身價暴跌。有好幾年，羊毛價格低迷，一袋又一袋的羊毛被囤積在倉庫和穀倉裡任其腐爛。懷俄明州的牧羊業者不得不調整飼養方針來因應局勢：他們開始提升羊的肉質，導致羊毛品質下滑。懷俄明大學羊毛系為了美國羊毛辛苦研究的成果也在一夕之間付諸流水。

一九七七年二月，在全球石油短缺引發的能源危機中，時任總統吉米・卡特（Jimmy Carter）穿著燕麥色的開襟羊毛衫，透過電視轉播發表著名的爐邊談話。他有如作秀般誇張地表示，為了節約能源，他已經調低白宮的暖氣，並懇求全體國人效法，調低家裡恆溫器的溫度。但最後幫助美國人度過能源危機的，並非如卡特呼籲大家調低暖氣、裹在開襟羊毛衫裡取暖這種過時又荒謬的作法，而是在美國西部發現的大量碳氫化合物（俗稱煤炭）礦藏。這些豐富的煤礦資源將以全新的方式開採，供應各種需求。

在粉河盆地（Powder River Basin）的黑雷煤礦區（Black Thunder），我看著一列貨運火車從裝卸月台駛出，該盆地位於懷俄明州東北與蒙大拿州東南部之間。「在我眼中這是一幅美麗的景象：看著火車載滿煤炭，開往它要去的地方。」解說員這麼對我說。

粉河盆地面積廣大，東西約一百二十英哩，南北約二百英哩，套句環保作家蓋瑞・布拉什（Gary Braasch）的說法，「這裡的煤礦藏量多到幾乎可以照亮整個美國直到二十三世紀。」[7]每天有多達一百班的火車載著煤礦從粉河盆地出發，開往東部及南部的發電廠；有些則往西到溫哥華轉海運，將煤炭運往中國。

黑雷礦區[8]開採於一九七七年，也就是卡特穿著燕麥色毛衣上電視的那一年，多年來始終是全世界最大的煤礦產區，這裡所有的採礦流程一律電腦化管控。在管理處的某間暗房裡，我們看著螢幕上一個個代表運煤卡車的閃爍光點在礦井中穿行，它們載著成千上萬噸的煤炭，有如電玩小精靈般蜿蜒折返。礦坑外，輸送帶將煤炭運入巨大的筒倉貯存。此礦區的儲煤量超過十萬公噸，即使採礦遇上意外而停工，運煤火車也不會受到影響，仍然能載著滿滿的煤炭離開。

我和其他導覽團成員擠上一輛雪芙蘭Suburban房車往礦場出發。坐在我身旁的是麥克，他是一名學生，目前在懷俄明州大學唸ＭＢＡ。我們從拉勒米開上來，每次停車加油，他都會買罐紅牛提神飲料。他告訴我，他在伊拉克當兵時，紅牛幾乎不離手。當時他有個同袍的母親在紅牛公司上班，總是會寄來好幾箱。他還記得站哨時，腎上腺素加上咖啡因作用使他血脈賁張，心臟快要跳出胸膛的那種感覺。他還說，聽到當地伊斯蘭教長伊瑪目開始唱歌帶領居民祈禱時，他甚至開槍射毀街上的喇叭。

「為什麼？」我問。

「因為實在太煩了。」他說。

就在那一刻，在我看來，為了達成政治上的穩定而讓麥克這樣的年輕人派駐中東，就跟把懷俄明州的羊毛專家派到伊拉克教當地人如何養羊一樣合情合理。

位於伊拉克東北部的札維凱米沙尼達（Zawi Chemi Shanidar）[9]地區是目前已知最早的綿羊

馴養地。科學家利用該新石器時代遺址採集到的動物遺骸進行對比分析[10]發現，綿羊是在西元前九千年初被人類馴化，儘管在這之前游牧民族可能早就把牠們當成家畜飼養，並將畜牧知識傳授給定居民族。

在今日敘利亞、以色列及土耳其一帶[11]，大約西元前一萬年前，後冰河時期氣候開始暖化，導致大量野生穀物蓬勃生長，促成人類最早的定居聚落興起。古生物學家從種籽型態的演變中推論，目的性的作物栽植始於西元前一萬年至七千年間，此時野生動物也開始被人類馴化。過去人類只會獵殺動物並拖回家，如今他們懂得活捉並圈養起來、餵以飼料，有需要時再一隻隻宰殺。這項人類歷史上重大的里程碑透過化石紀錄被保存了下來。由於馴養動物要選擇性格較溫順者，出土的家畜遺骸顯示，人類初期所豢養的動物頸部通常較脆弱、口鼻部位較短，且門齒沒那麼突出。

動物馴化的第二個階段發生在西元前四千年左右，當時美索不達米亞地區的居民發現除了肉及獸皮，他們還能從動物身上獲取更多東西：只要好好養著，牠們就能提供其他副產品，包括牛奶、羊毛及拖犁的力氣。當人們發現綿羊可以提供源源不絕的羊毛作為穩定的布料來源，這些羊背上的毛的特性就產生了變化。野生以及最早馴化的綿羊本來就毛茸茸的，但透過選育，早期的馴化者培育出羊毛更加豐厚的品種。

這時候，羊毛以及植物纖維、亞麻和棉花一起成為人類服裝的主要原料。另一種動物性纖維——蠶絲——也大約在同一時間出現。蠶絲僅生產於定居型的農業社會，但羊毛不同，它深受游牧或半農半牧民族的青睞。總的來說，人類自從懂得穿衣以來，始終以植物性的亞麻、棉花及動物性的蠶絲、羊毛等天然纖維為主，直到二十世紀縲縈及石化纖維先後問世才有所改變。然而，早在聚酯纖維出現之前，石化燃料就已經悄悄潛入了我們的衣櫃。

一八二〇年代開始，煤炭成為服裝生產的關鍵原料。今日新疆靠電力運轉的丹寧布工廠，就跟工業時代英國仰賴蒸汽動力的棉紡廠一樣，每年都要消耗數千噸的燃煤，這就是我造訪粉河盆地的原因。

我們開著雪芙蘭抵達礦場時，一台 Bucyrus 257 WS 拖索挖機正忙著把煤炭拖出來，這種機具對服裝生產的重要性並不亞於紡紗機和織布機。導覽員說，Bucyrus 公司出品的開鑿機具是世界上最大型的機械之一，「可以在數小時內打造出一座奧運規格的游泳池。」這裡的採礦作業分成兩個步驟：首先將煤層上方的泥土剷除，接著用炸藥炸開煤層。拖索挖機拖著巨大的鏟斗穿行其中，將炸裂的煤礦裝上大卡車。「這機器實在太美妙了。」導覽員讚嘆道。

他說，有次某間日本公司在礦場蓋了一棟小型建物，想測試它在地震應力波衝擊下的耐震表現，因為這裡每天都在爆破，產生的震波就跟真的地震一樣大。我擤了擤鼻子，發現鼻涕都是黑的。接著我們開到某個已經炸過但尚未清空的礦區，體驗一下走在礦床上的感覺。我們邊踩著腳下的黑色瓦礫行進，邊聽導覽員解說：「這裡曾經是一大片內海，後來氣候發生了變遷。對我來說，這意味著氣候無時無刻不在改變。」

「今天的導覽就差不多到這裡，還有問題嗎？」他說。沒有人作聲。「所以煤炭是好東西。」他為此行做出總結。

事實上，懷俄明州在遠古時代是一片內海[12]，也曾經有過茂密的雨林，世界上現存的恐龍化石紀錄有很大一部分出土於此。千百萬年來，地球的氣候確實發生了極大的變化，但導覽員沒有提到的是，地球氣溫出現劇烈變動幾乎都與大量的碳進入大氣圈或從中消失的時期一致。比方說，印度與歐亞板塊碰撞形成喜馬拉雅山脈後，地球氣溫隨之驟降，科學家認為這是因為碰撞造成的岩石急速崩解加速了所謂「矽酸鹽風化」的地質現象，將碳從大氣中吸出並封存在岩石所釋出的碳酸鈣裡[13]。

紡織業是能源最密集的產業之一[14]，碳排放量占全球總量十分之一。過去手工紡織所投入的大量勞力如今並未消失，而是被電力——也就是碳——取代。

二次世界大戰為懷俄明州的牧羊業帶來最後一波的榮景，在那之後，綿羊數量不斷減少。一九八四年，該州綿羊數跌破百萬；二〇一一年，美國農業部統計僅剩三十七萬五千頭。

利潤下滑促使牧羊業者縮減成本。美國西部的牧羊業跟其他地區一樣，在戰後也開始仰賴被剝削的勞動力。一九六〇年代晚期以降，有三千多名短期移工[15]持H－2A簽證[16]，在西部牧場協會（Western Range Association）的媒合下與牧場業者簽訂三年合約，從秘魯中部高地來到美國替他們牧羊。這些秘魯籍牧羊人[17]的法定月薪僅六百五十至七百五十美元不等，卻必須待在懷俄明州的高地平原，不分日夜地工作長達三年。這些農業移工的處境之惡劣在美國的合法剝削形式中前所未見，唯一例外或許只有那些遭人監禁的可憐勞工。根據科羅拉多法律援助中心農業移工科（Migrant Farm Worker Division of Colorado Legal Services）報告指出，雇主剝削勞工的行為包括扣留文件、恐嚇脅迫、控制行動、禁止上教堂或就醫等。農業移工雖然合法，但他們遭受的不當待遇卻符合北極星計畫（Polaris Project）所定義的人口販運的所有特徵。該計畫為致力於打擊現代奴役制度的非政府組織。

說起對田園生活的想像，許多人心中總會浮現牧羊人悠閒看顧羊群、與世無爭的美好畫面。但這真的只是幻想。

牧羊可以形成龐大的產業，且通常以此規模經營。不過綿羊及羊毛也相當適合小規模生產[18]，從九〇年代末到本世紀初，纖維市場上普遍興起強調在地生產的轉向，而綿羊及羊毛就成了這股浪潮中不可或缺的要角。

在美國及其他地區，環保人士及手工藝愛好者之間興起一股熱潮，強調利用身邊隨手可得的材料來生產，拒絕使用大量燃煤石油來發動大型機械及跨洲運輸原物料。以服裝製造來說，就是使用羊毛。

一九七〇年代，美國羊毛品質下降，全國各地的洗毛場也跟著銷聲匿跡，使得在地羊毛加工更形困難。後來當業者再度回歸，他們選擇縮小規模，能清洗的羊毛量大幅減少。這波小型纖維製造業，無論是業餘農場或專門企業，皆隨著纖維工藝風潮的興盛而起，促使業者以改良過的全新規模重新打造生產設施，進而發揮創意，替早期的紡織機具及工序找出再利用的價值。隨著小型農場出現，小型紡織廠也應運而生。

二〇一二年，我造訪了位於紐約州熱那亞（Genoa）的五指湖羊毛廠（Fingerlakes Woolen Mill）。我不知道自己當時想看的是什麼，只是順路經過，任何東西都好，結果我未多作停留就掉頭離開了。第二次經過時，我看見路邊有塊小小的橢圓形招牌，於是把車停在某間外觀漆成金盞花黃的農舍車道上，屋旁有間紅色的舊穀倉。或許我一直想找的就是工業化色彩更濃厚的東西。

傑·阿爾戴（Jay Ardai）站在車道上迎接我。他頭髮幾乎光禿，蓄著花白鬍子。我們走進主屋旁一間低矮的灰色小屋，我停車時根本沒注意到它的存在。屋內瀰漫羊毛脂的氣味，那是綿羊皮脂腺分泌的一種蠟狀物質。日光燈照明隔著不鏽鋼風乾架映射在灰綠色的鑄鐵機器上。紡織廠內的設備年代久遠，都是一九二五年至二戰期間生產的古董。梳毛機跟我差不多高，彼此接連的長形圓柱滾筒上覆蓋著金屬梳齒，一邊轉動一邊梳理送進滾筒的羊毛。

為了成立紡織廠，阿爾戴購入二十世紀早期羊毛廠所使用的機器設備，將剛剪下還髒兮兮的新鮮羊毛加工成紗線。當時羊毛廠內，同樣的機器會擺上幾十台甚至數百台，有時還會塞滿整間工廠。但以阿爾戴的需求來說，每種機器只要一台就夠了。五指湖羊毛廠主要承接客製化訂單，幫客人處理所送來的羊毛。有些人要洗（這是羊毛加工最耗時的一環），有些人要梳，或是希望他幫忙紡成紗線。

阿爾戴解釋，像他這種小型紡織廠的生意，靠的都是纖維愛好者對材料特有的直覺。他們不只想要粗紗（經過梳理以便揉捻的毛條）或細紗，而是要看到用自家羊毛製的成品。還有些客戶會在纖維材料展上購入優質的羊毛，直接寄來給他處理。「他們能看出不同羊毛之間最細微的差異，有如雷射般精準，切中核心。」阿爾戴在這個圈子還是菜鳥。他再三強調，這是個圈子沒錯。

近年來，在同好行會、節慶、線上團體、全國性的年度活動及各地定期聚會的推波助瀾之下，美國興起一股手工紡紗熱，吸引大批愛好者追隨。這個圈子的市場大到養得起好幾間活躍的紡車製造商及少數幾家客製化木輪業者。

美國民俗學者瑪蒂爾德・法蘭西斯・琳德（Mathilde Frances Lind）指出，一九七〇年代的手工紡紗風潮復興透過紡紗使人聯想到「自給自足的田園生活這類理想化的歷史敘事」[19]。但新一代的熱愛者追求的是「比象徵意義更直接、更貼近個人的滿足感。」在專門討論紡紗的留言板上，網友聊的是紡車每分鐘的轉速與輪子規格，而非在機械時代堅持手工紡紗的浪漫理由，因為這就是他們鍾愛的興趣。對這些務實的愛好者來說，幸運的是，在帶動一九七〇年紡紗復興的烏托邦思潮退燒後，有心人士仍堅持不輟，為這個圈子奠定永續的基礎，包括慶典、出版品、學校及供應廠商等相關環節，至今仍相當盛行。

最近這股纖維手工藝的復興運動也擴及針織、織布、毛氈、染整及刺繡等領域，在社會及政治上的影響層面相當廣泛[20]。這些工藝的主流形式可見於《瑪莎生活》雜誌（*Martha Stewart Living*）這類刊物中。另外有些社群的背景與無政府主義有著深厚淵源，同樣致力追求非階層性的組織形式以及訴諸政治來實現資源善用。

學者們認為，一九九〇年代，全球愈來愈多血汗工廠的黑幕被揭發並受到嚴格檢視，連帶使纖維手工藝的風氣日益盛行。另一方面，強調慢工出細活的手工藝文化也能視為對業界大規模生產及剝削傾向的明確抵制。該文化的興起也與網路息息相關，並在網路上擁有強大的影響力。誠如商學教授史黛拉・米漢納（Stella Minahan）及茱莉・沃弗朗・考克斯（Julie Wolfram Cox）所言，纖維工藝圈展現一種「利用傳統工藝技術從事物質生產」[21]的線上連結方式；文化理論家有時會將這個圈子放在新媒體研究的框架下談論。二〇〇四年八月，加拿大安大略皇后大學舉辦「數位政治與詩學暑期學院」，學員「開始著手探討針織作為一種行動主義形式與電腦病毒之間多到令人咋舌的相互關聯。」[22]

阿爾戴在二〇〇一年與太太買下五指湖羊毛廠，在這之前他從事海洋研究儀器的研發製造，妻子則專門繪製極地地區的海底地圖。眼看著政府的研究經費長年停滯不前，導致僧多粥少，愈來愈多博士為此搶破頭，這對夫妻決定轉行另謀出路。阿爾戴的太太熱愛纖維，但他本身對羊毛卻沒太大興趣。不過就像他說的：「機器不分種類終究都是機器，這正好是我的興趣。」

海洋學家史坦．賈克柏（Stan Jacobs）形容阿爾戴是個「幾乎沒有東西修不好的超級技師」，如果船隻在北極冰洋上發生機械故障，他就是那名關鍵的救星。一九八〇年代初，在找尋鐵達尼號的任務中，他為深海攝影機製作精密的零件，還打造了一座能夠裝載十公里長並維持完美平穩的機電電纜的巨型絞機。九〇年代，他還曾策劃將物資空投到流冰上。現在換成紡織機械，他也能發揮工程專長，從中發現全新的挑戰。

阿爾戴帶我去看他梳毛機的零件之一——布朗威爾進料器（Bramwell feeder），並解說這項發明的歷史沿革。梳毛（carding）顧名思義，就是在紡紗之前先把羊毛梳理開來以便作業進行。他表示機器梳毛比機器紡紗至少早了半世紀問世。梳毛機一開始在研發時，所生產的粗紗並沒有體積或密度一致的需求，因為紡紗是人工作業，可以用肉眼檢視並調整品質。機器紡紗發明後，就必須確保梳毛機輸出的羊毛厚度一致。起初，工人會站在梳毛機旁，每隔一段時間就放入一把把的羊毛。後來有位名叫布朗威爾（Bramwell）的英國牧師發明了這種進料器，基本上就是兼具秤重功能的長槽。羊毛沿著輸送帶緩緩上升，最後掉入槽中。羊毛累積到一定重量，料槽就會翻覆，將羊毛倒在另一條運往梳毛機的輸送帶上。阿爾戴津津樂道地說，料槽傾覆的動作「將驅動輸送帶的離合器甩了出去，」這樣一來就能暫時停止運轉，避免更多羊毛被送入槽中。

阿爾戴對這些舊式的機械設備做了點小改造，增加一些原先沒有的功能，比方說撚紗。紗線的作法是將兩股毛線合撚在一起，增加韌度。他改造精紡機，使其兼具撚線功能：先在機器上方將毛線繞成一圈使成兩股，再送進機器加撚。阿爾戴就像與自己鍾愛的作家同住的讀者，顯然在跟這些機器最初的發明者進行對話。他凝視著精紡機的細部環節說：「眼前你看到的是一百五十年以來隨著技術發展，一點一滴的巧思累積而成的成果。」他的發明與臨機應變的改造以設計為語言，承襲了某種自古延續至今的儀式。

即使不像阿爾戴對機械這麼熟悉，也很難不被這些機器的美觸動。參觀時，我必須時時提醒自己這些機器是靜止不動的：它們龐然堅實的軀殼下隱藏著無窮的力量與危險。幾十個鐵筒上釘著一排排鋒利的金屬梳齒；露在外面的這些皮帶——據阿爾戴表示其年代一看就知道是在美國職業安全和健康管理局（Occupational Safety and Health Administration，簡稱ＯＳＨＡ）成立之前——足以將一個人的頭皮輕而易舉地扯下。「操作這玩意兒必須隨時保持警覺。」他說。

阿爾戴的太太長期在圖書館當志工，當時正好結束館內的義賣活動回到家。她身穿寬鬆的碎花長裙，搭配寬大的牛仔上衣，正面裝飾著馬、松鼠、房子、樹、紙牌、花束等圖案貼片。我們三人一起前往穀倉後方去看羊。

山羊見到阿爾戴夫妻倆，紛紛跑上前來，想讓他們擰一下耳朵，牠們相當喜歡這個動作。但綿羊卻一動也不動，宛如宿醉青少年般慵懶躺臥在小羊舍的蔭涼處，聰明地躲開了八月酷暑的烈日。這些是豬島羊（Hog Island sheep），是被遺棄在維吉尼亞州外海島上的馴化綿羊進化而成的品種。正因為如此，這種羊相當獨立，有能力自己謀生，例如自行生產小羊。牠們是所謂的極危物種（critical），在瀕危程度上屬於紅色警戒。阿爾戴說，每年這些羊毛能賣出的價錢幾乎跟羊本身不相上下，甚至更高。

阿爾戴算了算，他的時間大約有一半耗在店裡，另外一半則在農場上。就某種意義上來說，他的生活方式——隱居鄉間兼職經營小工廠的紳士——有如結合傑佛遜主義與漢米爾頓主義理想的卡通真人版——前者重農抑商，強調耕者有其田；後者則支持製造業，重視經濟發展。他經營五指湖羊毛廠之目的絕非如漢米爾頓所設想，欲藉工業力量來強化國力、促進繁榮；也不是為了實現媒體及政客崇拜宣揚的「促進經濟成長」。工廠沒有僱用員工，阿戴爾的理想是讓顧客減少購買現成品，希望大家多多自己動手做。

五指湖羊毛廠證明，工業機械除了打造巨大的權力及財富金字塔結構，還有其他用途：它們可以代替人工肩負紡織加工最艱鉅的部分，同時讓生產者握有原物料及對創意的掌控權，完全不假手他人。

一九七八年，全世界都在擔心所謂的「能源危機」，克羅埃西亞裔的奧地利社會評論家伊凡・伊利奇（Ivan Illich）將矛頭指向這個詞，指出另一種危機。他認為真正的問題不在於碳被消耗殆盡，而是對它的依賴將對人類造成何種影響。在他看來，「大量能源對社會關係的危害，就跟它對物質環境的破壞一樣無可避免。」[23]懷俄明州被 Bucyrus 拖索挖得震天價響、滿目瘡痍的地景以及在近北極圈的高地平原上形同被監禁的牧羊人，似乎證實伊利奇所言不假。隨著氣候暖化成為無可否認的事實，伊利奇的語氣更加堅定。他早在一九八九年就指出，「前工業時代的倫理學認為科技理應是種有所節制的需求，而非協助人類實現所選擇之行動的工具。[24]」扭轉這種關係為人類帶來了災難。他在當年寫道，大氣層暖化使我們「再也無法忍受將工業成長視為一種進步」。這實際上是「對人類生存福祉的侵略」。他認為解決之道就是要對人和機器進行澈底的重新定位，為人類普遍擁有的獨特資源——個人天分（才智能力）——提供充分的發揮機會。

許多對布料產生全新憧憬的愛好者跟伊利奇一樣，所關注的不是拋棄機器與科技，而是想著如何修改其用途、調整規模，其中包括不少綿羊及羊毛愛好者，也涵蓋另一種小規模製衣為主的美國次文化與一群致力復興舊技術並追求創新的丹寧（牛仔布）愛好者。這些丹寧迷（denimhead）大多是年輕男性，他們對康普頓樓氏（Crompton and Knowles）或崔普（Draper）等美國傳統公司製造的窄幅梭織機很有興趣，因為他們喜歡的日本布邊牛仔布就是用這種機器生產的。

「布邊」（selvedge）指的是沿著布匹兩側延伸的整齊邊線。織布時，必須將整排紗線沿縱向拉緊，形成彼此平行的經紗（warp）並保持固定，同時在經紗上下方以來回穿梭的方式投以橫向的緯紗（weft），使其與經紗垂直交織，也就是所謂的「穿經投緯」。在人類的紡織史上，要完成這個動作，梭子幾乎是不可或缺的工具，布邊就是藉由梭子牽引緯紗來回往復無數次所織成的產物。

人類在十八世紀末首度使用動力織布機，其構造基本上就是綁著馬達的手搖紡織機。運轉時，木梭帶動繞在緯管上的少許紗線來回穿梭。到了一九六〇年代，瑞士一間名為蘇爾壽（Sulzer）的公司研發出不用梭子的紡織機。這款無梭織布機不採取一條緯紗織到底的方式，而是利用氣壓將單根緯紗逐一射出。相較於轟隆隆的鑄鐵重力織布機，這種布幅更寬的無梭織布機不僅速度更快，也更不易產生技術上的問題。當業者紛紛投向這款先進發明的懷抱，他們失去的就只有一樣東西：布邊。

以服裝製作來說，布邊是相當好用的東西：有了它就不須另外縫邊，本身也絕對不會磨損起毛。布邊的存在因著丹寧布的問世而意外受到矚目。丹寧織布機的設計，本來是為了生產寬度剛好的布料，以便沿著布邊剪裁褲管，中間剩下的部分則用來裁剪口袋、前檔遮布（門襟）、褲腰等額外的部件。新型織布機則取消了這種作法，同時捨棄褲管外緣接合的布邊，改以之字形的針法收邊，避免磨損。

但布邊是種美妙的設計，它將編織與縫紉結合在一起，是種周全又經濟的作法。單憑這一點就足以說明為何有人會如此懷念布邊丹寧及窄幅梭織機。然而，從十九世紀末興起到一九六〇年代開始式微，布邊丹寧近百年來的起落，連同美國例外主義（American exceptionalism）[25]的迷思，也見證了美國工業工程與勞動力的興衰。

一九八〇年代晚期[26]，布邊丹寧已經從美國絕跡。這時生產的丹寧布變得更寬、顏色更淺，品質也更低劣。然而，多虧了日本人的精湛技藝，終究讓丹寧恢復了昔日的輝煌。二次戰後，日本興起對美國青少年文化的迷戀風潮，促使本土服裝界生產出比美國丹寧更原汁原味的仿製品。美國南部的牛仔布工廠面臨亞洲業者來勢洶洶的威脅，紛紛改用寬幅織布機來增加產量、降低成本。反觀日本，則是將傳統窄幅梭織機生產的布邊丹寧發展成一種精緻工藝：他們專注研究美國男性服飾的細節，發展出強調「慢工」的製程，仿製當初北卡羅萊納某間工廠的鑄鐵織布機因為在木地板上震動而陰錯陽差造成的美麗紋理。一九七六年於東京創刊的日本潮流雜誌《Popeye》，就在創刊號中詳細介紹了洛杉磯的流行時尚，尤其是UCLA（加州大學洛杉磯分校）的校園衣著。

此外，日本人也將數百年歷史的傳統靛藍染色（indigo dyeing，簡稱藍染）技術應用在布邊丹寧上。為了達到這個效果[27]，染匠從木藍這種豆科植物身上萃取靛藍作為染料。天然靛藍主要產自印度，雖然直到十六世紀才傳入歐洲[28]，但用於染色的歷史已有數千年之久。在日本染匠的巧手下，藍染丹寧的色澤及紋理呈現出細微奧妙的變化[29]，濃烈的靛藍中閃耀著或綠或紫的底色，豐富多彩，相當迷人。到了九〇年代，日本丹寧布慢慢傳入美國，在廣大的年輕丹寧玩家之間掀起一股近乎宗教般的欣喜狂熱。

於是坊間流傳一種說法，日本人「買下」美國的織布機來研發屬於他們自己的布邊丹寧。但事實上，日本用來製作牛仔布的織布機係由豐田（Toyota）公司生產，該公司最早以織布機起家，後來才投入汽車製造。大部分的崔普牌舊型梭織機不是被砸毀丟棄，就是當成廢鐵賣掉，目前僅存的都成了彌足珍貴的古董。最後，有些美國年輕男性對日式布邊丹寧產生濃厚興趣，促使位於格林斯伯勒（Greensboro）的老牌丹寧布料廠 Cone Mills 重新恢復生產，以滿足全國各地如雨後春筍般湧現的數十家、甚至數百家小型牛仔褲製造商的需求。

※　※　※

我認識的第一個丹寧迷是路克・戴維斯（Luke Davis），他哥哥庫柏是我朋友。二〇〇八年十二月，路克和三個大學同學來到庫柏家的廚房，隨即就躲進房間。他把一件日本丹寧牛仔褲放在雙人床上，彷彿準備打開祕密洞穴發現的古物或從井底撈出的稀世珍寶般小心翼翼地攤展開來。他們欣喜若狂，興奮得說不出話，就這樣安靜了一會兒，隨即開始熱烈交談，對那靛藍染色所呈現的繽紛變化——深淺不一的紫色及碧綠光澤，在某些光線角度下還泛著若隱若現的黃斑——驚嘆不已。

一年後，路克從賓州州立大學中輟，搬回他從小長大的西哈特福（West Hartford）。他找來兩個從未離開老家的高中同學，三人聯手在他母親的車道旁開始製作牛仔褲。這兩名夥伴其中一人是披薩外送員，另一人則是建築工人，對於路克的創業計畫躍躍欲試。不久，他們搬到市區的一間倉庫，成立「哈特福牛仔褲公司」（Hartford Denim Company），生意做得有聲有色。

路克的興趣就像永動機，一展開就沒完沒了。對牛仔褲的熱愛讓他也對老式縫紉機產生了興趣，進而延伸到機械加工。想操作這類舊型機械，就必須有能力自己製造零組件，因為零件壞了在市面上是買不到的。二〇一六年七月四日，我去哈特福採訪路克，他跟我解釋了一套自己想出來的新理論。他說人是為了製造工具而存在，這是身而為人最基本的意義。那麼衣服呢？他要如何解釋人都得穿衣服這件事？我提出質疑。「衣服也是工具。」他語氣堅定地說。我想，他的意思是說衣服可以用來擴大人類行動的範圍。

這位年輕的丹寧迷本來可以去報名培養軟體人才的開發者集訓班，移居奧斯汀或舊金山創業，打造下一個優步（Uber）。簡單說，就是成為科技精銳，為自己生產的牛仔褲開創出廣大的市場。丹寧迷招牌的專業形象及個人風格源自一九四〇年代的美國工人，雖說路克顯然不是那個年代的人，但這位應用程式開發者試圖以工人靴及布邊牛仔褲來獲得同樣的美名，在某種程度上是說不通的。真正的丹寧迷不只重視強調實物的類比世界（analog world）[30]，也重視體力勞動。

另一個值得注意的地方是，美國的丹寧迷往往致力於振興他們自小成長、如今已被掏空的後工業城市。此舉攸關他們的身分認同，促使其成為地方再生的推手。這些人成了某種「有機知識分子」（organic intellectual）[31]，以類烏托邦的新理想路線來組織勞動力。為了回報這些丹寧迷，地方上也將他們的特色傑作刊登在日曆上，讓這群職人的聲望跟著水漲船高，帶動一波熱潮，除了精神上的鼓舞，也減緩他們宛如與時代脫節的突兀感。這種生活乍聽之下雖然浪漫，但真正過起來卻不輕鬆。

在美國，小型服裝業者要謀生並不比小農容易。傑克・羅奇（Jack Roche）在北卡羅萊納州阿什維爾（Asheville）市區經營一家名為「老北」（Old North）的服飾店，販賣哈特福及國內眾多小型牛仔褲廠商的東西。他用自身的例子證明，想成為丹寧玩家不一定要是理想主義者。二〇一六年我去採訪，聽他講了有關丹寧布的軼事野史：「坊間總是流傳李維・史特勞斯（Levi Strauss）剽竊了賈伯・戴維斯（Jacob Davis）的設計[32]，戴維斯最後卻在雷諾（Reno）窮困潦倒老死。」他表示，自從二〇一二年開業至今，他目睹市場百花齊放，小型牛仔褲廠商激增，卻認為沒有幾間做得起來。不管是孤軍奮戰或團隊合作，每座小鎮都有人在做牛仔褲，但在他看來，唯獨那些背後有金主撐腰及懂得行銷的品牌才能永續生存。

羅奇說，有些人是為了沽名釣譽才進入這個圈子。有些年輕人繼承了大筆遺產，有本錢承擔布邊牛仔褲生意的虧損。市場上充斥著這些富二三代，害其他小型業者難以突破重圍。過去從事國產服裝零售的經歷讓羅奇對消費者普遍的想法有些不以為然。他告訴我，客人來到店裡會問：「這是美國製的嗎？」他帶對方來到美製牛仔褲專區，「只換來一句『很好』，他們接著就去了沃爾瑪，彷彿只是在履行職責，確保我店裡有賣。」他表示，美國牛仔褲最大宗的買主不是美國人，而是華人。他每週都要出貨到臺灣、中國及印尼。他說印尼人「買再多也不夠。」

丹寧迷對格林斯伯勒肯定不陌生，這裡不僅是歷史悠久的美國丹寧布料生產重鎮，同時也是Cone Denim公司白橡工廠（White Oak Mills）的所在地，該廠至今仍使用二十世紀中葉的傳統鑄鐵崔普梭織機來生產布邊丹寧。我在二〇一六年前往參觀。

在廠方帶領下，我走過纏滿藍白棉紗的巨型紡錠以及數座寬長的靛藍染缸，龐大的滑輪拖引紗線依序浸入；接著再穿過成排的一九四〇年代老式崔普梭織機，聽堅實的鑄鐵機身轟隆作響。最後我被帶到外觀乾淨現代化的日產X3寬幅梭織機前。隨後，我在會議室與工廠的公關見面，對方說：「感謝我們的前輩有遠見，知道要把設備留著。」隨著布邊丹寧在市場上愈來愈炙手可熱，Cone Denim 公司把過去留下來的布邊梭織機通通搬出來，並且到處蒐羅。我造訪時，他們正打算擴大布邊丹寧的生產計畫，但不久後，一切都成了泡影。

當年我去參觀時，Cone Mills 公司仍隸屬國際紡織集團（International Textile Group，簡稱ＩＴＧ）旗下——該集團由柏靈頓實業（Burlington）及 Cone Mills 合併而成，並在中國、越南、南美等地設有海外工廠，在國內則以生產安全氣囊布料為主。二〇一六年底，ＩＴＧ集團被一家私募投資公司收購，就在我造訪過後幾個月，白橡工廠的布邊丹寧產線被迫關閉。

Cone Mills 並非格林斯伯勒當地唯一有志於復興傳統丹寧的業者。透過路克引介，我認識了一位名叫伊凡・莫里森（Evan Morrison）的老式織布機迷。伊凡是土生土長的在地人，從小喜歡逛二手商店、財產拍賣會以及探訪廢棄房子，從而累積出獨特的美國丹寧歷史知識。他申請到獎學金，赴巴黎攻讀精品行銷MBA學位，並於二〇一二年回國後採訪知名牛仔品牌 Wrangler（臺灣坊間譯為「藍哥」）。該公司隸屬於全球成衣巨擘威富集團（VF Corp.），該集團總部設於格林斯伯勒，旗下擁有 Lee、Rustler、Eastpak、JanSport、The North Face、Reef、Vans、SmartWool、Timberland、Nautica 及其他二十多個國際知名品牌。

訪談過程中，伊凡被反問對服裝業有何夢想。「我說，『我想推出美國自製的優質服飾來向早期 Blue Bell 公司旗下最初的 Wrangler 系列產品致敬。我希望能做到精準到位，並且從國內出發，將產品推向市場』。」但當時威富集團對此興趣缺缺。

伊凡最後選擇自行創業，在格林斯伯勒市區經營店面，販售復古牛仔褲並接受客人訂製。他同時擔任中間商，替那些訂單達不到最低出貨量的小型業者向 Cone Mills 公司採購布料。儘管如此，他不想只仰賴 Cone Mills 進貨，他最終的夢想是自製自銷。他注意到襯衫布料市場上有個缺口，布邊牛仔褲雖然大受歡迎，但市場早已趨近飽和，反觀傳統襯衫的原料供應卻付之闕如。此外消費者平均買一條牛仔褲的錢就能買到五件襯衫。

伊凡夢想打造一座工廠，同時兼作博物館，除了讓老式梭織機持續運轉，也開放大眾參觀，一睹傳統丹寧布的生產實況。設立博物館讓織布機保持運作也是維護這些老古董最理想的方法，它們就跟車子一樣，要用才是最好的保存方式。

我造訪時，伊凡正關注著一大批舊式紡織設備，它們存放在格林斯伯勒南部阿什伯勒市（Asheboro）的某間倉庫裡。我們開車去看這批機器，同行的還有一位名叫雷夫・塔普（Ralph Tharpe）的人，他在一九七〇年代整整十年間，一直在 Cone Mills 擔任設計工程師。我和伊凡坐在雷夫租來的車裡，我凝視著窗外不斷擦身而過的蓊鬱綠意，樹影在暖風中搖曳生姿。

雷夫身材高大，外表威嚴，有著棕色的雙眼及深濃的眉毛，一頭花白灰髮梳到腦後。出身北卡羅萊納西部丘陵地區的他，坦承總是對自己的山地口音很難為情。他表示自己書唸得很差，但SAT考試的分數好到可以讓他申請上羅利（Raleigh）的北卡州立大學工程系。那年是一九六七年，他當時的夢想是成為航太工程師，後來發現自己沒有這方面的數學天分，於是轉系到威爾遜紡織學院（Wilson College of Textiles）。一九七一年畢業後，他獲選加入蘇爾壽公司的織造計畫；翌年進入該公司位於南卡羅萊納州斯帕巴堡（Spartanburg）的技術學校學習操作最先進的無梭織機，這項設備將永久改變美國紡織品的生產樣貌。

雷夫結訓後，進入 Cone Mills 公司旗下的紡織廠擔任主管。該單位本質上是間實驗工廠，專門替蘇爾壽公司研發不同種類的布料。當初 Levi's 公司決定捨棄傳統窄幅梭織機、改用寬幅機種來生產招牌的501丹寧布時，就是由雷夫與品管部門來協助制定寬幅布料的標準。

一九八五年，白橡工廠的窄幅梭織機全數被寬幅機種取代，這時雷夫已經被調往南方從事燈芯絨布的整理加工。「我很慶幸自己離開了，繼續待下去只會讓我發火。」儘管他強烈感受到自己的地位不如以往，但無論何時何地，只要有機會，他都會築起一道小小的防線，堅持自己的原則。例如從一九七〇到九〇年代整整三十年間，上頭不斷施壓要他在經紗中加入便宜卻不耐用的開端紗，在這之前他已經被迫用在緯紗上了。「有些事我是絕對不會妥協的。」他說。

可惜，雷夫似乎也無法避免目睹燈芯絨布料式微的宿命。「可以說是我們讓它變得太廉價，不再像過去那麼高貴，使得消費者失去了興趣。」他對我說。他表示在一九七二年剛入行時，「我們生產的是經圈十四、緯紗密度一百四十多的輕薄織布，那是一種相當細密、緊緻又漂亮的優質布料。產線關閉後，有些款式的緯密減少到一百一十二，甚至更低。」緯紗數變少，「燈芯絨布邊的絨毛就容易脫落，必須在背面大量塗膠固定，這樣一來就破壞了布料的質感，無法像以前那樣自然垂掛。」

在他之前，雷夫的父親及祖父在自家塔普磨坊旁的一間小福利社販售連身工作服。雷夫表示在經濟大蕭條之前，他們的工作服大約賣一塊四毛錢左右，而當時農場工人的工資大約是每小時二毛錢。「這意味著過去牛仔褲最便宜只要七小時的工資就買得到。」想到這一點，他接著分析：「市面上的牛仔褲再怎麼便宜至少也要四十塊，這還是最省錢的。但現在沃爾瑪同樣有得買，而且只要十四塊，可是不耐穿。」「而且這些布料都是用開端紗織成的。」他挑了挑眉。「開端紗」是一種較為粗厚且容易斷裂的紗線。雷夫很納悶，為何牛仔褲的價格從一九六〇年以來始終沒變過，但卡車卻漲了十倍？

雷夫和伊凡聊到起絨（napping），也就是利用工具騷抓法蘭絨表面密密麻麻突出的線頭，使之蓬鬆以製造毛茸茸的柔軟觸感。伊凡目前正在生產一款傳統 Cone Mills 格紋法蘭絨襯衫，用的是老式梭織機生產的布料，但得在國內找到人幫他起絨。在北卡已經有人替他製作樣布所需的紗線並加以染整，復刻傳統配色，再交由一位名叫蕾比．古蒂（Rabbit Goody）的女性織成布料，她是美國僅存少數還在用舊式梭織機生產原版 Cone Mills 法蘭絨的織匠。做樣布的人有了，伊凡還得找到人來負責起絨，並且把那批存放在阿什伯勒倉庫的舊機器弄到手。

伊凡之所以邀請雷夫一同前往阿什伯勒看機器，一來是因為他知道雷夫對老式梭織機有著難以忘懷的念舊之情，二來也希望他能支持舊機重啟運轉，這樣一來就更容易說服投資者相信這項計畫是可行的。

我們要去看的這批機器本來是麻州洛威爾市的美國紡織史博物館（American Textile History Museum）的館藏，由於該博物館即將破產，此刻正準備出售。

二〇〇六年，該博物館動用了三十九輛十八輪貨運大卡車，將這些碩果僅存、見證美國紡織工業史的古董機具往南運往北卡羅萊納州的阿什伯勒，從此打入冷宮。這些機器被隨意堆放在瀰漫地衣氣味的廢棄廠房裡，這裡本來是雪松瀑布紡織廠（Cedar Falls Mill），於一九七八年復活節歇業後再也沒有重開過。

「所以這裡看起來才會死氣沉沉的樣子。」我們走進倉庫時，麥克・華特利（Mac Whatley）如此說道，他是阿什伯勒鎮上的律師，同時也是博物館方人員，負責監管這些館藏的移送作業。戶外烈日當頭，室內卻相當涼爽，令人無比舒心。「裡頭簡直一團亂，織布機、紡紗機堆得到處都是，這裡一台、那裡一台。」

倉庫裡飄著一股麝香味，相當潮溼。天花板的管線骯髒不堪，受潮剝落的油漆從斑駁的牆上捲起，織布機上還掛著斷裂的經紗，上頭沾滿灰塵。

「（他）簡直像來到糖果屋的小孩子。」伊凡從我身旁走過，在耳邊小聲地說，同時看著雷夫興高采烈地端詳那些老機器。

「這些是他們公司最討人厭的機型。」雷夫指著康普頓樓氏十二號梭織機懷念地說。接著他在一台馬鬃織機前停下腳步，麥克走上前來，指著專門將一根根的馬鬃個別穿插在經紗之間的鉗子。雷夫看起來相當開心。「（做紡織）每天都能學到新東西，像我就從來沒聽過這種玩意兒。」他悠悠地說。他繼續穿梭在這些古董之間，逛過一台又一台，仔細打量並選出他「想要」的機器，放在自己假想開設在北卡老家的水力丹寧布工廠，那裡有座瀑布，過去他們家的磨坊就開在旁邊。

「我對那些織布機的狀況有點失望。它們沒有得到妥善的維護。」回程路上雷夫這樣對我們說。

伊凡也同意，但沒有打消念頭。雷夫問他知不知道整修一台老織布機要花多少錢。

他給出一個數字：二萬塊。

「怎麼算出來的？」雷夫問，承認他所言不假。「這可是一項大工程。」他說。顯然雷夫知道伊凡的夢想及動機，有意助他一臂之力，卻又有些擔心，像個不敢全然放手的父親。

雷夫載我們回到店裡，伊凡上樓去做牛仔褲，我也跟了上去。他抱怨說已經聽膩老人要他打退堂鼓，說他想做的事情是天方夜譚。「他們心裡憤懣不平。」他說。「一切該做的他們都做了，全都照著規矩來。」但到頭來還是落空。這行業終究只是曇花一現。

蕾比的薊山織作坊（Thistle Hill Weavers）位於紐約州櫻桃谷，專門承接客製化及委製布料訂單，店裡的織布機還在織著伊凡的紅黑白相間格紋襯衫布料。她說這樁生意實際上完全無利可圖，她願意接就只是因為她對伊凡有信心。我問她伊凡知不知道這件事，她表示自己不這麼認為。蕾比一頭短髮，後面紮著一條紅褐色辮子，雙腳套著羊毛襪搭配 Keen 休閒涼鞋，身穿軍綠工作短褲及印著腔骨龍圖案的酒紅色T恤。

「織布是門數學，不是創作。」她邊說邊舀起一匙蜂蜜，「我以織布維生，也相信行行出狀元。我很會織布，但這終究只是一門行業。」就跟大多數熱衷於機械紡織與企圖重振美國傳統紡織設備的愛好者一樣，蕾比坦言：「其實我對布料沒有感情，真正讓我眷戀不已的是機械。」

蕾比是復刻紡織品的專家。她打開電腦秀出正在替克利夫蘭美術館（Cleveland Museum of Art）複製的作品，那是用來仿製十九世紀沙王（Shah，伊朗國王的傳統稱號）帳篷的全新布料。她參考古代帳篷布料碎片的影像，確認編織結構，接著開始在她那台年代介於十九世紀末至二十世紀初期的古董工業梭織機上整經、編織。在她熟練的操作下，這些老機器彷彿快餐廚師般飛速運轉。「我都用它們來做一些毫不相干的東西。」她手上的織布機全都出自康普頓樓氏公司，是美國知名的紡織設備大廠。比起瑞士設計的無梭織機及現代業界所用的噴氣式織機，她的梭織機要慢上許多，但所生產的布料帶有布邊，使得她可以完成大多數工廠做不到的工作。

一九七〇年代，蕾比和眾多開始投入手工紡織的愛好者一樣，在《全球概覽》（*Whole Earth Catalog*）雜誌上就能買到成套的編織工具及務農所需的器具設備。某些方面來說，她就是個嬉皮。她加入貴格教會，也參與非暴力抗爭及反戰運動。她曾在反越戰的抗議活動中說過：「我選擇與共產黨同行，是因為他們歌唱得更好聽。」後來她的朋友開始主張用暴力作為政治工具，蕾比決定重回土地的懷抱。「我覺得我必須做些正當的事，唯一的選擇就是務農。」當時她從某個想募集志同道合的年輕人移居櫻桃谷的女性手上獲得一塊地，從此定居下來，開始種植有機蔬菜。

不同於許多一九七〇年代的工藝迷，蕾比對紡織情有獨鍾，然而透過手工紡織卻激發了她對機械紡織的興趣。她開始向即將歇業的工廠收購機器，或拆解那些以現代標準來看已經過時的舊式織布機。我問她看到人們對紡織的熱情逐漸消退，是否會感到失望？她說不會，這個行業的消長有其週期性，在一九七〇年代前後都曾興起一波熱潮。

在美國，最早一波的紡織復興[33]發生在一八七〇年代，與當時更廣泛的殖民復興運動（Colonial Revival）有關，手工紡織在當時已經算是異數。第二波大規模復興[34]發生在一九二〇年代，這次源自外界對阿帕拉契地區（Appalachia）的關注。當地婦女透過鄉村學校發起的計畫販售手工床罩、嬰兒毯、茶巾等織品來維持家計。一九七六年，美國建國兩百年後，則出現了第三波復興，這次著重的是北歐斯堪地那維亞的風格傳統。蕾比告訴我，該傳統從那時候就一直延續至今。

但她表示，諷刺的是儘管斯堪地那維亞傳統由於一脈相傳，使得後來新進的手工紡織迷多以其為本，但新英格蘭地區的手工紡織傳統卻從未真正消失，而是透過機械織布機傳承了下來。蕾比說，想親炙古老的紡織傳統，就必須認識康普頓樓氏的鑄鐵織布機。

在她看來，紡織會隨著手邊的工具而演進——它是一種能夠滿足時代各種迫切需求的造形藝術。她認為創新是人類的基本行為，「各種不同文化的人類都能想出辦法來解決食衣住等方面的問題。」其中包括發現紡織這門技術。蕾比傾向從宏觀、全面的角度來看待物事。對她來說，「世界上的紡織知識是廣袤而深不可測的。」

蕾比從小在紐澤西州的田納福來（Tenafly）長大，到了夏天都會去紐約州雷姆森（Remsen）參加一個名為諾斯伍德營（Camp Northwood）的社會主義猶太營隊。她父親是位著名的電力工程師，她從他那裡繼承了一筆遺產，她認為這是一種特權，她自己從未領過薊山織作坊的一毛薪水。店裡有七名員工，另外在農場則有三名，該農場專門為馬術馬提供食宿及訓練。所有的整經作業她通通自己來，毫不假手他人。「我雖然努力工作，但這是一種特權。我信奉社會主義，凡事都以員工為優先。我用十九世紀的方式來經營這間店。」她的員工，一位穿著格紋上衣的中年婦女，下班前來向她道別，並告知社區內有人去世的不幸消息。「不知道瑪麗還會不會繼續待在農場。」她喃喃自語。另一個六十多歲男性員工也過來說再見，他身材魁梧，棕色的大鬍子摻雜著些許灰白。蕾比拿了些番茄給他，說：「我家裡快被淹沒了。」

龐大的結構性力量打造出現代的服裝體制：甘願以殘暴手段開發地球自然資源、貶低女性勞動的價值，以及在舊殖民基礎上建立新的殖民主義貿易制度。這些巨擘不僅在學者、行動分子及政治家面前被盯得抬不起頭來，還得直接面對獨立業者的挑戰——這些人始終堅持所好，並樂在其中，宛如聖經中的大衛與巨人歌利亞，進行一場以小搏大的對抗。

蕾比說：「我從拉動把手的過程中獲得更多快感，看著八碼、十碼的布從織布機輸出，那種親手製作的真實感是最純粹的。」

# 第十三章　坎布里亞羊毛節

如今，施予同情的主要是落伍者與失敗者，其中大多數是女性……她們在退出比賽後，有更多時間花在荒誕無益的遠行上。[1]

——維吉妮亞．吳爾芙，《在病中》（*On Being Ill*）

在二十一世紀，愈來愈多紡紗、編織、織布、毛氈及其他羊毛工藝愛好者重新發現手作的樂趣，紛紛投入其中。他們這麼做，不僅重拾了古老的工藝模式，同時也是保存綿羊品種多樣性的關鍵推手。

坎布里亞高地（Cumbrian fells）位於英格蘭北部與蘇格蘭邊界以南，對英國綿羊品種的多樣性及整個畜牧業系統有著關鍵的重要性。二戰後農業的變遷[2]，包括歐陸肉用品種的快速普及，對英國本土綿羊品種的豐富性帶來了威脅。到了一九七〇年代，班普頓諾特（Bampton Nott）、波克夏諾特（Berkshire Nott）、原種門迪普（Mendip）及其他二十四種英國本土羊已經宣告絕種[3]。為了解決綿羊多樣性的存續危機，英國於一九七三年成立「稀有品種保護信託組織」（Rare Breeds Survival Trust）運作至今，對於本土禽畜的品種保育貢獻良多。

維持綿羊品種的多樣性不僅攸關紡織業者生計，對自然環境的健康也至關重要。就本質上來說，綿羊的功能就像個碳封存系統（carbon sequestration system）。大氣中的碳占羊毛重量的百分之五十[4]，而且羊毛不像合成纖維，它是可以自然分解的。羊毛回收處理後，會像肥料一樣[5]慢慢釋出有價值的養分及碳，使其重新回歸土壤。它能將碳固定在表土裡，而非釋放至空氣中。這個過程有助牧草重新生長供羊群覓食，促成在地生產，避免纖維供應鏈過於遙遠的問題。由於綿羊在如此特殊的地形下適應自如，羊毛自然而然就成了有意重建在地布料生產體系人士的首選。比起其他品種，有些羊更適合生長在特定的大氣及地質條件下，因此維護羊種的多樣性另一方面也意味著保護有利綿羊繁衍的地理範圍。

二〇〇一年，英國爆發口蹄疫[6]，導致大量綿羊被撲殺。等到最後一頭病例在坎布里亞郡艾波比（Appleby）的上懷吉爾農場（Whygill Head Farm）被發現時，全國已經撲殺了超過六百萬頭的羊、豬及牛。在這場浩劫過後，英國政府開始提供資金扶助國內綿羊業東山再起，坎布里亞當地的羊毛職人也成立「Wool Clip」（字面義為羊毛的年產量）合作社，於二〇〇五年發起一年一度的「羊毛節」（Woolfest）來支持、推廣稀有品種保護信託組織的工作，並宣傳英國羊毛的重要性。二〇一九年，我決定前往英國，參加在坎布里亞科克茅斯鎮（Cockermouth）牛市舉行的第十五屆羊毛節。

我小時候住在佛蒙特州，當時家裡為了不讓草長得太高，特地養了一小群綿羊來吃草，其中有幾頭溫馴的母羊和一頭我怕得要死的公羊。我們會把羊毛交給加拿大愛德華王子島（Prince Edward Island）的某間小工廠加工，我記得它們送回來時都變成了黃、綠、紅三種顏色的紗線。我媽沒什麼時間打毛線，但我記得她在懷我弟的時候，親手織了一頂小綠帽和搭配的毛衣。或許是親眼目睹這些我覺得有如魔法般的變化，我對綿羊及羊毛始終懷著一份特殊的情感。我開始期待起羊毛節的到來。

抵達英國時，我先在倫敦待了一天才北上坎布里亞。在這麼一個曾在世界各地致力破壞本土主義的國家懷抱中，竟然正孕育著一場充滿保護色彩的地方復興運動，在我看來是很諷刺的事。大英博物館所展示的羊群文物，與其說讓人想起古老英國鄉村的樸實面貌，不如說它展現出大英帝國鼎盛時期的國力巔峰。我仔細端詳其中一件亞述浮雕，描繪亞述人的綿羊及山羊群在戰役中遭阿拉伯人捕獲，被當成戰利品趕回營區的場景。藝術家甚至生動刻劃出羊毛的紋理與扭曲的羊角，並捕捉到羊眼半張半閉的溫柔神韻。這幅石刻的年代約在西元前七二八年左右，過去曾是亞述國王提革拉沙爾三世（Tiglath-Pileser III）宮殿內的裝飾品，係由十九世紀英國考古學家奧斯汀．亨利．雷亞（Austen Henry Layard）自尼姆魯德（Nimrud）攜出，該城位於今日伊拉克摩蘇爾（Mosul）南方二十英哩，是座擁有三千多年歷史的古城。奧斯汀於一八四五至一八五一年間率隊在當地考古，並獲允將他「認為有用的石頭」帶回英國。次日一早，我就搭上火車前往坎布里亞。

綿羊最早並非在歐洲馴化[7]，而是由新石器時代從近東地區移入的遠古人類引進。在地中海周遭早期文明繁盛發展的同時，原始農民的足跡逐漸遍布整個歐洲。大約在西元前三千年左右，新石器時代的拓荒者穿越英吉利海峽來到不列顛，也將綿羊帶來了這片土地。起初該地由於森林過於茂盛，不利養羊，因此豬和牛更為普遍。湖區（Lake District）丘陵及本寧山脈（the Pennines）一帶的早期居民是游牧民族，帶著牲畜四處漂泊、逐水草而居，結果就像中東一樣，促成了羊群在歐洲的繁殖。到了青銅器時代[8]，林地逐漸減少，綿羊開始愈來愈多。

英國現存最古老的羊毛布料標本之一是在約克夏里爾斯頓（Rylstone）一處青銅器時代早期的墓穴出土的，藏在已經被挖出的橡木棺材裡。青銅器時代中期的「骨灰罈族」（Urn People）[9]似乎比他們早期的祖先更擅長織造，但該時期大部分的羊毛文物多來自同時代的丹麥人，他們也有以橡木棺材埋葬往生者的習慣，其中有些葬在浸水的泥炭土壤中，使屍體及衣物得以完整保存。最早研究這些遠古織品的考古人員認為它們係由羊毛及鹿毛混製而成，但實際上他們所以為的「鹿毛」其實是羊的「死毛」（kemp），即野生綿羊身上外層的毛，質地剛硬，是原始馴養綿羊的典型特徵。

新的綿羊品種隨著一波波的人類遷徙傳入英國本土。德維瑞－林姆伯里（Deverel-Rimbury）文化族群在青銅器時代晚期（大約西元前七五〇年）從中歐的高山地區遠渡重洋來到不列顛，在泰晤士河岸建立居所。一般認為長著大角的史氏綿羊（*studeri* sheep，暫譯）就是他們引入的。

羅馬人在不列顛建立了制度化的羊毛紡織業，詩人兼史家狄奧尼修斯・佩里吉提斯（Dionysius Periegetes）在西元三〇〇年左右提到，不列顛出產的羊毛相當細密，足以媲美蜘蛛網。七九六年，神聖羅馬帝國的查理曼大帝在寫給盎格魯－撒克遜英格蘭當地麥西亞（Mercia）國王奧法（Offa）的信中暗示該國對羅馬的羊毛織品貿易正在復甦，不該中斷。他寫道，他的臣民們都想要擁有披風，樣式可以「跟從前送給我們的一樣」。從謝普利（Shepley）、謝普頓馬利特（Shepton Mallet）、席普利（Shipley）、斯基普頓（Skipton）等撒克遜傳統地名就可看出綿羊在此時期的英國本土可說是無所不在。

十一世紀，法國諾曼人征服英格蘭後（史稱「諾曼征服」），不列顛的綿羊數量比其他家畜牲口加總起來還要多，而且最重要的產品不是羊毛，而是羊奶。羊毛位居第二，其次是糞肥，最後才是羊肉。然而，羊毛的重要性與日俱增，本來是作為原料出口，到了中世紀也開始用於織布業。

羊毛對中世紀英國的經濟相當重要，甚至在一二九七年，英國國會的上議員宣稱羊毛產值占「全國的一半」[10]。一二八〇年，英國羊毛的出口量大約在二萬五千袋左右；在原毛交易的全盛時期，每年交易量約達四萬至四萬五千袋之多。羊毛織品的出口在原毛產業帶動下順勢興起，十四世紀中期，每年可輸出上萬件布料，過了一世紀，出口量增加六倍，到了一五三九至四〇年間又再次倍增，高達十四萬件。可以說不列顛群島的財富全是由羊毛業累積起來的；在中世紀擁有坎布里亞湖區大部分土地的修道院，其財產全來自羊毛。為了紀念羊毛的重要性，英國國會有個從十四世紀延續至今的悠久傳統，要求大法官必須坐在羊毛袋上。時至今日，上議院議長也享有此殊榮。

但諷刺的是，中世紀英國的優質羊毛竟然是牧草不足養出來的結果[11]。羊隻攝取的營養愈多，就長得愈壯碩，羊毛纖維也會成比例增長。當時英格蘭中部廣袤的黏土平原是英國最豐饒的牧區，大多開發成耕地以種植穀物，收成後常見的廢棄物及玉米梗通通成了綿羊的飼料。到了十五世紀，在羊毛需求的帶動下，英國開始採行圈地放牧，為綿羊提供了更好的草料來源。也因此，中世紀英國中部地區及林肯郡（Lincolnshire）所產的短細羊毛逐漸被纖維長而粗的羊毛取代。由於英國羊毛品質下降，失去原有的細緻質感，使西班牙羊毛愈來愈受歡迎。到了十六世紀初，西班牙的美麗諾羊已經取代英國綿羊成為優質羊毛的代表；到了都鐸王朝（一四八五至一六〇三年）晚期，美麗諾被公認為品質最好的羊毛。

與此同時，圈地（enclosure）[12]也取代了傳統共同耕作的制度[13]。反對圈地的抗爭從十五世紀末開始，一直持續到十六、十七世紀。不僅種來圈地的樹籬被挖除，此舉亦被視為造反的象徵。暴動人士通常不乏婦女，有時甚至清一色全是女性，比方說在一六〇八年，有四十名婦女前往瓦丁罕（Waddingham，即今日的林肯郡）的圈地將「樹籬推倒並重新圍起籬笆」；翌年在鄧徹奇（Dunchurch，即華瑞克郡）的某座莊園，「十五名包括主婦、寡婦、紡紗女工、年輕未婚女性及女傭在內的女性在晚上集結起來，挖除樹籬並將溝渠填平。」[14]一六二四年五月，約克郡有群婦女因破壞圈地，並在「完成這項壯舉之後大口抽菸、暢飲啤酒慶祝」而被捕入獄。

一七八〇年代，英國經濟進入前所未有的成長及動盪時期，變化速度之快，說不定過往任何經濟體都難以望其項背。最初的結果之一就是促成紡織品的需求與消費大增。羊毛價格飆升，鄉村企業家帶動了畜牧生產的大規模擴張。

當時的人認為，要將蘇格蘭高地開發成適合大型牧羊業發展的環境並不難。「高地清地運動」（Highland Clearances）[15]主要發生在一七八〇至一八五五年之間，指針對蘇格蘭高地及蘇格蘭北部島嶼居民進行的一連串強制驅逐行動。在狹長地帶與峽谷地區，成千上萬的佃農百姓遭地主趕出世代賴以為生的土地，取而代之的是廣大的牧羊場。截至一八四〇年左右，各地多已由農轉牧，薩瑟蘭（Sutherland）有八成五的土地是牧場，羅斯（Ross）及克羅馬地（Cromarty）六成一、印威內斯（Inverness）六成，阿蓋爾（Argyll）則是三成五。

看在周遭逐漸邁向工業化的平地社會眼裡，蘇格蘭高地上的小農社會型態變得愈來愈陌生。該地區就跟以前的英格蘭一樣，大多維持在地生產、在地消費的產銷型態，以物易物的習慣相當普遍，佃農的租金至少有部分是以實物或勞務的形式支付。亞當・斯密以清地運動前的蘇格蘭高地為例，說明國家受到過時的限制與制度束縛所導致的貧窮。他認為這樣的農業社會是勞力分配不當的受害者，荒謬地「在家裡用鄉下人宴客的方式」[16]來消耗自己過剩的產品。

馬克思（Karl Marx）也試圖提取蘇格蘭高地的經驗作為理論素材。隨著清地運動不斷推展，馬克思借題發揮，以此為核心來闡述資本主義農業如何猖狂地取代傳統封建制度。對他來說，清地運動代表封建制度的瓦解，大批無產階級突然被迫進入勞動市場，當此過程「伴隨著對人民土地的強制徵收……時」，就會導致「竊盜、暴亂橫行，民不聊生。」[17]

早在羊群被大量引進蘇格蘭高地之前及期間，窮困的高地居民紛紛被城市的工作機會吸引，外移至蘇格蘭中部的城鎮及村莊。不少人專程去當地新興的紡織廠工作，用美國南方的棉花進行加工。

蘇格蘭高地居民傳統上飼養的是名為「*seana chaorich cheaga*」的原生種綿羊，又稱為「小老羊」。冬天時，他們會把羊群趕到屋裡避寒。十八世紀引進當地的新品種——哲維綿羊（Cheviot sheep）——卻被罵得一無是處，成了名符其實的代罪羔羊。然而真正的錯誤不在羊群本身，而是牠們跨越大峽谷（Great Glen）被引進高地這件事，象徵著一七九〇年代資本主義牧羊業的加速發展，以及佃農被迫流離失所的後果。

當英國有閒階級（leisure class）受拿破崙戰爭影響而無法到阿爾卑斯山度假時，他們發現坎布里亞也是不錯的旅遊景點。當地樸實自然的鄉村生活在這個快速工業化的國家中宛如一首優美的田園詩歌，在華茲華斯（William Wordsworth）與柯立芝（Samuel Coleridge）這些湖畔詩人的謳歌下，成了當代桃花源。的確，即使英國的帝國主義終結了世界各地自給自足農民的集體生活型態，英國農業也被工業主義取代，坎布里亞的居民依然延續千年來的古老傳統，繼續牧養羊群。原因之一就是當地少而陡峭的山坡地（或稱荒山）無法適用同樣的農業「改良」方式，使其如同地勢低平、綠草如茵的鄉村般改頭換面。

火車穿越工業革命的搖籃——蘭開夏郡——一路北上，途經一家老工廠，不久後，連綿起伏的山丘隔著車窗映入眼簾。坎布里亞位於蘇格蘭南邊，古代羅馬人為了抵禦蘇格蘭人所修築的城牆就在不遠處。我望向窗外，看著散落在色彩繽紛的田野間的羊群，當時剛過盛夏，田裡已經捲起成堆乾草，準備運入穀倉。小時候在佛蒙特，我們毫不留情地訕笑那些對著牛大驚小怪、對鄉下的務農生活抱著遐想的好奇觀光客，如今我也成了那樣的人。我想要美化這個地方——雖然它似乎擺脫不了歷史可怕的桎梏，卻又遺世獨立、不受紛擾——想像耳邊偶爾傳來牛的低吟、黃昏時分的鳥啼，感受大自然的溫柔脈動。

羊毛節的第一天，餐廳裡茶香四溢。參展攤位多達上百個，有紡車與織布機製造商、帶著自家羊毛前來販售的小農、賣紗線及粗紗的小紡織廠，以及販賣粗花呢的織布業者。為期兩天的活動安排了滿滿的現場表演及講座，還有「稀有品種展示大會」（Rare Breeds Parade）這類特別節目，把羊趕上舞台供眾人欣賞。坐在我桌旁的女人吃了一堆英式農舍派，她女兒回頭又替她淋上更多肉汁。有人可能會誤以為這裡是養老院的餐廳，但我不得不說，羊毛節基本上就是一群女性銀髮族的聚會。

喝完茶，我首先造訪的是赫布里底羊協會（Hebridean Sheep Society），攤位架上掛著質地粗硬的棕色手肘補丁毛衣與扁圓帽，展示這種深棕巧克力色羊毛的用途。該協會主要負責赫布里底羊的品種鑑定，該羊種在一九七四年被稀有品種保護信託組織認定為瀕臨絕種等級。一位名叫海倫、氣質沉穩的志工向我說明，後來羊群的整體數量達到三千頭母羊的門檻，從「稀有品種」

升格成「少數品種」。「這是成功的復育經驗。」赫布里底羊跟許多在戰後免於滅絕危機的品種一樣，順利在蘇格蘭群島上生存下來。海倫表示：「就算能吃的東西很少，牠們一樣能活得很好。」英國的保育區通常會養羊，因為牠們可以幫忙吃草、抑制外來入侵物種，而且不會改變地貌環境。

編織掛毯的表演快要開始了，我急忙去找個位子坐下。掛毯的織法是以經線當底，再用不同顏色的緯線纏繞其上，交織出圖案或圖像。西方最著名的掛毯——法國的貝葉掛毯（Bayeux Tapestry）——實際上並非掛毯，而是在亞麻布上用毛線縫製而成的刺繡。真正的掛毯是用緯線編出圖案，而不是在織好的布面上以刺繡裝飾。刺繡往往參考掛毯仿製，當作低成本的複製品。

貝葉掛毯[18]創作於十一世紀，以七十五幅不連續的場景描繪當初諾曼人占領英格蘭的情形，並以拉丁文題字。一般認為它是在諾曼征服後不久就開始進行，由英國聖奧古斯汀修道院（St. Augustine's Abbey）的修女縫製而成。這幅掛毯長達七十公尺，尺寸驚人，且保存得相當完好，每年都在貝葉（Bayeux）展出，作為頌揚法國軍威戰功的宣傳工具。一八〇四年，拿破崙將它運到巴黎展出。不管是真正的掛毯還是仿製的刺繡，都是一種敘事的方式，通常以著名的戰役為主題。例如在荷馬史詩中就有一段描述特洛伊的海倫編織掛毯的情景：

……她正在紡製一件精美的織物，
一件雙層的紫紅色袍子，上頭織著馴馬的特洛伊人與身披銅甲的阿開亞人永無止盡的爭鬥，
為了她，他們在戰神的操弄下吃盡苦頭。[19]

像這樣的織物是女性歷史記錄者媲美史詩的作品，現代也有類似產物。一九八〇至九〇年代，越南苗族婦女的刺繡作品記錄了越戰期間在寮國發生的「祕密戰爭」（Secret War）事件，其中一件描繪村莊遭受空襲，敵軍從空中投下一種含有T－2黴菌毒素（俗稱「黃雨」）的化學毒劑[20]。阿富汗的絨毯則描繪了刺針防空飛彈擊落蘇聯直升機的場景。

「以前的人用掛毯來隔絕室外的冷風，相當於中央暖氣系統。」體驗課程一開始，老師如此介紹。「另一方面，也因為以前的人大多不識字，所以就把圖案織在掛毯上，作為一種說故事的方式。」

老師在台上示範時，台下觀眾也不斷交頭接耳，發表高見。「線要拉穩，保持間隔固定。」我身旁的姊妹們喃喃自語地說。老師已經事先編好一排彩色的緯線，現在她拿起一把厚木齒梳把緯線往下推，形成圖案線條，以此類推，層層疊加。

想在掛毯上織出花樣有兩種方式：一是沿著經線一排一排編，邊織更換上不同顏色的毛線；二是以色塊的方式拼接起來，這種技巧老師稱之為「交會分開」（meet and separate，暫譯），因為它是用兩股不同顏色的緯線，從經線兩端繞入，使線頭在中間交會後，再各自朝著反方向繞回去。

「但這樣不會留下缺口嗎？」台下有位女性發問，她注意到兩股緯線碰頭時會形成縫隙，因為它們都是各自從織布機的兩端來回纏繞，形成色塊。

「完全沒錯。這樣做會留下縫隙，而這些縫隙正是掛毯很重要的一部分。但重點是不要怕，因為你可以用這些縫隙玩出花樣。它們能製造光影，你可以選擇把毛線拉緊或乾脆撐開變成一個洞，如果你想要，之後再把這些缺口補起來也行。」

「最重要的是不要慌。織掛毯是急不得的。」老師說。這句忠告聽起來異常療癒。確實沒錯。後來她在示範紡紗時說：「這就是纖維美妙的地方，就算壞了還是可以修復。」我在嘗試紡紗時，紡錘不小心掉到地上，她將它撿起，找出斷頭的紗線，拿掉已經撚好的粗紗，接著把纖維拉鬆拉開，最後再撚一下，把紗線重新接了起來。

凡事都是可以修補的，但切忌操之過急，因為瑕疵或不完美也是事物本身價值的一部分，這是我在羊毛節不斷聽到別人反覆重申的道理。這樣的想法似乎源自過去對標新立異及犯錯都能包容的農業社會時代。

羊毛節在科克茅斯牛市舉行，會場大小及外觀看起來就跟一座工廠差不多。挑高的天花板、鐵皮屋頂及水泥地面讓我想到過去曾經造訪的許多工廠。幾乎就跟所有工廠一樣，現場擠滿了女性，生產力也同樣旺盛得令人咋舌：她們忙著紡紗、編織、織布，彼此交流；羊群關在羊圈裡嚼著乾草。活動雖然熱鬧，但節奏更加輕鬆自在。在工廠，出了差錯就會造成金錢損失，或許還會危及人員健康。工作必須快馬加鞭，不容許有任何瑕疵。但在羊毛節，媽媽可以跟女兒一起閒逛；前一刻素不相識的陌生人聊著羊毛梳與各自使用的織布機。這裡宛如一場慶祝大會，頌揚現代社會教我們要嗤之以鼻及貶抑的各種事物。在羊毛節上，生產關乎的是培育而非支配，最重要的是，從事這項勞動的不是別人，而是專業的工匠與職人[21]。

我遇到的紡織愛好者與我分享她們雖然礙於工作一度被迫中斷手工藝，卻從未放棄的故事。喬伊・艾希特（Joy Exeter）在美國馬里蘭州的貝塞斯達（Bethesda）學會織布，當時她先生在大使館擔任經濟學者。身為駐館人員妻子的她無法出外謀職，所以就去學織布。後來她成為一名護理師，退休後才又重拾織布的興趣。目前她在一間舊紡織廠改建而成的藝術中心幫忙，協助營運。

瑪莉蓮是當地纖維協會的負責人，她和丈夫從薩里（Surrey）搬到坎布里亞。兩人有三個小孩，並買下一座高地山坡上的小農場，飼養綿羊及山羊，但沒有自來水。她表示：「我在八〇年代學會紡紗，把小孩拉拔長大後就回到職場。」她過去從事銷售業，如今自己養羊，用自家的羊毛紡紗。對於許多甚至大多數參加羊毛節的人而言，手工藝純粹是做好玩的，順便當成額外的收入來源，並非真正的謀生手段。但這並未減損背後所蘊含的意義。

手工紡織風潮的再興是個意涵深遠的集體現象，儘管其表達形式可以展現相當明顯的政治目的，例如編織抗議標語或用毛線轟炸（yarn bombing）[22]攻陷公共空間，但本身也因集體參與且過程緩慢而帶有政治性。學者認為「工藝行動主義（craftivism）」的公共性質有助於化解當前資訊社會（information society）的疏離感，他們還指出，有編織者參與其中的抗議活動能夠提醒我們齊力合作這件事本身的價值。學者稱之為「『「預兆式政治」（prefigurative politics，又譯為預演式政治）』，也就是先打造出我們在更美好的未來世界所期盼建立的合作關係。」[23]

羊毛節攤位上的商品標示讓這些東西彷彿是在某種美好的「未來世界」才見得到的產品。北德文郡的約翰．亞本織品（John Arbon Textiles）攤位展售的綠色毛線，成分標籤上寫著：「藍面埃克斯穆爾（Exmoor Blueface）六〇%，柯利黛（Corriedale）二〇%，茲瓦博斯（Zwartbles）一〇%，尼龍一〇%。」衣架上毛衣的紙卡寫的不是價格，而是簡明扼要的自製毛衣說明：「小／中號。主色九絞，配色二絞。」這些標籤代表職人對綿羊品種的知識以及毛料方面的專業與熟稔。

另一個攤位上，手紡愛好者可以用十五英鎊買到藍面萊斯特（blue-faced Leicester）與史瓦利黛（Swaledale，俗稱黑面羊）混種且不使用任何化學藥品及洗滌劑的羊毛。羊毛裝在飼料袋裡堆放在桌上，其中一袋用的是 Lactovis 的包裝，上頭寫著：「暢飲最高級的羔羊專用配方奶，使用英國在地乳源。」我記得小時候也用過類似的混合奶粉來餵養被母羊棄養的小羊。我仔細端詳桌上其他羊毛，有產自普朗伯蘭（Plumbland）的赫布里底羊、伊格斯菲爾德（Eaglesfield）的韋桑羊（Ouessant），以及一大袋諾森伯蘭郡（Northumberland）梭普頓（Thropton）產的柯利黛羊。手紡愛好者會根據作品的需求仔細挑選羊毛的花色種類。事實上，手紡風潮的興起為有色羊毛創造了更大的市場。長久以來，人類培育綿羊大多是為了取得白色羊毛以便染色，對羊毛的天然花色重新產生興趣是最近才有的現象[24]。

稀有綿羊展示大會在牛圈舉行，這裡平常是牛市的拍賣舞台，在羊毛節期間展出保育有成的瀕危品種。一八三〇年代，蘇格蘭群島的傳統綿羊被移除殆盡，並引進哲維及萊斯特（Leicester）等體型較大的品種，導致某些原生種完全絕跡。但在蘇格蘭北方外海奧克尼群島（Orkney Archipelago）最北端的北羅納德賽島（North Ronaldsay）上，當地居民繞著全島在高潮線之上打造了一道乾砌石牆。這道牆被稱為「羊堤」，興建於一八三二年[25]，目的是將島上羊群的活動範圍限制在海邊。時間一久，羊群開始習慣以海藻為食並定居在海灘上，每年只有幾個月的時間，母羊與小羊才會被帶到內陸吃草。這些體型矮小的北羅納德綿羊——背部最高只到女性膝蓋——與鐵器時代的羊化石殘骸極為相似，事實上在這些四千年前的綿羊牙齒上也發現了海藻的痕跡。

島上另一個在二十世紀中期倖存下來的品種是雪特蘭綿羊（Shetland），外型就跟雪特蘭小馬一樣嬌小，且有著蓬鬆的絨毛。牠們一度瀕臨絕種，如今數量已經穩定回升。主持人表示，雪特蘭羊的嬌小體型是選育的結果，因為羊隻通常用小船運載，體型較大的品種可能導致船隻翻覆。

緊接著登場的是一頭看起來洋洋得意的博蒙特綿羊（Beaumont），這是雪特蘭與撒克遜美麗諾（Saxon Merino）雜交所生的新品種。促使人們維護綿羊基因多樣性的動力之一在於要是少了牠們，就無法產生像博蒙特這樣的雜交新種。「要是我們讓這些羊在一九五〇年代全部消失在地球上，現在就不可能辦到這一點。」主持人說。

接下來介紹的一批綿羊則帶領觀眾走入歷史，一窺人們懷念的「純樸美好的舊時英格蘭社會」（Merrie Olde England）樣貌。理想中的綿羊典型，或許就該長得像波特蘭羊（Portland）這樣。此品種原產於英國南方，羊毛呈現米白色，與波特蘭所產的石材顏色相似，而倫敦就是用這種石材打造的。產自英格蘭與威爾斯交界赫特福德郡（Hertfordshire）的雷蘭羊（Ryeland，字面意為「黑麥田」），體型圓胖，長著棕色羊毛，是過去製作修道院袍的衣料來源。雷蘭羊因放養在黑麥田裡而得名，牠們會啃食麥穗，促進黑麥生長；同時踩踏在根部上也會予以刺激，糞便還能作為肥料。緊接著是萊斯特羊，毛色潔白，長著一副宛如兔耳的大耳朵，樣子十分滑稽。約克郡的溫斯利黛爾長毛羊（Wensleydale Longwool）小鬈狀的長毛幾乎垂到地上，過去曾經用於製作仕紳的內衣及斗篷襯裡。

展示大會接近尾聲，這些羊讓我想到過去幾世紀以來，牠們為王室與平民提供衣食，見證了某種長期性的人為干預，而非短暫累人的爆炸性發展。培育這些品種，從以前到現在就是橫跨數個世代的大工程。

「牠們是經過好幾世紀的培育才有辦法活到現在。」坎布里亞當地的牧羊人西蒙・布蘭德（Simon Bland）對我說。他是在地人，除了以哲維羊跟原產自挪威的特塞爾羊（Texil）雜交配種，還養了一批白面伍德蘭羊（white-faced Woodland），這品種相當罕見，在口蹄疫後只剩一千一百頭。西蒙對坎布里亞的地質與地形適合哪些品種的羊有相當透澈的瞭解。他表示，白面伍德蘭「適合生長在石灰岩地」，而黑面羊和賀德威克（Herdwick）「更偏好土質潮溼的環境。許多高地都含有泥炭土，有些綿羊在某個山頭上活得好好的，換到別的地方就會水土不服。過去湖區最多的是洛弗菲爾（Rough Fell）這種高地綿羊，但現在已經很少見。」他說。我問他「洛弗菲爾」怎麼拼，他欲言又止地看著我，沉默了一會兒才說：「你知道自己正在跟一個有閱讀障礙的牧羊人講話嗎？」

除了養羊，布蘭德也經營生意，利用羊毛和羊齒植物（蕨類的一種）做成肥料出售。近年來羊毛價格暴跌，業者賣給大盤商所要付出的運輸成本竟然比利潤還高，導致他們寧願放火把羊毛燒掉也不想賠本賤賣。像羊毛節這樣的活動對業者來說是一大福音，因為比起批發，將這些特色十足的優質羊毛直接賣給手工藝愛好者更有賺頭。但布蘭德認為，重要的是必須從生產規模的角度去考量，同時思考在羊毛市場全球化的今天，該如何處理大量失去商業用途的羊毛。

於是他萌生了製作肥料的想法，因為他的羊群只要走進六呎高的羊齒蕨叢就會忘了回家。他的太太擁有環境科學博士學位，知道羊齒蕨跟紫草、海藻一樣富含大量的鉀，於是兩人開始嘗試將之與羊毛（蛋白質）結合做成肥料。布蘭德研發的栽培介質推出後受到園藝愛好者極大好評，同時他還成為牧羊業者的後盾，不僅親自開車去收購他們的羊毛，還免費幫他們抑制蕨類生長，藉此確保富含碳元素的羊毛不會化為灰燼，而是成為改善土壤的利器。

為了讓坎布里亞的土地更適於耕種，當地在十二至十三世紀進行了改造地貌的大工程：田野被剷平，谷底溪流被排乾，人們用石灰及其他方法改善土質，使其變成可耕地。早在一六〇三年，從某首古老小調就能看出英國農民如何照顧土壤以維持長期地力。歌詞是這麼唱的：「他給自己的田添加砂土，給兒子的加了石灰，給孫子的加了泥灰。」[26]

布蘭德將坎布里亞高地上的畜殖型態稱為「山坡農業」（hill farming）。根據他的定義，山坡農業本質上必須將眼光放遠，其所做的育種選擇不見得會在即將來的產季立刻奏效，而是得經過多年的周始循環與世代演替才能收穫成果。除了養羊和肥料生意，他還投入泥炭沼澤的復育工作。對他來說，這只不過是同一種長遠思維的延伸。他表示，貯存在樹木裡的碳大概可維持五十年，但如果換成泥炭沼澤就永遠不會逸散。他認為「這就跟山坡農業一樣，因為你想的永遠是接下來要種哪些作物、養哪種母羊，這一切都是環環相扣、密不可分的，不是嗎？」

原產自坎布里亞的賀德威克羊向來以「執著」聞名，牠們對特定的生長環境有種強烈而不可動搖的歸屬感：始終離不開所屬的牧場，就算能被賣到平地，在高地上卻無法移居他處，因為牠們會自己走回家。世界上九成五的賀德威克羊集中在科尼斯頓村周遭二十英哩內，該村位於坎布里亞的福內斯（Furness）地區，這使得牠們在政府的口蹄疫撲殺行動期間遭遇嚴重的滅絕危機。

與珍貴而古老的賀德威克羊同樣岌岌可危的，是當地代代相傳的專業技能，一種在這延續數百年的生活方式之下所發展出的謀生本領。

在剪毛秀中，看起來不到十八歲的保羅．洛瑞（Paul Lorrey）讓羊坐著，單手抓住牠的口鼻，把頭往後押。他接著抓起羊角，不時用他細瘦的膝蓋上下推動著羊身，像在上下舉放著躁動不安的嬰孩。他用一支長近三十公分、銳利的手持式羊毛剪替牠剪毛，只剪到頸後，留下毛茸茸的頭。接著他將羊毛全部攤開在地上，彷彿削了一整顆的柳橙皮。這工作看似簡單，但要是不夠專業，很容易剪得不夠短、留下太多羊毛在羊身上，甚至傷到綿羊。保羅挑揀出細碎的羊毛屑，將剩下的捲成捆。

現在他又抓了一頭波特蘭羊來剪。他將羊下巴抬高、用膝蓋頂住，當牠踢腳掙扎時，他就重新調整姿勢，把口鼻往旁邊壓，這時羊就安靜下來了。他知道如何讓羊放鬆：只要把牠的頭塞在兩膝之間或以單手環繞夾在腋下，羊就不會躁動，安分地任憑他擺布，這時他就能以熟練精確的剪工快速完成。

保羅表示，一頭羊不能重複剪兩次，這代表剪下的羊毛不會有「殘毛」。他留著極短的平頭，髮色銀灰，雙耳顯得特別突出。他身形高大精壯，顴骨很寬，臉色十分蒼白，看起來就像會在加油站外抽薄荷涼菸的那種年輕人。他只有一瞬間才會由內而外閃現某種幽微的光芒，讓他整個人亮了起來。在那短短的半秒鐘，他停下手中的羊毛剪，給自己一點時間調整方向。這瞬間就跟賣傳統塔拉斯粗花呢的林恩在準備剪下一米長的自家布料前屏氣凝神、專注不語的表情別無二致。這就是將功夫練到爐火純青的樂趣。現在保羅腳下的羊換成了雪特蘭，身邊堆著剛剪下的柔軟羊毛——毛色深濃，宛如黑色的天鵝絨。

在保羅剪毛時，主持人提到綿羊對人的情緒相當敏感，所以「在羊面前千萬不能動怒。心浮氣躁是剪不了羊毛的。」科學家將這種反應稱為「招引行為」（kinopsitic behavior，暫譯）[27]，指一種透過學習辨識信號來發現並躲避掠食者的社會適應能力。在羊群中，綿羊對其他個體的動靜相當敏銳，一有任何風吹草動立刻就會察覺。然而，主持人那句話讓我想到的不是羊，而是人。若編織能使人平靜、紡紗能夠療癒人心，加上剛剛說的，在羊面前不能動怒，無怪乎被剝奪羊群的文化容易發狂失控。

在《聖經》中，羊被提及的次數超過五百五十次，遠勝於任何動物。原因之一就是羊在《聖經》所記錄的游牧民族生活中扮演著不可或缺的重要角色。亞伯拉罕、摩西及大衛王皆為牧羊出身，最早見證基督誕生的是牧羊人，先知穆罕默德也從八歲起開始牧羊。然而牧羊也是無可取代的隱喻，代表某種堅定不移的服事與照顧。羊群百分之百信任並仰賴牧者的帶領，相對地，牧者必須對自己的羊群瞭若指掌，也難怪數千年來這種關係在諸多人類文明中始終被當成關愛、脆弱及信任的象徵。

※ ※ ※

對羊來說，最安全的自我保護方式就是躲在羊群裡。透過結群，可以讓單一羊隻遭受掠食者攻擊的機率降到最低，這也意味著群體中有更多眼、耳、鼻可以感知敵人的到來。科學家推測，當動物不用耗費太多心神留意周遭動靜，就有更多時間跟精力可以覓食。這就是羊毛節給我的感覺，彷彿與周遭的年長女性與羊圈裡的羊群融為一體。到了第二天，我內心湧起一股澎湃的安心感，彷彿置身彼此互相關心、共同照顧的互助系統內，讓我感到無比自在。

我跪在一頭北羅納德賽小羊旁邊，看牠吃著鐵籃裡的乾草，那籃子大得像台購物車。另一頭母羊，也就是牠的母親，最高只到我的膝蓋。路過的人似乎都被這舐犢情深的畫面吸引而忍不住停下腳步，前一天教我如何使用土耳其捻線錘的凱特也湊過來欣賞。小羊用牠稚嫩的小鼻子推著乾草，悄悄走到媽媽身邊，挨在她身上。

整個早上我都在跟家裡有養羊的女性聊天，每個人會與羊結緣似乎都是冥冥中的巧合。莎拉養的是波特蘭羊，當初本來是她八歲大的兒子想養，如今家裡大約有十五頭。她表示這些羊都有自己的名字，一叫就會靠過來。

珍・德萊登（Jane Dryden）家住科茲窩（Cotswolds），她和先生在當地買了一座廢棄農場。有兩頭附近農場的羊到處亂晃，意外闖了進來，她覺得牠們好像餓壞了，於是把牆補起來，收養了牠們。鄰居還開玩笑地給了他們一頭公羊。「我猜他想的是：『你要是真想替我養，那就讓牠們生小羊吧！』」珍這麼說。很快地，她就開始玩真的了。她跑去讀了一年的農學院學習綿羊知識，目前她的羊有五百頭，主要是溫斯利黛爾和藍面萊斯特兩種。向她採購紗線及粗紗的客戶遍及世界各地，包括挪威、芬蘭、日本、美國和中國。她說，替母羊接生是件很有成就感的事，「真的很可怕，非常嚇人，但小羊順利出來後就沒事了。」

有幾個攤位我還沒仔細逛過，我走到其中一攤，桌上擺著成堆的老式羊毛毯，上頭寫著「百分之百純羊毛，英國製」或「百分之百純羊毛，蘇格蘭製」，見證了過去英國羊毛布織業在一九八〇年代依然活絡的歷史。老闆說稍早有個客人買了一款復古毛線，說她父親以前就在這間毛線工廠當染色工人。「她說壓克力纖維問世後，他爸爸過得很慘，簡直恨死它了。她把最後一支毛線買走，說她不打算拆開來用。」

看著一籃又一籃滿滿的舊款毛線球，讓我想到在懷俄明大學能源學院工作的瑪莉。她曾經跟我說，她在生小孩時就是靠著想像美麗的毛線球來讓自己平靜下來，舒緩劇痛。

「輕輕梳一下，把羊毛纖維拉出來。不能讓紡車停下來，不然它就會往後跑。」到了傍晚，我身邊開始聚集許多婦女，準備參加「百人大紡織」（Giant Knit and Spin）活動，現場展現拿手絕活。主辦單位也擺出了一盤盤的燕麥鬆餅跟奶油酥餅，以及熱茶。

黛比・扎文斯基（Debbie Zawinski）紡了一些紫色和粉紅色的粗紗。「我的孫子有自閉症，他真的很喜歡玩滾筒梳毛機。」她說。「這麼多的粗紗都是他紡的，我給自己的任務就是用這些粗紗來做點什麼。」崔西亞・哈金森（Tricia Hutchinson）說，她八歲的姪子也患有自閉症，她給他織了一件在袖子及胸前都有八道條紋的毛衣，這樣他就能記住如何從一數到八。

考古學家韋蘭巴伯指出，鐵器時代遺址出土的文物顯示，有時候遠古人類即使生活陷入困頓，還是能在其衣物上發現繁複的裝飾。她認為，這是因為某些為了製造符號優勢（象徵性的益處）而做的動作，例如在織物繡上趨吉避凶的圖案、禱文、護身符等，其重要性並不亞於創造實質優勢（實際上的物質好處），比如保暖。

這種手工編織的好處不僅體現在成品上，同時也體現在過程中。美國民俗學者琳德針對手紡紗愛好者進行了一系列調查，絕大多數受訪者表示她們之所以喜歡紡紗，是因為它能讓人心情平靜。有些人甚至表示紡紗有助緩解憂鬱症及其他心理健康問題，使她們得以面對壓力與焦慮；此外亦能作為一種另類療法，運用在某些正規治療無法奏效的慢性疾病上。其他研究者則點出紡紗也有刺激人類智識發展的效果，舉凡染色化學、紡車力學、有關纖維結構與生長的植物學、測量紗線特性的數學，以及畜殖和生物學的相關知識，都讓紡紗愛好者獲益良多。

在這樣的氛圍下，紡紗的另一個好處就是為人們創造了交換故事、分享技藝及建立人脈的社交空間。針對在地生產這個相當古老的概念，有個較新的說法叫做「集纖區」（fibershed，暫譯）。正如集水區意指一塊包含雨水及融雪等所有引流都會流入同一條溪流、湖泊或溼地的地理區，集纖區指的則是某個特定範圍內的區域，當地的纖維生產者及加工者可以將他們的產品、技術及專業結合起來，一起從事布料生產。

二〇一〇年，美國非營利組織「Fibershed」成立，旨在串連纖維生產、織品及染整業者，建立完整的區域供應鏈以響應此概念。在加拿大皮德蒙特及溫哥華島、美國中西部鐵鏽帶（Rust Belt）與麻州西部、英國布里斯托（Bristol）以及印度埃羅德（Erode）等地皆組成了集纖區。羊毛節及其他類似節慶亦發揮相同功能：透過這些活動，當地的技術及資源擁有者得以建立連結，重建在地生產網絡，這些網絡原本由本地的紡織製造體系組成，卻在工業革命前後硬生生被摧毀。

羊毛節結束後，我返回倫敦。在開往彭里斯的雙層巴士上，我看見羊群在樹籬和石牆組成的小圍欄內，低頭在薊草與岩石間覓食。車子貼身駛過長滿苔蘚和蕨類的岩壁；在湖的對岸，松樹環繞的山腳下有一座小小的石頭教堂，看起來彷彿被山壓在底下。我的行李箱裡裝滿奇形怪狀的老鼠和大象布偶，都是莎拉親手織的，她的羊一聽到自己名字就會靠過來。這些布偶所用的羊毛都是她自己剪、自己在家裡浴缸洗的，我知道我的姪子和姪女們會覺得它們看起來相當奇怪。

# 第十四章　納瓦荷織造者

我們的設計就是我們的思維。[1]

——艾琳・克拉克（Irene Clark），當代納瓦荷織造者

許多——或許大多數——美國人被現代化的力量或是刻意同化切斷了與先祖知識的連繫。但對北美原住民納瓦荷族人而言，這些文化斷層是美國政府明確的政策所造成的結果。

十九、二十世紀之交，隨著印第安戰爭（Indian Wars）落幕，當局對原住民政策的重點也從滅族改成教育。一八八一年，當時的印第安事務專員卡爾・舒爾茨（Carl schultz）估計「透過戰爭殺死一名印地安人的成本將近百萬，而送一個印第安孩童去上學，八年只需一千二百元。」[2]當時的印第安孩童被迫與家人分開，送往設在保留區以外的美國印第安人寄宿學校就讀，強制學習英語、信仰基督教，過著「美國人」的生活。一九〇〇年，鳳凰城印第安學校（Phoenix Indian

School）有七百多名學生，平均每月有十到二十人逃走，校方還派出一隊人馬來追捕這些逃跑的孩子。

寄宿學校體驗的重點，是刻意拆散印第安孩童與他們的家庭，而服裝就成了控制手段的核心。孩子們一抵達學校就被脫下原有的衣物，改換上軍服或維多利亞風格的裙裝、穿上綁帶鞋、取美國人的姓名並剪去長髮。在學校的露天歷史劇演出中，學生扮演殖民者與被殖民者的角色。學生所住的狹小宿舍裡，霍亂傳染的情形相當嚴重，很難想像收到卡利索印第安學校（Carlisle Indian School）創辦人理查・普拉特（Richard Pratt）這封信的父母能得到什麼樣的安慰：「你的兒子平靜的離開了，沒有痛苦，像個大人一樣。我們已經替他換上漂亮的衣服，明天就會以白人的方式安葬他。」[3]

對納瓦荷人來說，重建傳統編織技術與隨之而來的生活方式，並不比任何現代美國人努力學習傳統技能來得容易，尤其是在這些技能幾乎被一個採取種族滅絕手段的殖民國家消滅殆盡之後。美國原住民以自身的文化習俗為代價，換來二十世紀美國的現代生活與文化。隨著時代演進，這份名單包括罐頭食品、電視以及在放射性鈾礦場的就業機會，但是否真的值得仍有待商榷。

要修補斷裂的傳承脈絡並非易事，對那些歷經剩餘貧窮（residual poverty）[4]與加重貧窮（compounding poverty）的人來說，更是格外困難。然而有些納瓦荷族人就跟前述那些回歸古老生活方式、致力改善土壤的坎布里亞農民（如布蘭德），以及重新學習傳統掛毯編織藝術的蘇格蘭婦女一樣，正在重新建立與先人知識的連結。二〇一九年七月四日，我飛往亞利桑那州，拜訪鳳凰城當地幾位年輕的納瓦荷織造者。

隔天一早，我開車前往威瑪位於鳳凰城郊梅薩（Mesa）的家。鳳凰城公路兩側種著棕櫚樹，早上的溫度高達攝氏四十一度，我下了車，走進她家的車道，這時突然揚起一陣大風，像吹風機一樣迎面撲來。威瑪頂著一頭紫髮，畫著眼線，搭配紫色的貓框眼鏡，塗著粉紅色唇膏，手搽黑色指甲油。就在前一天，她才跟孩子們去Ikea買了一張床。

先前我在紐約新美術館（New Museum）的一本書裡看到她的作品。她的先生達斯汀（嚴格來講是前夫，但兩人關係就像她說的，「一言難盡」）跟在我們身後，在我們穿過客廳、沿著走廊走向她房間時架起狗的圍欄。威瑪的織布機擺在一張整齊乾淨的大桌旁，上頭掛著她剛開始進行的作品，以米白色的紗線打底，穿插著幾縷水藍，接著是一排剛起頭的十字圖紋。

威瑪的編織創作吸引我的地方之一，是她每件作品都蘊含深刻的意涵。以「靜止」為例，她織了一台電視機，螢幕上顯示的是傳統納瓦荷酋長毯棕、白、灰、藍相間的條紋配色，其中棕、白、灰都是未經染整的羊毛原色，藍則是用與西班牙人交易而來的靛藍染成，這種染料最早就是經由他們之手傳入美洲新大陸。透過視覺上的雙關指涉，這幅作品所要傳達的涵意是納瓦荷族的編織特色，或說族群文化，在更大的美國文化框架下往往被認為是靜態或靜止不動的。

另一件作品則以基因分子ＤＮＡ的長鏈為創作概念。她解釋：「我們納瓦荷人的血統是從母親那邊延續下來的，所以在表明身分時，我們會先冠上母系姓氏，接著才是父系。」威瑪說這件作品她是在看到粒線體ＤＮＡ的介紹後創作出來的。科學家認為「透過這些ＤＮＡ，可以將人類的血緣追溯到最原始的女性祖先，所以血統實際上是透過細胞代代相傳到女族長——也就是母親身上。」她知道以後相當震撼。此外，「ＤＮＡ的結構就像兩股交纏的紗線，跟纖維一模一樣。」她說。

已故人類學家珍．施奈德（Jane Schneider）認為，資本主義下的織造獨特之處在於它「無法生成或延續過去人們相信過程中有鬼神或祖先好心相助的概念。」[5]這種將製造與繁衍連結起來的強有力的比喻雖然已經被西方資本主義揚棄，然而誠如威瑪所言，西方科學最後發現的基因符碼，結構看起來就跟一股紗線沒兩樣。

威瑪在成為編織藝術家的過程中，不可避免會面臨代代相傳的傳統技藝出現斷層的問題，這是我在和納瓦荷織造者對談時經常聽到的瓶頸。威瑪出生於圖巴市（Tuba City），位於靠近納瓦荷自治區（Navajo Nation）西部邊緣的彩繪沙漠（Painted Desert）內，是個自成一格的獨立小鎮。她從小在附近的托納利亞（Tonalea）長大，在外婆家住到小學一年級。她外婆養了一小群羊，用牠們的羊毛來加工。但威瑪表示她直到走上編織之路後才知道外婆過去也會織布。「我猜他們認為不用讓我知道沒關係，這沒那麼重要。」她說。這種一時的想法或許就跟她父母跟自己爸媽習慣用族語溝通，對小孩卻只講英語的情況類似。「我猜他們的想法是如果我們只講英語，以後我就會愈有成就。」

六歲時，威瑪一家搬到離加納多（Ganado）不遠的克拉吉托（Klagetoh），同樣位在保留區內，離她爸爸的母親家更近。她奶奶經常織布，威瑪就是她的觀眾。「她在客廳的電視機旁擺了一架巨大的織布機，而且習慣邊織布邊煮飯，所以我就會坐在旁邊看著她工作。」她奶奶說要教她織布，卻從未實現。多年之後，威瑪搬到外地，也有了自己的小孩。

威瑪和達斯汀合夥經營一間多媒體公司，專門拍攝美國西南部原住民部落的紀錄片。當時她有位在電視台當編劇的朋友，名叫芭芭拉．泰勒．奧內拉斯（Barbara Teller Ornelas），她母親是知名的納瓦荷雙灰山（Two Grey Hills）樣式毛毯織匠，對她說現在開始學編織永遠不嫌晚。因此，她在二〇一一年參加了芭芭拉和她妹妹琳達．泰勒．彼特（Lynda Teller Pete）在艾德懷藝術學院（Idyllwild Arts Academy）為期兩週的編織課程。其他學生還包括白人以及像威瑪這樣從未以「自然」的方式學習編織的納瓦荷原住民。

她班上有些納瓦荷同學開始以她們祖母家鄉的風格來編織作品，但威瑪不想這麼做。「要是沒有真正瞭解所要表達的意涵，我寧可什麼都不做。」她說。在她的初次創作中，她織了一棵樹，並在枝幹間留下大量純白。「我想要表達的是世界上存在著許多我們不知道的東西。」她解釋道。對她而言，編織就像分子的組合，創作者可以用經緯紗織出任何數量的圖像，正如物質是由「同樣的分子以不同的結合形式鍵結或編織而成。」威瑪指出，從分子結構的層次來看，事物往往並非如表面所見。「它們看似緊密交織，但彼此間卻存在著無限的空間。」

威瑪用錄音帶的磁帶作為緯線，在美國國旗星星所在的左上角織出一個大型的二維條碼。然而，說威瑪的創作並不像她同學的那麼「傳統」，又會衍生出另一個問題：何謂真正「傳統」的納瓦荷織品？事實上，現今所謂「傳統」的納瓦荷編織文化，係由過去殖民時代長期的互動交流形塑而成。

最早納瓦荷人使用的纖維是棉花[6]，是經由墨西哥的培布羅（Pueblo）印地安人傳入，而該族早在八〇〇年就開始用棉花織布了。在西班牙人到來前，納瓦荷的織品在部落之間是相當受歡迎的交易品。廣泛的原住民貿易網絡[7]串起美國西南部與東南西北各方的連結，西班牙人進入新墨西哥時，祖尼（Zuni）和佩科斯培布羅（Pecos Pueblo）部落就已經形成好幾個主要的交易中心。納瓦荷人的交易對象包括培布羅、猶特（Ute）、科曼奇（Comanche）、梅斯卡勒羅（Mescalero）、奇里卡瓦（Chiricahua）、聖卡羅斯（San Carlos）、吉卡里拉（Jicarilla）、白山阿帕契（White Mountain Apaches）等部族。

十六世紀末，西班牙人將綿羊引入美國西南部；到了十八世紀，納瓦荷人開始用羊毛製作衣物及毛毯。一七〇六年，最早提到納瓦荷族織品的文字紀錄顯示當時他們已經開始用襲擊格蘭河沿岸西班牙牧場所搶來的羊群來編織羊毛；同時他們也學西班牙人開始編織長窄型的掛毯，在這之前，傳統納瓦荷掛毯都是寬而短的。

一八二一年，墨西哥脫離西班牙殖民獨立；一八四六年美墨戰爭爆發，美國政府從墨西哥手中取得新墨西哥及鄰近領土。即使土地易主，納瓦荷人還是延續過去對西班牙及墨西哥人的態度，不斷襲擊英裔美國人的聚落與牧場。美國政府忍無可忍，因為他們當時正處於內戰，根本派不出兵力保護居民。

一八六三年夏天，克里斯多夫．基特．卡森（Christopher "Kit" Carson）中校率領的志願軍奉命剷除他們察覺到的納瓦荷人的威脅，引發了一場殘酷的戰役。納瓦荷人被驅離原居地，在十八天內長途跋涉三百英哩（約二千五百七十五公里），途中至少有二百人死於饑寒，期間他們的羊群也被屠殺殆盡。隨後他們被囚禁在緊鄰薩姆納堡（Fort Sumner）、占地達一千六百平方英哩（約四十一萬四千四百公頃）的博斯克雷東多（Bosque Redondo）保留區，直到一八六八年才獲准返鄉。也就是在博斯克保留區這段期間，納瓦荷人第一次接觸到鮮豔的化學染色紗線。

納瓦荷人在一八六〇年代被拘禁期間及其後，美國政府每年都會提供物資給他們，其中包括費城日耳曼敦（Germantown）生產的毛線。費城是十九世紀中期新興的紡織重鎮[8]，到了一八五〇年，當地約有一萬二千名紡織工，跟麻塞諸塞州的洛威爾差不多。一八六〇年代，美國陷入內戰，該城成為戰時的生產中心，有兩座聯邦軍工廠座落於此，並私下與政府簽訂重大採購合約。日耳曼敦的紡織業者除了生產聯邦軍隊所穿的長筒襪，也提供紗線給費城其他地區的製造商[9]。戰爭期間為了滿足軍事需求，許多紡織業者不再仰賴無法從南方取得的棉花，紛紛改用羊毛作為纖維原料。到了十九世紀末，費城已經成為全美最大的羊毛及針織品生產地。

被囚禁在西南部博斯克保留區的納瓦荷織造者接觸到這些早期的化學產品後，創意也隨之引爆[8]。鮮豔明亮的橙、紫、紅、黃開始成為他們的編織配色，同時他們接觸到愈來愈多墨西哥北部薩爾蒂約（Saltillo）人的條紋長披肩及斗篷——一如格蘭河畔的西班牙殖民者所詮釋的風格——也開始將大量的幾何圖案及鋸齒狀邊緣特色融入其中。當時的納瓦荷織品充滿繁複之美及非凡的獨創性。

但如此爆炸性的繽紛風格終究只是曇花一現。納瓦荷人與美國政府於一八六八年簽訂條約，得以脫離博斯克保留區，返回原鄉。不久後，第一批商人來到納瓦荷領地，鼓勵他們回歸「傳統」，改用原來的染色及紡紗技術。

羅倫佐・哈貝爾（Lorenzo Hubbell）於一八七八至一九三〇年間在加納多經營交易站，並不贊成使用日耳曼敦生產的彩色紗線——這種紗線如今已經成為苯胺染色的工業紗線的代名詞——而是尋求擁有「天然」色調的毛線，他唯一允許的例外是「加納多紅」。哈貝爾知道東岸的消費者想要（或說需要）的是一種理想化的理念，把納瓦荷人當成抵制工業化的最後一塊淨土，一如英國的湖畔詩人以牧羊人來象徵對曼徹斯特的抗拒。從苯胺染料被引入納瓦荷部落到商人對其深惡痛絕之前的這段期間，這些繽紛鮮豔的掛毯有過一段短暫的繁盛歲月，在納瓦荷編織史上被稱為「過渡時期」。

威瑪最近與鳳凰城的赫德博物館（Heard Museum）共同策劃了一個過渡時期的織品展，策展團隊取名為《色彩暴動：顏色如何改變納瓦荷織品》。展出的作品完成於一八七〇至一九〇〇年之間，納瓦荷織匠在這段期間發展出極度繁複的幾何圖案與無限多種的配色，每件作品下方都寫著：「作者身分不明」。

我和威瑪約晚上在博物館碰面。在參觀她的展覽之前，我們先去參加納瓦荷作曲兼藝術家雷文・查孔（Raven Chacon）的聲音裝置藝術《靜物三號》的開幕式。部落耆老口述納瓦荷創世故事的人聲透過整排擴音器在展間內蔓延開來，白、黃、藍、紅色燈光依序切換，象徵通道，引領狄涅人（Diné）（納瓦荷人的自稱）穿越眾多不同的世界。色彩是納瓦荷宇宙觀的核心，各個世界及主要方向都有特定的代表色彩。

《色彩暴動》占去了大部分的展區，我和威瑪在一面掛毯前停下了腳步。掛毯由層層包覆的簡單正方形圖案組成，紫、黑、黃、橙、紅色方塊在織布上交替出現，沒有一排色彩是完全均勻的，也沒有任何正方形完全筆直，不是內凹就是外偏。有些染色因為羊毛上色不均而顯得斑駁，或是底色參差不齊，黑色部分有時在外面，有時在中間。雖然這是十九世紀晚期的作品，但呈現的視覺效果卻意外讓人聯想到美國當代的摩登藝術。會有這樣的反應不足為奇，因為這類納瓦荷織品確實對現代藝術創作有著相當重要的影響。

「這是我們為亞伯斯展挑選的作品之一。」她說。《色彩暴動》在搬來主要展區之前，本來只是一個附屬於約瑟夫·亞伯斯（Josef Albers）展的小型展覽，用意是為了增加展出的可看性。藝術家亞伯斯出生於德國，在所任教的包浩斯學院（Bauhaus）被納粹關閉後移居美國，他的繪畫及「色彩理論」對美國當代藝術及藝術教育產生了深遠的影響。他曾在美國西南部生活過一段時間，其畫作——如知名的極簡主義作品《向正方形致敬》（*Homage to the Square*）——明顯帶有納瓦荷掛毯的影響。

亞伯斯的妻子，同時也是紡織藝術家安妮·亞伯斯（Anni Albers）在包浩斯開設並主持一個編織工作坊，是當時校內為數不多的女性高階主管。關於編織，她是這麼說的：「它就像任何一種工藝，最後或許可以造出實用的物品，也能提升到藝術層次。」[9]這番話意味著，以重要性來說，「實用物品」的位階比不上「藝術」。然而，對納瓦荷人而言，當美國政府以強制干預的手段剝奪他們的生計時，編織就成了一種「藝術」，他們被迫生產除了掛在牆上裝飾以外就別無用處的掛毯來迎合西方人的品味。

納瓦荷人脫離博斯克保留區回到原鄉後，沒有任何食物維生：羊群被屠殺殆盡，農業也被迫中斷。他們不得已只好改向交易站採買民生物資，這些業者當初也跟著他們一起遷往保留區。在移居博斯克雷東多之前，納瓦荷人根本沒見過麵粉及豬油，如今他們開始依賴起這些美國工業食品以及錫製餐具、五金工具、罐頭、咖啡和布料。

隨著納瓦荷人恢復養羊，交易站的商人開始大肆搜購羊毛，最後賣起了納瓦荷的特色產品，向對原住民興趣日益濃厚的大眾販售毛毯與銀器。到了十九世紀及二十世紀之交，納瓦荷紡織品已成為主要的交易商品。商人賣出的紡織品愈來愈多，使得納瓦荷織匠投入更多時間生產；隨著織品的經濟效益提高，納瓦荷人不再披戴自己織的毛毯。這些毛毯變成便捷的收入來源，可以賺取現金購買急需的日常用品，因此將時間花在編織日常衣著上就顯得不切實際了。

除了經濟因素，還有其他競爭者侵門踏戶，對納瓦荷傳統服飾造成威脅，包括瞄準印第安人市場的彭得頓（Pendleton）羊毛毯、交易站新推出的西方服飾，以及在學校及工作場所必須仿效英美穿著的壓力。納瓦荷人為了配合西方人家中的牆面而將毛毯愈織愈小，他們自己也開始改穿機器布料。如此一來，套句安妮·亞伯斯所講的，納瓦荷織品是否已經「提升到了藝術的層次」？還是說，藝術只是一個將創意和生產行為分開的文化強加給它的詞彙？

二十世紀初的前幾十年，外界與美國西南部的接觸透過旅遊業與日俱增，帶動對納瓦荷及培布羅原住民工藝品的需求增長，進而促成仿冒品的出現。這些仿製品在工廠生產，有時還會使用美國原住民的勞動力。為了打擊假貨，一九三五年成立的原住民藝術與手工藝委員會（Indian Arts and Crafts Board）分別針對原住民銀器及織品設計了戳章及標籤作為判定真偽的依據。美國政府希望透過藝術創作來促進原住民族的經濟，該機構就是這項政策的主力。

一九三六年，雷恩·德哈農科特（René d'Harnoncourt）獲聘為該委員會的副理，他在任職期間策劃了幾個影響深遠的大型展覽。一九三九年，他在舊金山的金門大橋展覽會上設立《原住民主題展》，吸引一百五十萬人造訪；一九四一年，他在紐約現代藝術博物館（Museum of Modern Art，簡稱MoMA）舉辦《美國原住民藝術》特展，將整座博物館變成展間，結合原住民文化及美國藝術——尤其是現代藝術——作為背景，呈現美國原民工藝之美。雖然這場展覽正確斷言納瓦荷人的圖像創作就跟其他類型的現代藝術一樣充滿創意天分，但它同時也強行灌輸了一種源自西方的藝術概念——自工業革命以來，人們就喜歡剝奪服飾及家具等日常物品製作過程中的創意，並把這些創意限縮在狹小的圈子裡，生產所謂「藝術」的無用之物。

隔天上午十一點左右，我前往位於梅薩東邊的坦普（Tempe）參觀威瑪的織布教室，那裡本來是一間小學，後來改成推廣教育中心。六名納瓦荷婦女坐在織布機前方的長桌前，有人穿短褲背心，有人穿連身裙。這些織布機是威瑪前夫達斯汀一手打造的，牆上海報寫著教室電腦的使用規定：「使用 Chromebook 筆電前務必洗手。任何時候都要用雙手持拿筆電……」從此可看出這間教室在其他時候的用途，但此刻它變成了織布教室，打線棒的重擊聲及女性的低聲細語不絕於耳。

「我可以再吃一個糖果嗎？」某位學員的女兒問。她的扭扭糖已經吃完了。

威瑪帶我四處參觀，介紹學生正在使用的織布機。蒂雅的「拉線有問題」，所以她得拆掉部分線段重頭來過。另一台織布機上，學員正在編織斜紋，也就是沿著對角線織出平行的稜紋。

威瑪在前一天告訴我，有些學員對於來上課學織布這件事感到忐忑不安，就跟她當初自己所擔心的一樣，認為自己本該「自然而然地」從父母或祖父母身上學會編織。她說她開課的目的之一，就是想讓學員知道：「等妳學會（織布），它就是你的了。」

威瑪表示，有時學員會帶著媽媽或外婆（祖母）一起來，有些長輩自己就會織布。「她們跟著我的學生住在城市裡，但不知為何缺乏自信，因此沒有把技藝傳承下去。所以她們就跟著年輕人坐在教室裡，確認步驟是否正確。」

有時候這在長輩身上也會發生相反的影響。威瑪有位程度比較好、名叫希娜的學生跟我分享她住在紀念碑谷（Monument Valley）的祖母哈琵克萊（Happy Cly）的轉變。紀錄片《納瓦荷男孩的歸來》（*Navajo Boy*）曾經拍過她祖母，該片講述保留區內的鈾礦場輻射對當地造成的致命影響。「我奶奶有很長一段時間沒有織布。」希娜說。「她把自己封閉起來，不願在我面前提起這件事。我有時會問：『這東西是什麼？』『那又是什麼？』她總是假裝不知道。」後來希娜自己開始織布後，情況開始有了轉變。她把自己的第二個作品當成禮物送給祖母，還有一台已經編好經紗的織布機，她竟然又開始織布了。

那天下午，我離開鳳凰城北行前往保留區。我經過一處詭異的沙漠郊區，到處都是暢貨中心，包括 Nike、香蕉共和國（Banana Republic）、Van Heusen 等各大品牌。車子開進山區後，沿途經過國家公園的松林與高地平原，終於有了一絲涼意。當我快到溫斯洛（Winslow）、經過「隕石坑」路標時，淡粉色的彩繪沙漠及台地散發著耀眼光芒，宛如顯靈般映入眼簾。

我當天入住羅德威旅館，是由一對來自印度的夫妻帶著兩個十幾歲的孩子共同經營的小旅社，就在舊六十六號公路上。溫斯洛地方很小，位處保留區的邊陲，是納瓦荷人和霍比人（Hopi）口中的「邊境小鎮」。

隔天早上，我去市區一間洋溢七〇年代風情、名為「獵鷹」的餐廳和馬洛．卡托尼（Marlowe Katoney）碰面。馬洛向來以極其逼真的霹靂舞者及滑板玩家主題織品聞名，風格媲美藝術家葛哈．里希特（Gerhard Richter）。我認識他的第一件作品，描繪的則是傳統的生命之樹，但停在樹上的卻是手機遊戲裡的憤怒鳥。

馬洛長得很好看，戴著狩獵帽，他弟弟揚西（Yancy）和母親珀爾也都來了。他身體不太舒服，在餐點上桌前就先行離開，留下我、揚西和珀爾三人。結果說最多話的人是珀爾，她語速很快，彷彿急著把重要的事講完，以免被打斷。她生於一九四五年，從小在保留區的葵花山（Sunflower Butte）附近長大，是家裡十個小孩的老大。她的母親是位有名的織匠，很喜歡加納多嶺（Ganado Ridge）風格的圖樣。加納多地區的毛毯通常在中心會有一或兩個菱形，搭配周圍的同心菱形以及幾何邊框；所使用的配色包括紅、灰、米白，偶爾還有棕色。我問珀爾她母親覺得馬洛的作品怎麼樣。「我看不懂他在織什麼。」她記得她母親曾經這樣說過他的風格。在她看來「這根本不成體統。」

珀爾說，雖然她母親的確需要她幫忙梳理羊毛，但從不讓她靠近織布機。「（梳毛）是相當繁瑣的工作。」此外她還經常被叫去顧羊。她說自己從來沒有享受過童年，因為她得替弟妹換尿布、照顧嬰兒、幫忙煮豆子、洗碗。她父親相當注重餐盤乾淨，因為肺結核在保留區相當盛行，他很怕染病，所以她每天都得燒水洗碗。

珀爾小時候在保留區過得很苦。納瓦荷人重獲自由後，拜第一次大戰期間羊毛價格居高不下所賜，曾經有過一段短暫的榮景。然而遇上經濟大蕭條，使他們的生計再度遭受重創。到了一九三〇年代，黑色風暴（Dust Bowl）[10]肆虐，聯邦政府擔心納瓦荷保留區的羊群過度放牧會導致胡佛水壩的建設機具出現沙塵淤積，因此實施牲畜減量計畫[11]，宰殺了二十五萬頭以上的綿羊與山羊以及一萬多匹馬。此舉影響相當深遠，對納瓦荷婦女及女孩造成極大的損失[12]，因為幾乎所有山羊及大部分的綿羊皆歸她們所有（男性擁有的牛隻和馬匹比女性多）。一九三一年春，在祖尼保留區南部阿塔克綿羊公司（Atarque Sheep Company）工作的約翰．甘迺迪（John W. Kennedy）回憶：「翻過山嶺，年老的羊群屍體及白骨堆成小山……他們都是靠這些羊在過日子，如今六成左右的收入被硬生生奪走，實在是不小的打擊。」[13]

看樣子當天跟馬洛的採訪是泡湯了，珀爾建議我乾脆跟揚西一起去旗竿市（Flagstaff）看霍比族表演。路上，揚西跟我分享他高中時去聽斯卡（Ska）[14]樂團的事，地點在樹林裡，現場架設了發電機和音響。一般的演出場地不願承接這類演出，因為樂隊在舞台上太吵。後來他在獄中遇到一些納瓦荷人對他刺在指關節上的「S-K-A P-U-N-K」（斯卡龐克）刺青有意見，認為有失傳統，於是他就另外刺上其他圖案蓋掉了。

我們快到旗竿市時，舊金山峰（San Francisco Peaks）聳立眼前。我聽威瑪說過，織布機的四個角象徵與界定納瓦荷國範圍的四座聖山相互連結，東南西北方依序為：布蘭卡峰（Mount Blanca）、泰勒山（Mount Taylor）、舊金山峰及赫斯珀勒斯山（Mount Hesperus）。由此不難看出納瓦荷人的傳統領域在他們從博斯克保留區回來後縮減了多少。

霍比人保留區是納瓦荷保留區內的一座小島。揚西說，以前他們的年輕人也經常來聽斯卡音樂。霍比秀就是個文化藝術節，揚西到處找朋友串門子——包括幾個珠寶攤商和一名畫家。我則是停下腳步，和一個名叫伊凡的編織藝術家聊天，他正在織一件傳統黑白格紋的棉披肩。

我和揚西吃了炸麵包夾著豆子、起司、生菜、番茄組成的納瓦荷塔可餅，接著看了一場傳統霍比儀式舞蹈。他說他和馬洛小時候跟著他賣珠寶的叔叔一起跑過很多類似的活動，但真正認真逛的人是馬洛，他從小就對藝術有興趣。「我不是。我當時還在玩泥巴、玩卡車跟變形金剛。」揚西說。他曾在保留區當過一段時間的噴砂工人。「整天穿得像太空人一樣，氧氣在裡頭不斷循環，一點都不好玩。他們甚至不讓我調整壓力。」他說。「我就只是個小螺絲釘。」

另一方面，馬洛則是去唸了藝術學校，將繪畫技巧應用在編織上。他的「分層」（ply splitting）技巧——也就是將紗線分開，讓色塊交會處呈現更柔順自然的漸層效果——靈感源自油畫的訓練，而非他從外婆那裡學到的編織技術。

回程車上，揚西跟我說了他朋友海蘇斯（Jesús）去世那天的事。他們以前一起工作過，意外發生前，揚西才剛傳簡訊提醒他記得帶藍牙喇叭。但海蘇斯人不知跑哪去了，他父母想報警尋人，但還不到可以報案的時間。隔天，他被人發現死在某間店的門口，死因是吩坦尼（fentanyl）使用過量。

隔天我再見到馬洛時，想起了海蘇斯的故事。他跟我說他正在織一件以聖殤（Pietà）——也就是聖母瑪利亞懷抱著死去的耶穌——為主題的作品，以紀念當年因病或意外離世的朋友們。與揚西不同的是，他找到了一種可以透過作品訴說人生經歷的謀生方式。我想，把人區分成藝術家和揚西所說的「螺絲釘」兩大類，這才是真正的問題所在。

馬洛對編織的看法與他外婆不同：他不將自己的作品視為傳統的斷裂。他指出，納瓦荷有種被稱為「圖像編織」（pictorial weaving）的影像創作傳統，描繪交易站生活場景的早期圖像織毯就是一例。「從歷史的角度來看，這些織匠的工作就是透過編織來記錄周遭所發生的事。」他說。這些作品的主題很簡單，就是「人們在做什麼、忙些什麼。」

馬洛說，他的作品應該被視為傳統的延伸，而非斷裂。在他看來，當納瓦荷織品開始被當成裝飾品掛在牆上、開始被視為藝術品——有時實質上，有時概念上——的時候，這才是真正的斷裂。「早期的毛毯都具有實用性，是拿來披在身上的。」後來愈織愈小，失去了實用功能，交易站老闆開始鼓吹納瓦荷人將它改良成掛毯。」最後，掛毯開始出現邊框，「就像相框一樣圍繞在圖案周邊，從此澈底改變了納瓦荷織品的定義，如今更常被視為一種藝術形式。我認為我現在所做的，就只是更深入地去嘗試而已。」

在亞歷桑納州桑德斯市（Sanders）的R・B・伯罕公司（R. B. Burnham & Co.）交易站內，成捆的毛線與 Kool-Aid 果汁沖泡粉、Honeybuns 麵包、Moon Pies 棉花糖巧克力夾心餅、Hamburger Helper 義大利麵調理包等食品一起陳列在貨架上，顯得特別醒目。這些毛線產自賓州的紡紗廠，係由一位名叫瑪莉・貝格（Mary Beguay）的當地婦女以植物染料染成。其中一位店員解釋說，瑪莉的染料全是以在地植物製成，所以顏色會在一年內慢慢發生變化。

R・B・伯罕公司是少數僅存的納瓦荷交易站之一，身兼特色產品展售中心與在地居民的雜貨店兩種角色：除了販售觀光客喜愛的納瓦荷織毯及珠寶，也供應本地織匠所需的毛線以及日常物資，如羊肉醬、配方奶粉及農具等雜貨五金。

雪莉是這家店的第五代老闆，卻是歷代以來的第一位女性。她注意到過去家族男性與自己經營方式的差異。比方說，她表示以前是由業者指定納瓦荷人要織什麼來賣，如今則是讓創作者自己決定，他們想織什麼就織什麼，她只負責把東西賣出去。馬洛就是一個很好的例子。他來這裡買毛線，再把織好的掛毯放在店裡賣。雪莉說，她要是沒錢買下這些織品，她寧可不買。但她不會坐在那邊嫌別人的東西差，這是以前的老闆用來壓低價格的典型手法。雪莉的母親是納瓦荷人，父親是英國人，他那邊的家族跟許多早期的交易站業者一樣，本來是摩門教徒。

她打開後面的一扇門，帶我走進房間，裡頭擺滿了古董銀器、綠松石珠寶以及納瓦荷織毯。她說偶爾會有日本人來掃貨。她還遇到一對英國夫婦，表示想要買下她店裡最好的織毯，儘管這代表他們必須以缺席競投的方式參加拍賣也無妨，因為她已經把商品印在海報上了。那件織毯說不定是赫赫有名的納瓦荷編織藝術家黛西．陶格琪（Daisy Taugelchee）的作品。雪莉說她一幅織品就能買一輛車。這時，一直靜靜坐在長凳上的珀爾證實雪莉所言不假。她在雪佛蘭汽車的經銷中心工作多年，看過不少小有名氣的織匠拿作品來換貨車回去。

那天晚上，我跟著珀爾和馬洛回她家，揚西正拿著一束鄰居給的蘿蔓生菜從對街走來。我們一起走進屋裡，馬洛拿出一袋他在工作室撿到的棕色裘若（Churro）羊毛。珀爾拿出她幾把從保留區的親戚那裡借來的梳毛刷，要示範她小時候是如何替母親梳理羊毛的。

她開始梳毛。她說已經很久沒有梳了，一開始動作還有點生疏，但很快就找到了節奏。梳毛有點像梳頭髮，差別只在於要用兩把刷子將羊毛夾在中間來回梳整。接著她拿出馬洛帶來的紡錘，即使五十年沒碰了，她的動作還是一樣俐落熟稔。她將粗紗纏在底部、打結固定，接著拉出一小段稍微撚成細線，接著開始邊拉邊撚，將紗線纏在紡錘上。

在希臘神話中，克里特島公主亞莉雅德妮（Ariadne）給了偽裝前來獻祭的雅典王子忒修斯（Theseus）一團線球和一把利刃，助他殺死牛妖米諾陶（Minotaur）。他將紗線的一端綁在迷宮入口，以便他事後能夠循線折返，順利走出迷宮。線和刀刃一樣，既是強大的工具也是武器。忒修斯與其他獻祭者手拉著手，在黑暗中沿著線索穿越迷宮，安然脫困。當下我有種感覺，這裡的安全似乎來自紗線本身或是製造紗線的能力。紡紗是一種將許多碎屑轉化成一個綿長而連續的整體的過程。創傷可能會暫時使這種能力消失，讓傷痛的經驗變得支離破碎，無法連貫。紡紗過程中若能將這些零碎的細屑一片片黏合起來，不也是一種療癒的方式嗎？

珀爾所紡的毛線結滿疙瘩，被兩個兒子取笑了一番。馬洛說：「好吧，或許我可以用它來織條馬鞍毯。」

「他想嫌我的功夫差，哼，我才不會讓他得逞。」她說。馬洛趁著珀爾在紡紗時，拿出他在交易站買的那幾捆毛線，開始將其中一捆纏成球狀，邊繞邊耐心將毛線解開。就連本來在旁觀看的揚西也忍不住手癢，想試著紡紡看，接著馬洛也來參一腳。但大多時候揚西不是在用手機看BMX越野特技單車影片、躺在地毯上逗貓，就是點開《星際大戰》的尤達大師講到納瓦荷塔可餅的搞笑影片給我們看。他本來說要出門去看《蜘蛛人》，但又悄悄改變了計畫，此刻他和我們一起坐在暮色中，看著母親梳毛紡紗。在我們之間，紡錘似乎成了一個小小的重力中心。

妮凱爾（Nikyle）住在當地人稱侯崗（hogan）的納瓦荷傳統屋裡——外觀呈現圓形或八角形，通常作為住所或舉行儀式之用——桌上攤著一堆裘若羊毛。她身穿紮染上衣，外面套著牛仔襯衫，身材高大，聲音輕柔，眉毛很有女人味。他們向我介紹某個傳統納瓦荷神話時，我立刻就意識到妮凱爾是跨性別者。在神話故事中，亦男亦女的神明——對此納瓦荷語有多種說法——扮演著重要的角色，不僅拯救人類，同時也發明了農業工具。

「我外婆的弟弟昨晚過世了，所以我不能織東西。我們是母系社會，因此當外婆家族那邊的親戚有人往生時，就必須跟著守喪。」我一來，她就向我解釋。晚上不能出門，不能洗頭，不能編織。

她從小就跟外婆（納瓦荷語：shi'nali）學織布，還學會如何照顧羊群。「我真正從她身上學到的第一件事是給馬套上馬鞍。」她回憶。「以前家裡養了一匹溫馴的老馬，外婆會在天快亮的時候叫我起來學著做。『仔細看好。』我看著她示範，隔天早上我就自己來了。」

妮凱爾的外婆養的是拉伯雷羊（Rambelais），但還提到另一種名為「Deeʼ diįʼ」的羊，字面意思是「四角」。當初美國政府撲殺牲畜時，納瓦荷人在保留區養的就是這種羊。妮凱爾表示，有些族人為了保護羊群，就把羊帶到山上躲起來，直到政府的人走了才下山。同樣地，有些孩子為了不被送到寄宿學校，就逃到山上跟羊群躲在一起。妮凱爾直到十三歲才第一次見到四角羊，當時她們剛加入美國未來農民（Future Farmers of America，簡稱FFA）和四健會（4－H），這兩個青年農業推廣組織正在飼養納瓦荷袞若羊。「這就是我要養的羊。」妮凱爾一看到羊群，心裡立即浮現這個念頭。「我要成為飼主來幫助牠們。」於是她高中還沒畢業就開始養羊，成員一公一母，取名為查斯特和米絲蒂。

米絲蒂來自納瓦荷綿羊復育計畫（Navajo Sheep Project），該計畫是由洛根（Logan）猶他州立大學的萊爾．麥克尼爾（Lyle McNeal）教授於一九七〇年代創立。當時袞若羊的數量剩下不到五百頭，麥克尼爾教授來到保留區向族人買下一批羊，開始著手復育。妮凱爾說，後來他回贈了幾千頭羊給保留區，並且協助該品種的復育工作。

早在她十幾歲成為牧羊人之前，妮凱爾就已經偷偷養成紡織的習慣。小時候，他們的工作就是在剪羊毛時將毛塞進大麻布袋裡，還能趁機偷抽羊毛碎屑，瞞著大人用小小的手工紡錘紡紗。他們自己做的織布機被外婆發現後，妮凱爾本來以為她會很生氣，結果並沒有，反而相當支持。她教她如何用舊斧頭的手柄做傳統紡錘。

妮凱爾的外婆對他們說：「你們如果想編織，只須要做好一件事，就是與萬物和諧共處。不能對自己的羊、羊毛、織布機有任何負面想法，即使在編織過程中，也得抱持非常正面積極的心態，絕對不能想著『噢，天啊，為何我得靠織布賺錢。』」她還說，對羊群展現正確的態度也相當重要。「不管怎麼說牠們都是生命，所以不能虐待、不能藐視，必須好好珍惜。當你的祖父母跟父母都不在了，牠們就是你真正的衣食父母，供你吃穿，成為你的生計來源。」

妮凱爾先在當地讀了兩年的社區大學，又離家到外地念了兩年書，但她總會回家幫忙接生小羊、剪毛，照顧查斯特和米絲蒂所繁衍的羊群。畢業後，她和同儕去當檢查電路板的作業員，後來公司外移，她決定回到家鄉自己養羊為生。

如今在納瓦荷自治區，這種傳統生活方式就跟其他地方一樣，已經成了少數的例外。然而她表示，保存像編織這樣的傳統藝術是納瓦荷跨性別者身分認同最重要的核心。在該族的故事中，「你知道的，無論同性戀還是跨性別，甚至雙性人，他們就像家庭的骨幹，都是神聖的人。他們能讓家人團結，繁衍羊群，延續編織，甚至成為醫者，保存傳統儀式、歌謠及祈福祝禱。」

近年來，開始有人試著用英語的「雙靈」（Two-spirit）一詞[15]來涵蓋並尊重這個數百種北美原住民語言共有的雙性者概念，意即同時擁有男女兩種性別靈魂的人。作為一種角色認同，「雙靈」指的不僅是那些跳脫西方性別二元觀念的人，同時也包括具有特殊能力者，如儀式的祭司、照護者、薩滿（巫師）以及某些部落中特別擅長編織等手工藝的人。在納瓦荷傳統裡，人至少有五種性別，是創世故事中不可或缺的角色。

「那些維繫傳統的人就跟我一樣，是同性戀也是跨性別者。」妮凱爾說。他們說，去參加儀式，我就能親眼見證這一點：「他們在這裡被稱為人偶，你會看到這裡的一切全由一群人主導。有他們在，大家都很放心。」

妮凱爾跟我講了她們族裡某個跨性別女性的傳說故事，這位女性相當有名，當年她拒絕投降並跟著族人長途跋涉到薩姆納堡，堅持留在自己的侯崗小屋。族人後來遭到拘禁，在走投無路之下派了兩個人回來向她求援。「既然你們這麼想投降，那就好好享受吧。」她說。「你知道她故意酸言酸語，但其實是瞧不起你。」傳說中，這兩名探子走進她屋內，眼前景象令他們大吃一驚：牆上竟然有滿滿一整面的兔肉乾，織布機掛著大毛毯；儘管時值嚴冬，她的羊卻長得壯碩肥美，儲藏間也堆滿玉米和南瓜。然而她還是不為所動，拒絕伸出援手。最後她宰了幾頭山羊，讓兩人帶回去給被囚禁的族人，助他們撐過這個冬天。

妮凱爾是個編織老手，她用織品來交換牲畜，同時販售羊毛、紗線以及育種用的家畜。

「你覺得自己是藝術家嗎？」我問她。

「其實納瓦荷語沒有藝術這個詞。」她說。「我織的東西是給馬用的。我外婆總是說：『馬看起來也要體面漂亮！給牠們做些美麗的東西，牠們才會趾高氣昂』。」

正如諾斯底主義派（Gnostics）[16]教徒將星星視為散發耀眼光芒的細微天體孔隙，在納瓦荷的視覺語彙中，孔洞也具有正面的意涵。成為狄涅（納瓦荷）一族的人必須從地底穿越上方的孔洞，經歷三個不同的世界（從這個世界天上的孔洞進入，就會從另一個世界的地上鑽出）。他們相信最後來到地面就會遇見蜘蛛女，也就是納瓦荷神話中掌管編織的女神，是人們的得力助手、偉大的老師及守護者。納瓦荷人有時會在織品上留下小洞，就是為了紀念她。

有破口的世界，就有可能出現超越性的突破之道。經濟學家舒馬克（E. F. Schumacher）認為，宇宙觀扁平化的現代社會往往囿限於僵化的二元思維中，比方說將世界分為男性／女性、心靈／物質、東方／西方、資本主義／共產主義、工藝／藝術等對立關係。但同樣諷刺的是，不相信除了眼前這個扁平世界以外還存在著其他世界的現代文明，卻是第一個真正「打穿」我們世界的文明，在天空及海底都製造了破洞。

編織是個具有許多作用的轉化過程，它能夠讓思緒澄明，同時將個人精力與情感組織起來，成為一種表達形式。手工織品的價值，絕對不只是產品或藝術品那麼簡單。

人類學家施奈德指出，儘管在當今世界，織品已經失去許多原先的意義以及與生死儀式的關聯，但在「動員人類情感來支持大型團體」[17]這件事上面，依然發揮著重要的功用。想想國旗、軍服、小野貓帽（pussy hat）[18]或寫著「讓美國再次偉大」口號的紅帽子，我們所穿的衣服從來就不是、也絕不可能是中立毫無色彩的。

長期以來，世界上的編織傳統遭受嚴重的破壞而毀之殆盡，此現象與農業系統、國家主權、共同價值及身分認同的破壞脫離不了關係。另一方面，編織傳統的振復也不應被孤立看待：織品的誕生與整個物質及社會基礎有著密不可分的關聯，不能將兩者拆開來看。織品恰如其分地講述了人類社會及文化的興衰起落，或許比任何文字都更精確。

# 尾聲

有人說過，神話是準終極真相，因為終極真理無法化為語言。[1]

——喬瑟夫．坎伯（Joseph Campbell），《神話的力量》（*The Power of Myth*）

我們必須相信蜘蛛的存在，以及神話背後的真實經驗，雖然我們永遠無法親眼得見這種蜘蛛結網的模樣；只能發現蛛網的存在，以及人類作家所織造的神話。[2]

——溫蒂．多尼格（Wendy Doniger），《隱含的蜘蛛：神話中的政治與神學》（*The Implied Spider: Politics and Theology in Myth*，暫譯）

沒有其他動物跟人一樣懂得穿衣服。在人類的三大需求——食、衣、住——當中，有兩樣與動物相同。除了人類，也沒有其他動物懂得講故事。穿衣跟敘事這兩種能力似乎有著密不可分的關係。掌管紡織的女神是偉大的說書人，其中有些與人的命運——也就是每個人的生命故事——切身相關。古老北歐的神話中，諾倫三女神（Norns）將人類的命運結繩造網，並為最偉大的英雄編織金色的命運之線。希臘神話的命運三女神則決定了人從出生到死亡的歷程：克羅托（Clotho）負責紡織生命之線；拉切西斯（Lachesis）則是分配者，負責丈量，決定人的生命長度。最後，阿特洛波斯（Atropos，意謂「不可逆轉的」）在拉切西斯的裁定下將線剪斷，決定人的死亡。這三位女神在羅馬神話中依序名為：諾娜（Nona）、德克瑪（Decuma）、莫塔（Morta），合稱為帕耳開（Parcae）。

這些女神不只是命運的說書人，同時也是文明、正義、法律和藝術的仲裁者。她們是集體生活的維護者，這種生活賴以維繫的價值觀不同於個人生存或訴諸暴力的意志鬥爭所信仰的價值。主司紡織的女神不只掌管纖維與織物，也支配著人類的激情，調和社會中的各種力量，使之和諧共存。

巧合的是，這些女神經常讓人聯想到蜘蛛。她們將人連成一張網，像織布一樣交織出人類的社會秩序，並遏止紛亂的力量作祟。在納瓦荷民間故事中，蜘蛛女——掌管紡織的女神——遇到心懷詭計的土狼，攪亂了星空；日本司掌幡織的女神——天照大神——與其弟嵐神（素戔嗚尊）起了衝突，他將天馬剝皮後丟入編織神衣的齋服殿，毀壞了她的梭子，導致織女意外喪命。天照大神對素戔嗚尊蠻橫無理的破壞傷心欲絕，一氣之下就躲進山洞隱居，由於她也代表太陽，在她消失的這段期間，天地就陷入無盡的黑暗。在希臘，女神雅典娜不只掌管紡織，也是文明、城邦（雅典）、藝術、智慧及司法正義的守護神。她與無法無天的海神波塞頓形同水火，在奧德賽的返鄉之旅中，她一路守護著他，每當波塞頓掀起巨浪攻擊他的船隊時，總是出手相救。北歐的諾倫三女神除了織造命運之網，還守護著名為「尤格拉西兒」（Yggdrasil）的世界之樹，不讓動物啃咬或用利爪刮傷它。樹上只要有傷口或裂痕，她們就會進行修補，就像古人會用蜘蛛網來止血一樣。而在馬雅文化中，掌管紡織的女神同時也跟醫學有關。

在織造者、說書人及人類共同生活的價值觀這三種相互呼應的關係中，幾乎可以說人類一方面知道自己具備某些獨特的破壞能力，另一方面也嘗試使出其他特殊能力來加以反制，於是蜘蛛織網被視為創造的隱喻，巧妙地與破壞性的力量纏結在一起，互生共存。

穿衣是一種個人行為，同時也具有深厚的社會意涵。服裝不僅是人與人之間關係的展示，更是這些關係的結晶。因此，與織布衣著有關的神話或民間故事成為人們探討正確人際關係——也就是倫常之道——的場域並不令人意外。這類故事通常帶有警示意味，比方說將女性關起來逼她們紡織的德國童話〈侏儒怪郎普斯金〉或日本的〈鶴娘子〉（即大家熟知的〈白鶴報恩〉）；描繪權貴階級顢頇愚蠢的〈國王的新衣〉；探討人性狠毒極限的〈白雪公主〉以及人類多變本性與內外自我關係的〈灰姑娘〉與〈燈芯草帽〉。

服裝的文化論辯變成其他問題的代理人戰爭。不管任何歷史時期或地區，要研究一個文化中跟服裝有關的衝突及爭論，就要觀察人們如何看待公民生活的基本議題：人與人之間應該存在多大程度的不平等？人民有沒有辦法提升自己的社會地位？社會上如何對待女性和男性、兒童和成人？凡人和神靈？個人與群體之間該保持怎樣的關係才恰當？強者與弱者之間應該存在多少力量上的差距？

當代的美國文化中充斥大量跟服裝有關的語言，其中絕大多數來自廣告商或以服飾行銷為主要收入來源的雜誌等類似業者。服裝不只賦予現代消費者表現創意的機會，同時也提供各種可能疾病的解方。衣服存在的目的可以是為了運動強身；為了做瑜伽，追求心靈平靜；為了打扮，吸引伴侶；為了工作升遷，賺取收入；為了自我革新、改頭換面，療癒破碎的心。衣服確實有其影響力，然而品牌的力量就在於它能讓人們相信，透過各種加工方式，可以用石油和棉花生產出獨樹一格的商品。就這點來說，時尚業和美國食品業很像，誠如麥可・波倫（Michael Pollan）所言，美國的食品業可以將極少數的農產品——玉米、黃豆、稻米、小麥——重新組合，製成千變萬化的神奇產品。另外，服裝跟食品一樣，也存在著龐大的二級產業——雜誌、造型師、訂閱式購物及其他「專家達人」——左右消費者的購物取向。

幸好在當今充滿各種錯誤迷思的時代，依然存在著可靠的資訊來源。這當然就是衣服本身。生物學家麥可．勞森．萊德（M. L. Ryder）在研究英國綿羊品種的演化時指出：「羊皮紙表面或許記錄著文字並繪有縮圖，但綿羊真正的歷史就隱藏在這張紙本身。」[3]顧名思義，羊皮紙是由羊皮製成。雖然衣服本身不會說謊，但上面的文字可能會騙人。一件印著「威斯康辛」四個大字的上衣，標籤可能寫著「印度製造」，然而它的聚酯棉混紡成分才是真正的政治意涵所在。仔細並正確地閱讀物品所隱含的訊息，就能讀懂整個世界，包括各種系統及系統層級的失敗[4]。

有時，我們身上衣服所講的故事比我們自己親口說出的還真實，比方說那些反映出人性究竟能有多殘忍的悲慘現實。在美國，我從小就被灌輸要相信進步神話：過去冷血貪婪的人民和制度如今已不復存。然而歷史資料卻顯示，我們的文化對於殘忍與剝削的容忍度並非呈現直線型的進步，而是像月亮一樣消長不定。一八五〇年，裁縫女工每天工作十四小時卻僅能勉強餬口，這在當時稀鬆平常。到了一九五〇年，對享有工會保障的裁縫女工來說，這種生活根本無從想像。但如今這種現象又故態復萌，愈來愈常見。

英語中的「文字」（text）和「織品」（textile）都出自同一個拉丁字根「texere」，意思是「編織」。有時織品可以代替文字，訴說某些無法以任何形式言說的故事。希臘神話中的菲勒梅拉（Philomela）公主遭姊姊丈夫強暴後，被割掉舌頭，無法言語，只能透過織錦講述這段悲慘的遭遇。

有些織品內建編碼系統，使其能夠像語言一樣傳遞複雜的歷史事件與概念。非洲迦納的肯特布（kente）[5]就是一例。這是一種阿散蒂人（Asante）[6]及分布在迦納與多哥（Togo）境內的埃維人（Ewe）所製的傳統條紋織布。肯特布的經紗花紋通常以重要的國王或王母[7]、植物、動物及自然現象為名，並經常用來紀念特定事件。比方說名為「Oyokoman Ogya da mu」的圖案記錄的是八大氏族之一奧約科家族在阿散蒂王國開國者奧塞圖塗（Osei Tutu）國王死後發生的內亂危機。藝術史學者保羅・奧福里－安薩（Paul Ofori-Ansah）指出，該花紋圖面上的意思是「奧約科國有火災（危機）。」[8]綠黃兩色代表該氏族的兩個分支，中間的紅色象徵「火焰」，意謂內鬥危機。

不只經紗，肯特布的緯紗花紋也有名稱，通常代表物件，但這些物件往往也跟傳統諺語相呼應。例如名為「Makowa」的圖紋意思是「小辣椒」，暗喻「不是所有辣椒都在同一時間成熟」[9]這句俗諺。由此可知，只要挑選特定的經緯線花紋，織者就能透過織品指涉特定的歷史事件或人物，並且傳遞寓言所蘊含的各種萬用哲理，使其容易理解。但還不只如此。

肯特布並非單一的長方形織品，而是一塊由數百條帶狀織物拼接而成的布料。不同織物之間的關係有其特定的意義，且隨著組合方式不同，這些織物也會衍生不同意涵。例如說有種經線花紋名為「Afoakwa Mpua」，意思是「Afoakwa的九束頭髮」，讓人聯想到古代朝臣（很可能是執劍者）的髮型。當好幾條這種花紋的織帶拼接成特定圖案的肯特布時，它就產生了另一種意義——「Akyempem」，意即「千盾」。阿散蒂人所有的編織圖案中，光是經紗就有五百多種花紋，緯紗也不遑多讓，從此不難看出肯特布這種織品本身就是一個龐大的符號系統。

我們必須成為敏銳的讀者，才能細讀布料背後隱含的訊息，尤其是那些大規模生產的單色布匹。或許我們要學會對我們所穿的衣服提出一些問題：它們來自何處？背後有哪些歷史？製造者是誰？使用哪種原料？它們毀壞後將如何處理？我希望這本書能夠提供部分解答，但或許更重要的是，激發人們對這些問題的關注，並且更頻繁地叩問。

然而，學會解讀服裝後，我們又該何去何從？科技能拯救我們嗎？似乎不太可能。最先進的科技往往伴隨著人類原始的占有慾。就這方面來說，希臘神話中雅典娜與阿拉克妮（Arachne）較量的故事成了一種警惕。阿拉克妮是位凡間女子，擁有高超的編織手藝，但也相當自負，自稱天下無人能出其右。雅典娜為了警告她的狂妄，化身老嫗向她挑戰，事後阿拉克妮以實力證明她所言不假，卻也惹怒了雅典娜，出手將她變成蜘蛛，作為不知謙遜的懲罰。科技或許可以展現人類精湛的技藝，但光靠它本身並無法拯救我們免於神明的嫉妒。

真正的答案也沒有放棄科技、回歸手工生產那麼簡單。在墨西哥的瓦哈卡（Oaxaca），當地精美的傳統刺繡工藝備受歐美觀光客喜愛，開創出龐大的刺繡服裝市場。如今在地企業又重新建立起類似十九世紀造成家庭縫紉工人赤貧的外包制度。瓜地馬拉人權運動者莉可韋塔・門楚（Rigoberta Menchú）在一九八〇年代沉痛地指出，外地遊客只注意到瓜地馬拉馬雅人豐富多彩的服裝，卻從未將目光放在人身上。想生產優質的織品，必須重新打造完整的水利及保育系統、改善財富與資源分配，建立全新的貿易制度與農業生態。

保存手工藝固然重要，然而我們也必須謹慎行事，以免治標不治本。要製造優良的織物必須有適當的外在條件配合：若缺乏良好的社會環境和農業基礎，以及免於惡劣貿易體制剝削的保障，一切都不可能發生。

長期以來，人類習慣將紡織作為比喻應用在各種領域中，例如科學上的弦論（string theory）；人文學科的社會結構（fabric of society）、現實經緯（reality's warp and woof）；新聞媒體常見的「社會被撕裂」」、「締結聯盟」等。若真如這些無處不在的隱喻所示，社會就像一塊布，而我們就是其中的經緯，那麼更可以說，不論破壞或修補，勢必都會完全改變人們彼此和土地之間的關係與定位。

至於要如何解決服裝系統[10]的問題，我認為答案不會只有一個，而是必須仰賴農民、工程師、牧場主人、染匠、織工、紡紗工、藝術家、立法者、經濟學家、作家、教育工作者、環保人士、社區工作者、裁縫師、裁剪師等各方共同關注。換言之，需要我們所有人的參與。實際的作法有千百種，而且已經有不少人開始行動了。

在此我可以分享自己過去的某個想法，以及在實踐過程中所學到的道理。

二十多歲時，我曾經想過要解決服裝的問題，就是回歸原點，從推廣裁縫著手。每百人左右就有一人是裁縫師，這是一份既有趣又有技術性的工作，不僅能謀生，還能生產有價商品。或許可以提供人才培訓計畫作為高中或社區大學的延伸課程，裁縫所需的布料可由在地合作社供應，強調使用當地生產的原料或公平貿易的進口商品。於是我開始自學裁縫。二〇一〇年秋天，我報名了紐約流行設計學院（Fashion Institute of Technology，簡稱ＦＩＴ）的裁縫班。

我的教室很大，使用日光燈照明，每人桌上擺著一台ＪＵＫＩ縫紉機，這是日本製的工業機種，與一般常見的辛格或伯尼納（Bernina）等品牌完全不同。操作時能感受到它充滿野性的力量，彷彿一隻力氣比自己大很多的狗，而你正緊抓住牠身上的皮繩，避免牠暴衝。

我的老師來自多明尼加共和國，長大後在當地學習裁縫。來此任教之前，他在自己口中的「業界」待了幾十年。他非常迷戀好萊塢演員查理·辛（Charlie Sheen），已經到了一種難以言喻的程度。但不可否認，他在某些電影中的服裝造型往往相當得體。教室大樓外總是聚集著好幾群穿著浮誇的學生在抽百樂門淡菸，老實說我在大學時也抽過。他們的不滿、焦慮、故作姿態與狂躁，讓我感到既同情卻又充滿嫌惡。

最讓我心動的是教室裡的裁縫用品：手持三角形的裁縫粉片，以圓滑邊緣劃過炭灰色的羊毛布，再用厚重的全鋼剪刀裁剪。以粗厚馬尼拉紙剪成的裁片，比自己在家用牛皮紙做、通常只能用一次的替代品要堅固得多。還有一種特殊工具，專門用來在裁片上鑽出鑰匙孔狀的小縫，以便串起另一樣特殊的小配件——可以掛在釘子或架子上的金屬掛鉤。我小心翼翼地將所有縫紉用具——粉片、別針、多餘的車針，甚至縫紉機壓腳——都收在一個塑膠釣具盒裡。

另一件令我感動的事，是我們對衣服每個細節無微不至的關注，比方說裙子後方的口袋。我們全班十幾個人圍在長桌末端，看著老師示範口袋開口四種不同的縫法，當下我心中湧現一股童心未泯的滿足感。

為了做作業，我在長桌上架起自己的伯尼納縫紉機，那是爸媽在我十二三歲時送的生日禮物。長桌則是我當時室友的傑作，用的是她從拆除的工廠搶救回來的舊橡木地板。

縫口袋襯裡時，前一兩次犯了錯，你會坦然面對，抱持認真學習的態度再次嘗試。第三次，你會開始懷疑自己是否是做裁縫的料；到了第四次，你會想到一些人生哲理。當時我心想，既然沒有一件事情是簡單的，且所有值得做的事都是煎熬而艱苦的，或許我在做出決定時必須相當審慎。事實證明，對我來說，值得我去做的不是裁縫，而是寫作。

我努力思考裁縫與作家之間有哪些共通點來安慰自己。亨利・米勒（Henry Miller）的父親不就是裁縫嗎？德國作家托瑪斯・曼（Thomas Mann）不也說過，藝術家並非憑空誕生、天賦使命，而是看著父親工作的背影形塑出自己藝術家的樣貌？

此外，有多少我喜愛的作家都熱愛服飾？或許可以說，作家更希望褪去世界的外衣，遠勝過替它妝點打扮。儘管如此，古希臘女詩人莎孚（Sappho）的詩歌——或者更確切地說，殘存的隻字片語——總是圍繞著某些服飾打轉。劇作家王爾德（Oscar Wilde）極度誇張地注重打扮，眾所皆知；反觀吳爾芙對於穿衣始終保持消極頑抗的態度。十九世紀的美國女作家伊迪絲・華頓（Edith Wharton）小時候被問到長大後想做什麼，她回答：「全紐約打扮得最漂亮的女人。」[11]有些作家以純粹、優美而令人陶醉的筆觸來描繪筆下人物的穿著，深深吸引了我。比方說法國才女柯蕾特（Sidonie-Gabrielle Colette）：「一雙棕色厚底靴、一襲花呢大衣與裙子，散發著高山草原與松樹林的自然氣息。」[12]又如托瑪斯・曼所描述的：「十六世紀義大利翡冷翠酒紅天鵝絨連衣裙。」[13]

我最早開始發表文章，是在某家地方報紙的日曆專欄，主題通常是當地的人物特寫。其中有一篇介紹某位協助成立在地組織，打造替代方案來取代工業化食品生產系統的女性。她致力於將採集自當地農場的新鮮農產品引入學校餐廳，並且發起非營利行動，支持農民加入社區支持型農業（community-supported agriculture，簡稱CSA）。當時她正準備創辦雜誌，介紹當地食品生產者的故事。

採訪過程中，我們針對工業化的食品生產系統聊了很久。它與現代成衣業有不少共同之處，包括產品的長程運送，以及仰賴農工的勞力供應。這些農工跟成衣工人一樣，經常在危險的條件下辛苦工作，卻缺少工會的保護。產品依然沿用幾個世紀以來殖民統治下的路線運送到各地。這種生產系統不僅破壞土地、造成浪費，更誠如我們在COVID-19危機爆發時所體認到的，它並不可靠。該系統設計的用意是為了回本，而非供應人體所需的營養。對消費者而言，這種模式下生產的商品很便宜，因為成本都已經外部化。然而，對這種生產系統完全避而遠之可能會引發特權或菁英主義的聯想。我們聊得愈深入，我對這種情況就感到愈絕望。我問她如何保持樂觀希望，或者說，如何找到繼續撐下去的動力。

她告訴我：「每頓飯都是一個機會。」

從那時起，我就明白了這種思維所隱含的智慧。找尋美味食材是生活中最令她開心的事，她或許會吃到鄰居自產的新鮮雞蛋、當地農場的優質玉米，或是發現自家種的羅勒長得很好。即使問題如此龐大，她也能透過這種每天重複、微不足道的日常小事來發揮一己之力，扮演解決問題的角色。

我想，要解決衣服的問題也是如此。我們可以試著就近尋找舒適好穿的衣物，或許你有認識的人在做衣服，也許有人一直關注優質褲子業者的生產進度，還有人致力推動公平認證機制，讓消費者清楚知道哪些是合理條件下生產的服裝，以維護成衣工人的權益。你也能自己動手做，即使那只是一個理想衣物可能性的象徵，也能讓穿衣變成一件振奮人心的事。

法國大革命前的五十年，文壇出現大量的虛構烏托邦小說。作家虛幻的夢想國度裡充滿各種超現實的奇裝異服，例如《水星世界記》（*Relation du monde de Mercure*，暫譯）的防曬霜、《哲學旅人》（*Le voyageur philosophe*，暫譯）的山椒魚皮、《金色大地》（*L'Eldorado*，暫譯）裡用蝴蝶翅膀、石棉、水晶或蜂鳥羽絨製成的布料等。在《加利根島史》（*Histoire des Galligènes*，暫譯）一書中，歐洲難民登上虛構的加利根島，當地沒有任何可用來製作織物的動植物。島上城市的創建者阿爾蒙特（Almont）發現了「空氣亞麻」，這是一種由「看不見的細絲組成，莖幹無力，全株癱軟，只能靠水的浮力支撐、隨波擺盪」、「風一吹起就四處飄散」[14]的海岸植物，用它製成的布料不僅美觀、顏色鮮豔，還散發著「恰到好處」的香氣。

加利根島的空氣亞麻雖然是幻想的產物，但它與一種真實存在的布料非常相似：足絲（byssus），又稱「海絲」。足絲是海中軟體動物（貝類）分泌的細絲，加工處理後可以紡成閃耀如金的海絲。目前世界上只剩下一位女性知道如何採收及編織足絲，她住在薩丁尼亞的小島上[15]，名叫琪亞拉．維戈（Chiara Vigo）。足絲的製作方法是維戈家族代代相傳的獨門技術，除了她，義大利當局禁止任何人採集足絲。

足絲在古代被視為珍寶，是當今世上最稀有的物質之一。然而，除了祖傳技術，同樣延續至今的還有嚴格的家訓，就是足絲絕對不能買賣。二〇一七年，有位日本商人找上維戈，出價二百五十萬歐元想買下她最為人所知的作品〈女性之獅〉（The Lion of Women）。這幅四十五公分見方的織錦是她花了四年時間，用指甲一分一寸編織而成，用意是為了獻給世界各地的女性。雖然她目前住在一間小公寓，靠丈夫的退休金維生，但還是斷然拒絕了這名日商的請求。

資本主義似乎已經滲透到地球的每個角落，唯獨這塊僅有一小面茶巾大小的金色領域，它無法染指。我不認為衣服一定要跟金錢完全切割才能被賦予意義，但我很高興維戈和其他人都很明白自己作品真正的價值所在。

聖喬治堡（Fort St. George）是英國人在印度最早建立的要塞城鎮，我在附近遇到一位名叫坎南（Kannan）的人，他說他喜歡在腦中和甘地辯論。坎南．拉克什米納拉揚（Kannan Lakshminarayan）是微紡公司（Microspin）的創辦人兼技術長，該公司生產一批小型紡紗機，方便農民將自家棉花紡成紗線。這些機器大約有一個人高，可以塞進美式車庫裡。許多不同品種的棉花都適用於這款紡紗機，農民得以種植比美國棉花更適合當地土壤的諸多品種，並避免使用農藥化肥。此外農民也能自己生產紗線販售，比原棉更好賺。

坎南表示，甘地曾經辦過一場手紡車設計比賽，優勝獎金非常豐厚，但條件相當嚴格，幾乎不可能成真。「他（甘地）想從這裡一下子跳到這裡。」他邊說邊用手輕拍桌子兩下，接著將手抬起，挪到一碼（約九十公分）那麼遠的地方。「但事情的發展是漸進的，急不得。」他做了一個動作，像是把成堆的撲克籌碼掃到桌子另一端，緩慢而謹慎。坎南讓我印象最深刻的是他把自己致力想打造的世界——或說所追求的理念——當成現實看待，相信它早晚會成真。「大規模生產早就已經過時了。」他笑著說。

在觀察蜘蛛結網時，會發現有段時間牠似乎是騰空的。牠是如何在沒有任何連結的情況下跨越兩個固定支點之間的距離，在點與點之間移動？原來牠邊走邊吐絲，用絲線搭起一座橋，使它能夠安全跨越不相連的兩端，克服不可能的距離。

有人認為，掌管紡織的女神之所以被賦予創造生命的責任，原因在於祂在工作時看起來宛如紡紗者，能夠從虛無中生出紗線，就像古人認為嬰兒是憑空誕生的一樣，是每天都在發生的平凡奇蹟。

# 致謝

這本書的分量之重，單憑我一人之力絕對無法扛起，很慶幸我不是孤軍奮戰。

感謝諸多歡迎並帶我走進不同國家、公司、家庭及生活的地陪，有各位的參與才有這本書。必須感謝的人太多，在此僅能列出其中幾位：印度的席萬皮萊、芭米妮．納拉亞南、帕里瑪拉．拉奧、莎羅吉妮．穆蒂；宏都拉斯的哈維爾．安地諾、阿倫．杜瓏以及古斯塔沃；在中國的大衛．克魯克和他的太太凱蘿、麥特．洛威斯坦、L太太、S先生及薄先生；越南的詹姆士．波勒斯基、凱蘿．瑪洛妮及湯姆．羅賓森；美國的艾德溫．路易斯、伊凡．莫里森、洛夫．塔普、威瑪．克雷格；卡托尼一家，包括馬洛、珀爾、揚西；妮凱爾．貝格；蕾比．古蒂；路克．戴維斯；傑．阿爾戴；香儂．奧哈拉。

在此也要感謝那些重視織品及女性勞動史的學者專家，他們的研究成果是本書重要的基石。特別是艾倫．羅森、劉欣如、伊莉莎白．韋蘭．巴伯、勞瑞．撒切爾．烏利齊、珍．施奈德、艾莉絲．克斯勒．哈里斯、席維亞．費德里奇、艾瑞克．霍布斯邦、斯文．貝克特、丹尼爾．羅什、丹娜．法蘭克、史都華．艾文，以及保羅．大衛．布蘭克。

我還要感謝我的夢幻團隊：我的編輯瑪利亞．高柏格，她的提問、認真嚴謹的工作態度以及熱情，數度改變了這本書的面貌。感謝我的經紀人蘿拉．烏舍曼，是她從無到有，一手造就了這本作品。從各方面來說，沒有她，這本書就無法成形。同時她也是絕佳的神隊友，幫我解決了各種大小事務。感謝喬瑟芬．葛萊伍德好幾次出色的交涉斡旋，以及黛西．巴倫特的信任，認為本書對英國意義相當重大。感謝負責校對的蘿拉．布拉德，本書龐雜的章節註腳彷彿一座雜亂無章的城市，在這趟迷航中，她是最佳的旅伴。感謝ＳＫＡ版權代理公司的史都華．克里切夫斯基的建議與鼓勵，感謝已故的萬神殿出版社（Pantheon）總編輯丹．法蘭克，他在這項寫作計畫初期所展現的熱忱對我來說意義非凡。

任何人在真正成為藝術家、甚至尚未有作品問世之前，總是有少數伯樂對他們懷抱著信心。對我而言，竭盡所能幫助藝術家在美國實現夢想的貝絲．羅芙倫達就是這樣的一個人。吉娜丁妮．布魯克斯及東尼．霍維茲亦然，他們讓我見識到作家的生活樣貌，並且鼓勵我大膽嘗試。此外還有艾莉．貝洛，她賦予我人生中第一個嚴肅的寫作課題。

感謝我在懷俄明大學藝術碩士學位學程遇到的藝術家、學者以及教職員生，謝謝各位多年來的研究與嘗試，讓這項計畫得以孵化成形。感謝幫我看過部分初稿的伊莎．赫夫格與拉塔沃特、看了許多初稿版本的安迪．費奇以及部分章節的哈維．希克斯和艾莉森．哈吉。感謝支持我這項計畫的丹妮拉．龐芳達、幫忙翻譯部分古英語的克里斯多夫．史威尼。感謝喬伊．威廉斯寫在初稿上的鼓勵話語，這些文字被我裱起來，現在還掛在牆上。

當初要是沒有學縫紉，我不可能懂這本書所要關注的是什麼，也不會動筆寫作。感謝我的縫紉老師漢娜．卡莉以及一起學習的莫莉．格雷。感謝和我一起縫製月亮褲的萊拉．費雪與瑞秋．柯廷以及一起學拼布的凱特．哈伯，是你們教會我對集體製作抱持崇敬之心。謝謝克莉絲妲．費雪大方提供自家空間讓我們縫紉，並將伊莉莎白．韋蘭．巴伯的著作引介給我。

我要感謝我的家人：我的母親艾波，當我對童話及民間傳說為何經常出現紡織者的角色感到疑惑時，她就是我的請益對象；同時我也從她口中得知有關五〇及六〇年代服裝風潮的資訊。她是我的讀者，也是陪我參觀舊紡織廠的旅伴。我之所以熱愛穿著打扮，並且對逛舊貨店感到興奮不已，肯定是受到我姊姊查雅的影響，為了仿效她而養成興趣。感謝我弟弟彌迦與他太太艾蜜莉，在我進行本書最後章節的時候熱情款待我。最後我要感謝已故的父親薩達．譚豪瑟，是他啟發了我對供應鏈與社會及政治世界的物質基礎的強烈好奇心。

我要特別感謝那些在我打算放棄時，多次讓我打消這念頭的朋友：亞德里安．薛克、凱莉．

哈頓，以及也幫我看過初稿的米科·哈維。感謝一直說迫不及待要看這本書的漢娜·瓦爾以及為我寄來相關書籍及剪報的查理·卡利與他的太太莎拉；始終對本書抱持信心的山姆·邦吉以及尚·費茲派翠克，他的技術支援、熱情及樂觀是我不可或缺的動力。此外還要感謝在本書製作過程中擔任我堅強後盾的許多人，包括：凱莉·馬克林、凱蒂·蓓拉德、以掃·羅札諾、蔻莉·強森、珍·芮絲妮克、珍·華瑞克、安妮·貝克、艾莉森·麥克林恩、葛瑞絲·克雷戴爾以及莎莉·豪爾。

本書大部分內容都是我在麥克道威爾文藝營（MacDowell Colony）、優克羅斯基金會（Ucross Foundation）、珍特爾駐村計畫（Jentel Residency Program）、維吉尼亞創意藝術中心（Virginia Center for the Creative Arts，簡稱VCCA）及布希河藝文基金會（Brush Creek Foundation）駐村期間寫成的，感謝上述機構提供時間與空間，讓我得以完成本計畫，這非常重要。

Wolfe, Patrick. "Settler Colonialism and the Elimination of the Native." *Journal of Genocide Research* 8, no. 4, (2006): 387-409.

———. "Structure and Event: Settler Colonialism, Time, and the Question of Genocide." In Moses A. Dirk, ed., *Empire, Colony, Genocide: Conquest, Occupation, and Subaltern Resistance in World History* (New York: Berghahn Books, 2010), 102-32.

Woodward, Helen. *Through Many Windows,* 1926. In Stuart Ewen, *Captains of Consciousness: Advertising and the Social Roots of the Consumer Culture* (New York: McGraw-Hill, 1976), 80, 86.

"The Wool Products Labeling Act of 1939." Federal Trade Commission. 15 U.S.C. § 68. https://www.ftc.gov.

Woolf, Virginia. "On Being Ill." *The New Criterion* 4, no. 1 (January 1926). London: Faber & Gwyer, Limited, 32-45.

"World of Change: Shrinking Aral Sea." NASA Earth Observatory. https://earthobservatory.nasa.gov.

World Water Council. "World Water Vision: Making Water Everybody's Business." https://www.worldwatercouncil.org.

Wuthnow, Robert. *Rough Country: How Texas Became America's Most Powerful Bible-Belt State.* Princeton: Princeton University Press, 2014.

Xiao, Eva. "China Pushes Inter-Ethnic Marriage in Xinjiang Assimilation Drive." AFP, May 17, 2019.

Zenz, Adrian. "Coercive Labor in Xinjiang: Labor Transfer and the Mobilization of Ethnic Minorities to Pick Cotton." December 14, 2020. *Newslines Institute.* https://newlinesinstitute.org.

Zhang Han. "Baijong ji." In Timothy Brook, *The Confusions of Pleasure: Commerce and Culture in Ming China* (Berkeley: University of California Press, 1999), 221.

Zhang Tao, sixteenth-century chronicle. In Timothy Brook, *The Confusions of Pleasure: Commerce and Culture in Ming China* (Berkeley: University of California Press, 1999), 17.

*Zhenze Xianzhi,* 1746. In Timothy Brook, *The Confusions of Pleasure: Commerce and Culture in Ming China* (Berkeley: University of California Press, 1999), 114.

Zieger, Robert H., Timothy J. Minchin, and Gilbert J. Gall. *American Workers, American Unions.* Baltimore: Johns Hopkins University Press, 1994.

"ZIP Choloma-ZIP Buena Vista." In "Export Mall Central America," Central American Business Consultants (CABC S.A.). http://www.ca-bc.com.

U.S. Senate, Committee on Finance. Trade Agreements Extension Act of 1951, June 1951. In Ellen Israel Rosen, *Making Sweatshops: The Globalization of the U.S. Apparel Industry* (Berkeley: University of California Press, 2002), 70.

Vallance, Aymer. *The Art of William Morris.* Mineola: Dover, 1988.

Vartan, Starre. "Fashion Forward: How Three Revolutionary Fabrics Are Greening the Industry." *JSTOR Daily,* December 19, 2017. https://daily.jstor.org.

Vaublanc, comte de. *Mémoires de M. le comte de Vaublanc* 1857. In Chrisman-Campbell, *Fashion Victims: Dress at the Court of Louis XVI and Marie-Antoinette* (New Haven: Yale University Press, 2015), 192.

Venkateshwarlu, K. "Genetically Modified Cotton Figures in a New Controversy in Andhra Pradesh as Livestock Die After Grazing on Bt Cotton Fields." *Frontline* 24, no. 8 (April 21-May 4, 2007). https://frontline.thehindu.com/.

Voltaire. "Le Mondain," 1736. In Alicia Montoya, *Medievalist Enlightenment: From Charles Perrault to Jean-Jacques Rousseau* (Suffolk, U.K.: Boydell & Brewer, 2013), 62.

Wallach, Bret. *A World Made for Money: Economy, Geography, and the Way We Live Today.* Lincoln: University of Nebraska Press, 2015.

Waller, Fats. "When the Nylons Bloom Again." *Ain't Misbehavin'.* WB Music Corp and Chappell & Co., INC, 1943.

Wang Zhideng. *Ke Yue zhilue* [Brief Account of My Journey Through Zhejiang]. In Timothy Brook, *The Confusions of Pleasure: Commerce and Culture in Ming China* (Berkeley: University of California Press, 1999), 195.

Watson, Bruce. *Bread and Roses: Mills, Migrants, and the Struggle for the American Dream.* New York: Penguin, 2005.

*Weekly Wanderer,* July 23, 1804. In Laurel Thatcher Ulrich, *The Age of Homespun: Objects and Stories in the Creation of an American Myth* (New York: Alfred A. Knopf, 2001), 367.

Western, Samuel. "The Wyoming Sheep Business." November 8, 2014. wyohistory.org.

Wharton, Edith. *A Backward Glance.* New York: Scribner, 1964.

Wilford, John Noble. "Site in Turkey Yields Oldest Cloth Ever Found." *New York Times,* July 13, 1993.

Williams, Lucy Fowler. *A Burst of Brilliance: Germantown, Pennsylvania and Navajo Weaving: Catalog of an Exhibition, November 12, 1994 to February 12, 1995.* Arthur Ross Gallery, University of Pennsylvania, 1994.

Wily, John. *A Treatise on the Propagation of Sheep, the Manufacture of Wool, and the Cultivation and Manufacture of Flax* (Williamsburg: F. Royle, 1765), 31-32. In Katherine Koob and Martha Coons, *All Sorts of Good Sufficient Cloth: Linen-Making in New England, 1640-1860* (North Andover: Merrimack Valley Textile Museum, 1980), 36.

Winthrop, John. *The Journal of John Winthrop.* Richard S. Dunn and Laetitia Yeandle, eds. Cambridge: Belknap Press of Harvard University Press, 1996.

Tasca, Cecilia, et al. "Women and Hysteria in the History of Mental Health." *Clinical Practice and Epidemiology in Mental Health* 8 (2012): 110-19.

Tedesco, Marie. "Claiming Public Space, Asserting Class Identity, and Displaying Patriotism: The 1929 Rayon Workers' Strike Parades in Elizabethton, Tennessee." *Journal of Appalachian Studies* 12, no. 2 (2006): 55-87.

Textile Narratives and Conversations: Proceedings of the 10th Biennial Symposium of the Textile Society of America. "Cotton to Cloth: An Indian Epic." October 11-14, 2006, Toronto, Ontario.

Tiphaigne de La Roche. *Histoire des Galligenes ou, mémoires de Duncan,* 1765. In Daniel Roche, *The Culture of Clothing: Dress and Fashion in the Ancien Régime* (Cambridge: Cambridge University Press, 1996), 426.

Thoreau, Henry David. *The Portable Thoreau.* Carl Bode, ed. New York: Penguin, 1982.

———. *Walden.* Boston: Houghton, Mifflin, 1884.

Trivedi, Lisa N. "Visually Mapping the 'Nation': Swadeshi Politics in Nationalist India, 1920-1930." *Journal of Asian Studies* 62, no. 1 (2003): 11-41.

Tucker, Duncan. "In Honduras, Grupo Karim's Is Not Waiting Around for Someone Else to Act on Talent Demands." *Nearshore Americas,* January 7, 2014. https://nearshoreamericas.com.

"UF Study of Lice DNA Shows Humans First Wore Clothes 170,000 Years Ago." *University of Florida News,* January 6, 2011. https://news.ufl.edu.

Ulrich, Laurel Thatcher. *The Age of Homespun: Objects and Stories in the Creation of an American Myth.* New York: Alfred A. Knopf, 2001.

United Nations Economic Commission for Europe. "UN Alliance Aims to Put Fashion on Path to Sustainability." July 13, 2018. https://www.unece.org.

U.S. Bureau of Labor Statistics. Occupational Outlook Handbook, Retail Sales Workers. BLS.gov.

U.S. Commission of Labor. *Working Women in Large Cities, Fourth Annual Report, 1888.* In Alice Kessler-Harris, *Women Have Always Worked: A Concise History* (Urbana: University of Illinois Press, 2018), 78.

U.S. Department of Agriculture, National Agricultural Statistics Service. "2017 Census of Agriculture County Profile: Lubbock County." https://www.nass.usda.gov.

U.S. Department of State, Office of the Spokesperson. "Secretary Antony J. Blinken, National Security Advisor Jake Sullivan, Director Yang and State Councilor Wang at the Top of Their Meeting." March 18, 2021. http://www.state.gov.

U.S. Senate. Problems of the US Textile Industry, 77. Statement of W. J. Erwin, president of Dan River Mills, Danville, chairman, Foreign Trade Committee, American Cotton Manufacturers' Institute. In Ellen Israel Rosen, *Making Sweatshops: The Globalization of the U.S. Apparel Industry* (Berkeley: University of California Press, 2002), 49.

Snipes, Shedra A., et al. "'The Only Thing I Wish I Could Change Is That They Treat Us Like People and Not Like Animals': Injury and Discrimination Among Latino Farmworkers." *Journal of Agromedicine* 22, no. 1 (2017): 36-46.

So, Alvin Y. *The South China Silk District: Local Historical Transformation and World-System Theory.* Albany: State University of New York Press, 1986.

Solidaridad—South & South East Asia. "Understanding the Characteristics of the Sumangali Scheme in Tamil Nadu Textile and Garment Industry and Supply Chain Linkage." Fair Labor Association, 2012. https://www.fairlabor.org/.

Solidarity Center. "Global Garment and Textile Industries: Workers, Rights and Working Conditions." August 2019. https://www.solidaritycenter.org.

Song Ruozhao. "Analects for Women." In William Theodore de Bary, *Sources of Chinese Tradition,* Second Edition, Volume 1 (New York: Columbia University Press, 1999), 827-31.

Sontag, Susan. *A Susan Sontag Reader.* New York: Farrar, Straus & Giroux, 2014.

Soth, Jens, Christian Grasser, and Romina Salerno. "Background Paper: The Impact of Cotton on Fresh Water Resources and Ecosystems, a Preliminary Synthesis." Report prepared for World Wildlife Foundation, May 1999.

Southern Indian Mills, Association. *SIMA: A Journey Through 75 Years* (2008): 153.

"Southern Stirrings." *Time,* April 15, 1929. In Patrick Huber, "Mill Mother's Lament: Ella May Wiggins and the Gastonia Textile Strike of 1929." *Southern Cultures* 15, no. 3 (2009): 86.

Spivak, Emily. "Stocking Series, Part 1: Wartime Rationing and Nylon Riots." *Smithsonian Magazine,* September 4, 2012. www.smithsonianmag.com.

Stafford, Ned. "Endosulfan Banned as Agreement Is Reached with India." *Chemistry World,* May 6, 2011. https://www.chemistryworld.com.

Stagg, Natasha. *Sleeveless: Fashion, Image, Media, New York, 2011-2019.* South Pasadena: Semiotext(e), 2019.

State Council, "Xinjiang de Fazhan yu Jinbu" [The Progress and Devel-opment of Xinjiang], 2009. In Nick Holdstock, *China's Forgotten People: Xinjiang, Terror and the Chinese State* (London: I. B. Taurus, 2015), 20.

Stein, Eliot. "The Last Surviving Sea Silk Seamstress." BBC, September 6, 2017. http://www.bbc.com.

Stein, Leon. *The Triangle Fire.* Centennial Edition. Ithaca and London: Cornell University Press, 2011.

Stoddard, Lothrop. *The Rising Tide of Color Against White World-Supremacy.* New York: Charles Scribner's Sons, 1916. In Neil Foley, *The White Scourge: Mexicans, Blacks, and Poor Whites in Texas Cotton Culture.* (Berkeley: University of California Press, 1999), 5-6.

Tal, Alon. "Desertification." In Frank Uekoetter, ed., *The Turning Points of Environmental History* (Pittsburgh: University of Pittsburgh Press, 2010), 146-61.

"SC Site of Bloody Labor Strike Violence Crumbles." Associated Press, October 5, 2009.
Schiaparelli, Elsa. *Shocking Life.* New York: E. P. Dutton, 1954.
Schlanger, Zoë. "Monsanto Is About to Disappear. Everything Will Stay Exactly the Same." *Quartz,* June 5, 2018. https://qz.com/.
Schneider, Jane. "The Anthropology of Cloth." *Annual Review of Anthropology* 16 (1987): 409-48.
———. *Cloth and Human Experience.* Washington, D.C.: Smithsonian Books, 1991.
———. "In and Out of Polyester: Desire, Disdain and Global Fibre Competitions." *Anthropology Today* 10, no. 4 (August 1994): 2-10.
Scranton, Philip. "An Immigrant Family and Industrial Enterprise: Sevill Schofield and the Philadelphia Textile Manufacture, 1845-1900." *Pennsylvania Magazine of History and Biography* 106, no. 3 (1982): 365-66.
Seetharaman, G. "These Two Issues Could Put the Brakes on the Bt Cotton Story." *Economic Times* (India), January 21, 2018. https://economictimes.indiatimes.com/.
Seymour, James D. "Xinjiang's Production and Construction Corps, and the Sinification of Eastern Turkestan." *Inner Asia* 2, no. 2, Special Issue: "Xinjiang" (2000): 171-93.
Shahbandeh, M. "U.S. Apparel Market—Statistics & Facts." Statista, April 26, 2021, https://www.statista.com.
"The Sheep." Orkney Sheep Foundation. https://www.theorkneysheepfoundation.org.
Sheeran, Ed. "Shape of You," ÷ (album). Asylum Records, 2017.
Sheng, Angela. "Determining the Value of Textiles in the Tang Dynasty: In Memory of Professor Denis Twitchett (1925-2006)." *Journal of the Royal Asiatic Society* 23, no. 2 (2013): 175-95.
Shipov, Aleksandr. "Khlopchatobumazhnaia promyshlennost 'I vazhnost' eco znacheniia v Rossi, otd I," 1857. In Sven Beckert, *Empire of Cotton: A Global History* (New York: Vintage, 2015), 345.
Sima Qian. *Shi Ji.* In Xinru Liu, *The Silk Road in World History* (Oxford: Oxford University Press, 2010), 2.
Simon, Bryant. "General Textile Strike." *South Carolina Encyclopedia.* University of South Carolina, Institute for Southern Studies, August 9, 2016. https://www.scencyclopedia.org.
Singer Sewing Machine Company booklet. In Ruth Brandon, *Singer and the Sewing Machine: A Capitalist Romance* (New York: Kodansha International, 1996), 126-27.
Singh, Khushboo, Punita Raj Laxmi, and Shakti Singh. "Reviving Khadi: From Freedom Fabric to Fashion Fabric." *Man-Made Textiles in India* 42, no. 11 (November 2014): 409-13.
Singhal, Arvind. "The Mahatma's Message: Gandhi's Contributions to the Art and Science of Communication." *China Media Research* 6, no. 3 (July 2010): 103-6.
Smith, Adam. *An Inquiry into the Nature and Causes of the Wealth of Nations,* 1776. Project Gutenberg, 2010.

1913. In Stuart and Elizabeth Ewen, *Channels of Desire: Mass Images and the Shaping of American Consciousness* (Minneapolis: University of Minnesota Press, 1992), 116-17, 157.

Rico. "Who Are the Richest Men in Central America and Why." *The Q Media,* October 24, 2017. https://qcostarica.com.

Riddle, Lynn. "Walls of Silence: 86 Years Later, Anniversary of Violent Mill Strike Passes Largely Unnoticed." *Greenville News,* September 6, 2014. http://greenvilleonline.com.

Rimbault. "Le corps a travers les manuels." In Daniel Roche, *The Culture of Clothing: Dress and Fashion in the Ancien Régime* (Cambridge: Cambridge University Press, 1996), 373.

Robins, Nick. *The Corporation That Changed the World: How the East India Company Shaped the Modern Multinational.* London: Pluto Press, 2012.

Roche, Daniel. *The Culture of Clothing: Dress and Fashion in the Ancien Régime.* Cambridge: Cambridge University Press, 1996.

Rodgers, Nigel. *The Dandy: Peacock or Enigma?* London: Bene Factum Publishing, 2012.

Rome, Harold. "Status Quo." *Pins and Needles.* Columbia Records, 1962.

Rosen, Ellen Israel. *Making Sweatshops: The Globalization of the U.S. Apparel Industry.* Berkeley: University of California Press, 2002.

Rosenblum, Jonathan D. "A Farewell to Kathie Lee, Sweatshop Queen." *Chicago Tribune,* July 30, 2000. https://www.chicagotribune.com.

Ross, Doran H., and Agbenyega Adedze. *Wrapped in Pride: Ghanaian Kente and African American Identity.* UCLA Fowler Museum of Cultural History, Textile Series, No. 2, 1998.

Ross, Robert J. S. "The Twilight of CSR: Life and Death Illuminated by Fire." In Richard P. Appelbaum and Nelson Lichtenstein, eds., *Achieving Workers' Rights in the Global Economy* (Ithaca: Cornell University Press, 2016), 70-92.

Rousseau, Jean-Jacques. "Discourse on the Arts and Sciences." In Daniel Leonhard Purdy, ed., *The Rise of Fashion* (Minneapolis: University of Minnesota Press, 2004), 37-48.

———. *Oeuvres Completes.* In Daniel Roche, *The Culture of Clothing: Dress and Fashion in the Ancien Régime* (Cambridge: Cambridge University Press, 1996), 412.

Ruwitch, John. "Pompeo Accused China of Genocide. Experts Say That Term Is Complicated." NPR, January 21, 2021. https://www.npr.org.

Rybczynski, Witold. *Home: A Short History of an Idea.* New York: Penguin, 1987.

Ryder, M. L. "The History of Sheep Breeds in Britain." *Agricultural History Review* 12, no. 1 (1964): 1-12.

Sarah Weeks Sheldon Papers, February 1805. In Laurel Thatcher Ulrich, *The Age of Homespun: Objects and Stories in the Creation of an American Myth* (New York: Alfred A. Knopf, 2001), 287.

*Saturday Evening Post,* December 7, 1929. In Stuart Ewen, *Captains of Consciousness: Advertising and the Social Roots of the Consumer Culture* (New York: McGraw-Hill, 1976), 161.

New Mexico Press, 2001.

Prada, Paulo. "Paraquat: A Controversial Chemical's Second Act." Reuters, April 2, 2015. https://www.reuters.com.

Proudhomme, L. *Les Crimes des reines de France* (Paris: Bureau des Révolutions de Paris, 1791). In Chrisman-Campbell, *Fashion Victims: Dress at the Court of Louis XVI and Marie-Antoinette* (New Haven: Yale University Press, 2015), 31.

*The Proverbs of Alfred* in *An Old English Miscellany, 1200-1425.* In OED Online, "sheet, n.1.," March 2021. Oxford University Press. https://www.oed.com.

Quant, Mary. *Quant by Quant.* In Jane Schneider, "In and Out of Polyester: Desire, Disdain and Global Fibre Competitions." *Anthropology Today* 10, no. 4 (August 1994): 10.

Quataert, Jean H. "The Shaping of Women's Work in Manufacturing: Guilds, Households, and the State in Central Europe, 1648-1870." *American Historical Review* 90, no. 5 (1985): 1122-48.

Rashid, Ahmed. "The New Struggle in Central Asia: A Primer for the Baffled." *World Policy Journal* 17, no. 4 (Winter 2000-2001): 33-45.

Raymo, Maureen E., William F. Ruddiman, and Philip N. Froelich. "Influence of Late Cenozoic Mountain Building on Ocean Geochemical Cycles." *Geology* 16, no. 7 (1988): 649.

Rebanks, James. *The Shepherd's Life: A Tale of the Lake District.* London: Penguin, 2016.

Reed, Peter. "The British Chemical Industry and the Indigo Trade." *British Journal for the History of Science* 25, no. 1 (1992): 113-25.

Reichart, Elizabeth, and Deborah Drew. "By the Numbers: The Economic, Social and Environmental Impacts of 'Fast Fashion.'" World Resources Institute, January 10, 2019, https://www.wri.org/.

"Remembering Our Indian School Days: The Boarding School Experience." Curated by Margaret Archuleta. Heard Museum, Phoenix, Arizona, 2000; ongoing exhibition.

Resnick, Brian. "More than Ever, Our Clothes Are Made of Plastic. Just Washing Them Can Pollute the Oceans." *Vox,* January 11, 2019. https://www.vox.com.

Riccardi-Cubitt, Monique. "Chinoiserie." Oxford Art Online, 2003. https://www.oxfordartonline.com.

Rice, Tom. *White Robes, Silver Screens: Movies and the Making of the Ku Klux Klan.* Bloomington: Indiana University Press, 2016.

Richards, Eric. *Debating the Highland Clearances.* Edinburgh: Edinburgh University Press, 2007.

Richards, John F. "Frontier Settlement in Russia." In *The Unending Frontier: An Environmental History of the Early Modern World* (Berkeley: University of California Press, 2003), 242-73.

Richardson, Bertha June. *The Woman Who Spends: A Study of Her Economic Function,*

*United States, 1900-1965.* Second Edition. Chapel Hill: University of North Carolina Press, 2017.

"Our Overseas Trade." *Advertiser,* April 22, 1936. In Paul David Blanc, *Fake Silk: The Lethal History of Viscose Rayon* (New Haven: Yale University Press, 2016), 63.

Paerregaard, Karsten. *Peruvians Dispersed: A Global Ethnography of Migration.* Lanham, MD: Lexington Books, 2008.

Paley, Dawn. "The Honduran Business Elite One Year After the Coup." *NACLA,* June 23, 2010. https://nacla.org.

Pankenier, David W. "Weaving Metaphors and Cosmo-Political Thought in Early China." *T'oung Pao* 101, no. 1/3 (2015): 1-34.

Parkinson, N. A. "The Latest Member of Our Textile Family." *Scientific American* 135, no. 2 (1926): 112-14.

Pearson, Richard, and Anne Underhill. "The Chinese Neolithic: Recent Trends in Research." *American Anthropologist,* New Series, 89, no. 4 (1987): 807-22.

Perkins, Dexter. "Prehistoric Fauna from Shanidar, Iraq." *Science* 144, no. 3626 (1964): 1565-66.

Perrin, Anne. "Water for Agriculture: New Resource Management Strategies." *Spore* 181 (2016): 20-24.

Peters, Pamela J. "Navajo Transgender Women's Journey of Acceptance in Society." *Medium,* October 7, 2018. https://medium.com.

Peterson, Frederick. "Three Cases of Acute Mania from Inhaling Carbon Bisulphide." *Boston Medical and Surgical Journal,* 1892. In Paul David Blanc, *Fake Silk: The Lethal History of Viscose Rayon* (New Haven: Yale University Press, 2016), 18.

Phillips, Janet, and Peter Phillips. "History from Below: Women's Underwear and the Rise of Women's Sport." *Journal of Popular Culture* 27 (Fall 1993): 129-48.

Poiret, Paul, and Stephen Haden Guest. *King of Fashion: The Autobiography of Paul Poiret.* Philadelphia: J. B. Lippincott, 1931.

"Polyamide Fibers (Nylon)." Polymer Properties Database, 2015-2020. https://polymerdatabase.com.

Ponnezhath, Maria, Ben Klayman, and Leslie Adler. "U.S. Government Says Verdict in Bayer's Roundup Case Should Be Reversed." Reuters, December 21, 2019. http://reuters.com.

Postan, M. M. *Medieval Trade and Finance* (London, 1973), 342. In A. R. Bell, P. Dryburgh, and C. Brooks, *The English Wool Market, c. 1230-1327* (Cambridge: Cambridge University Press), 8.

Pouchieu, Camille, et al. "Pesticide Use in Agriculture and Parkinson's Disease in the AGRICAN Cohort Study." *International Journal of Epidemiology* 47, no. 1 (February 2018): 299-310.

Powers, Willow Roberts. *Navajo Trading: The End of an Era.* Albuquerque: University of

Monge, Patricia, et al. "Parental Occupational Exposure to Pesticides and the Risk of Childhood Leukemia in Costa Rica." *Scandinavian Journal of Work, Environment and Health* 33, no. 4 (August 2007): 293-303.

Monroe, Jean Guard, and Ray A. Williamson. *They Dance in the Sky: Native American Star Myths.* Boston: Houghton Mifflin, 1987.

Mooney, James M. *Historical Sketch of the Cherokee.* Chicago: Aldine Publishing Company, 1975.

Munro, John H. "Medieval Woollens: Textiles, Textile Technology and Industrial Organisation, c. 800-1500." In D. T. Jenkins, ed., *The Cambridge History of Western Textiles, Volume 1* (Cambridge: Cambridge University Press, 2003), 181-227.

Murray, Jonathan. "Textile Strike of 1934." NorthCarolinahistory.org: An Online Encyclopedia, North Carolina History Project. https://northcarolinahistory.org/encyclopedia/textile-strike-of-1934/.

"Mystery: The American Viscose Corps." *Fortune,* July 1937. In Paul David Blanc, *Fake Silk: The Lethal History of Viscose Rayon* (New Haven: Yale University Press, 2016), 69.

"The National Guard and Elizabethton." *Life and Labor Bulletin,* 1929. In Paul David Blanc, *Fake Silk: The Lethal History of Viscose Rayon* (New Haven: Yale University Press, 2016), 90.

National Oceanic and Atmospheric Administration. "Large 'Dead Zone' Measured in Gulf of Mexico." August 1, 2019. https://www.noaa.gov.

*New England Farmer.* "Flax," February 9, 1831. In Katherine Koob and Mar-tha Coons, *All Sorts of Good Sufficient Cloth: Linen-Making in New England, 1640-1860* (North Andover: Merrimack Valley Textile Museum, 1980), 27.

"A New Textiles Economy: Redesigning Fashion's Future." Ellen Mac-Arthur Foundation, 2017. www.ellenmacarthurfoundation.org.

*New York Daily Tribune,* May 23, 1862. In Ruth Brandon, *Singer and the Sewing Machine: A Capitalist Romance* (New York: Kodansha International, 1996), 108.

Nystrom, Paul. *Economics of Fashion,* 1928. In Stuart Ewen, *Captains of Consciousness: Advertising and the Social Roots of the Consumer Culture* (New York: McGraw-Hill, 1976), 85.

———. *Fashion Merchandising,* 1932. In Stuart Ewen, *Captains of Consciousness: Advertising and the Social Roots of the Consumer Culture* (New York: McGraw-Hill, 1976), 170.

O'Brien, Sharon. "20 Ways to Survive (and Feel Better) After a Breakup." July 24, 2014. http://msn.com.

O'Connell, Vanessa. "Retailers Reprogram Workers in Efficiency Push." *Wall Street Journal,* September 10, 2008. https://www.wsj.com.

Orleck, Annelise. *Common Sense and a Little Fire: Women and Working-Class Politics in the*

McLerran, Jennifer, ed. *Weaving Is Life: Navajo Weavings from the Edwin L. & Ruth E. Kennedy Southwest Native American Collection.* Athens, OH: Kennedy Museum of Art, Ohio University, 2006.

McNeil, Steve, Matthew Sunderland, and Larissa Zaitseva. "Closed-Loop Wool Carpet Recycling." *Resources, Conservation and Recycling* 51 (July 2007): 220-24.

*Mechanic's Journal,* April 1, 1858. In Ruth Brandon, *Singer and the Sewing Machine: A Capitalist Romance* (New York: Kodansha International, 1996), 109.

"A Meeting with the Delegates of the Eastern Indians," Minutes. In Laurel Thatcher Ulrich, *The Age of Homespun: Objects and Stories in the Creation of an American Myth* (New York: Alfred A. Knopf, 2001), 95.

Meinig, D. W. *The Shaping of America: A Geographical Perspective on 500 Years of History, Volume 2: Continental America, 1800-1867.* New Haven: Yale University Press, 1993.

Melinkoff, Ellen. *What We Wore: An Offbeat Social History of Women's Clothing, 1950-1980.* New York: Quill, 1984.

Mendeleev, Dimitri Ivanovich. *Uchenie o promyshlennosti* [Studies on Industry], 1900. In Paul David Blanc, *Fake Silk: The Lethal History of Viscose Rayon* (New Haven: Yale University Press, 2016), 27.

Middleton, Thomas. *The Revenger's Tragedy.* In OED Online, "sheet, n.1," July 2018. Oxford University Press. http://www.oed.com.

Miller, Henry. "Third or Fourth Day of Spring." *Black Spring.* New York: Grove Atlantic, 2007.

Miller, Lesley Ellis. "Mysterious Manufacturers: Situating L. Galy, Gallien et Compe. in the Eighteenth-Century Lyons Silk Industry." *Studies in the Decorative Arts* 9, no. 2 (2002): 87-131.

Millward, James. *Eurasian Crossroads,* 2007. In Nick Holdstock, *China's Forgotten People: Xinjiang, Terror and the Chinese State* (London: I. B. Taurus, 2015), 20.

Millward, James A. "Historical Perspectives on Contemporary Xinjiang." *Inner Asia* 2 (2000): 121-35.

Milman, Joel. "It's Working." *Forbes,* February 19, 1990. In Ellen Israel Rosen, *Making Sweatshops: The Globalization of the U.S. Apparel Industry* (Berkeley: University of California Press, 2002), 148.

Mirsky, Jeannette, and Allan Nevins. *The World of Eli Whitney.* New York: Macmillan, 1952.

Mitsch, William J., et al. "Reducing Nitrogen Loading to the Gulf of Mexico from the Mississippi River Basin." *BioScience* 51 no. 5 (2001): 373-88.

Moliere. *The Middle-Class Gentleman,* 1670. Translated by Phillip Dwight Jones. Middletown: CreateSpace Independent Publishing Platform, 2019.

Moll-Murata, Christine. "Chinese Guilds from the Seventeenth to the Twentieth Centuries: An Overview." *International Review of Social History* 53 (2008): 213-47.

Liu, Xinru. *The Silk Road in World History.* Oxford: Oxford University Press, 2010. "Longest-Running Shows on Broadway." *Playbill,* March 9, 2020. https://www.playbill.com/.

Lovato, Roberto. "Our Man in Honduras: The Backers of the Honduran Coup Have an Inside Man in Washington." *The American Prospect,* July 22, 2009. https://prospect.org.

Ma, Debin. "Between Cottage and Factory: The Evolution of Chinese and Japanese Silk-Reeling Industries in the Latter Half of the Nineteenth Century." *Journal of the Asia Pacific Economy* 10, no. 2 (2005): 195-213.

*Macon Telegraph,* May 31, 1865. In Sven Beckert, *Empire of Cotton: A Global History* (New York: Vintage, 2015), 281.

Macphaedris, Alexander. Papers, Portsmouth, New Hampshire. In Laurel Thatcher Ulrich, *The Age of Homespun: Objects and Stories in the Creation of an American Myth* (New York: Alfred A. Knopf, 2001), 269, 272.

Madani, Dorsati. "A Review of the Role and Impact of Export Processing Zones. Policy Research Working Paper 2238." World Bank Publications, 2003.

*Magasin des modes, 20e Cahier des Costumes Français.* In Kimberly Chrisman-Campbell, *Fashion Victims: Dress at the Court of Louis XVI and Marie-Antoinette* (New Haven: Yale University Press, 2015), 177.

Malkin, Elisabeth. "Who Ordered Killing of Honduran Activist? Evidence of Broad Plot Is Found." *New York Times,* October 28, 2017. https://www.nytimes.com.

Manchester, Petricha E., to Dr. Alice Hamilton, telegram, March 11, 1933. In Paul David Blanc, *Fake Silk: The Lethal History of Viscose Rayon* (New Haven: Yale University Press, 2016), 78.

Mann, James A. *The Cotton Trade of Great Britain: Its Rise, Progress, and Present Extent.* London: Frank Cass, 1968.

Mann, Thomas. "The Blood of the Walsungs." *Death in Venice, and Seven Other Stories.* New York: Vintage, 1989.

Mannyng, Robert. *Mannyng's Chronicle.* In OED Online, "sheet, n.1," July 2018. Oxford University Press. http://www.oed.com.

Marx, Karl. *Capital: Volume One: A Critique of Political Economy.* Mineola: Dover Publications, 2019.

Massachusetts Supreme Judiciary Court, Case Papers. In Laurel Thatcher Ulrich, *The Age of Homespun: Objects and Stories in the Creation of an American Myth* (New York: Alfred A. Knopf, 2001), 202.

Matthews, Mera. "Distaff, Worldwide, Deep Antiquity." Smith College Museum of Ancient Inventions: Distaff. https://www.smith.edu.

McCubbin, Tracy. "How to Cleanse Your Home After a Breakup: A Pro Declutterer Explains." January 29, 2018. http://mindbodygreen.com.

McKinsey & Company. "The State of Fashion 2019." www.mckinsey.com.

presented at "Transforming Food and Fiber," Agricultural History Society Annual Meeting, Provo, Utah, June 2014.

Kumar, K. A., and H. Achyuthan. "Heavy Metal Accumulation in Certain Marine Animals Along the East Coast of Chennai, Tamil Nadu, India." *Journal of Environmental Biology* 28, no. 637 (July 2007).

*Labor Defender,* October 1929. In Patrick Huber, "Mill Mother's Lament: Ella May Wiggins and the Gastonia Textile Strike of 1929." *Southern Cultures* 15, no. 3 (2009): 100.

"Laboring Voice." *Time,* June 27, 1949, 62.

"Labor Survey of Washington and Carter Counties and Adjacent Territories." North American Rayon and American Bemberg Records. In Marie Tedesco, "Claiming Public Space, Asserting Class Identity, and Displaying Patriotism: The 1929 Rayon Workers' Strike Parades in Elizabethton, Tennessee." *Journal of Appalachian Studies* 12, no. 2 (2006): 57.

*Ladies' Home Journal,* January 1922. In Stuart Ewen, *Captains of Consciousness: Advertising and the Social Roots of the Consumer Culture* (New York: McGraw-Hill, 1976), 178-79.

Lakhani, Nina. "How Hitmen and High Living Lifted Lid on Looting of Honduran Healthcare System." *The Guardian,* June 10, 2015. https://www.theguardian.com.

Lapham, William B. *History of the Town of Bethel, Maine, 1891.* In Laurel Thatcher Ulrich, *The Age of Homespun: Objects and Stories in the Creation of an American Myth* (New York: Alfred A. Knopf, 2001), 269.

"The Largest Indigenous Pride in the United States to Be on the Navajo Nation." Diné Pride. https://www.navajonationpride.com/.

Larkin, Margaret. "The Story of Ella May." *New Masses* 5 (November 1929). In Patrick Huber, "Mill Mother's Lament: Ella May Wiggins and the Gastonia Textile Strike of 1929." *Southern Cultures* 15, no. 3 (2009): 97.

Lee, Jennifer J., and Kyle Endres. "Overworked and Underpaid: H-2A Herders in Colorado." A Report by the Migrant Farm Worker Division of Colorado Legal Services. January 12, 2010.

Lee-Whitman, Leanna, and Maruta Skelton. "Where Did All the Silver Go: Identifying Eighteenth-Century Chinese Painted and Printed Silks." *Textile Museum Journal* 22 (January 1983): 33-52.

Li, Lillian M. "Silks by Sea: Trade, Technology, and Enterprise in China and Japan." *Business History Review* 56, no. 2 (1982): 192-217.

Lind, Mathilde Frances. "Handspinning Tradition in the United States: Traditionalization and Revival." *Journal of American Folklore* 133, no. 528 (2020): 142-64.

Lindsay, Matilda. "Rayon Mills and Old Line Americans." *Life and Labor Bulletin,* 1929. In Paul David Blanc, *Fake Silk: The Lethal History of Viscose Rayon* (New Haven: Yale University Press, 2016), 89.

Little, Jane Braxton. "The Ogallala Aquifer: Saving a Vital U.S. Water Source." *Scientific American,* March 1, 2009. https://www.scientific american.com.

Joniak-Lüthi, Agnieszka. "Han Migration to Xinjiang Uyghur Autonomous Region: Between State Schemes and Migrants' Strategies." Special Issue: "Mobility and Identity in Central Asia," *Zeitschrift für Ethnologie* 138, no. 2 (2013): 155-74.

Jordan, Miriam. "Farmworkers, Mostly Undocumented, Become 'Essential' During Pandemic." *New York Times,* April 10, 2020. http://www.nytimes.com.

Joy, Omana. "Spinning Apparatus of Silk Worm Larvae *Bombyx mori* L the Spinneret." *Current Science* 55, no. 17 (1986): 872.

Judd, Sylvester. *History of Hadley, Massachusetts,* 1905. In Katherine Koob and Martha Coons, *All Sorts of Good Sufficient Cloth: Linen-Making in New England, 1640-1860* (North Andover: Merrimack Valley Textile Museum, 1980), 27-28.

Kant, Rita. "Textile Dyeing Industry an Environmental Hazard." *Natural Science* 1 (2012): 22-26.

Karda, Sarah. "Lubbock Region Cotton Industry Impacts Economy." *Daily Toreador,* September 15, 2016. http://www.dailytoreador.com.

Kattan Group. Investment Summary, IDB Invest, Inter-American Development Bank. https://www.idbinvest.org.

Keller, Kenneth W. "From the Rhineland to the Virginia Frontier: Flax Production as a Commercial Enterprise." *Virginia Magazine of History and Biography* 98, no. 3 (July 1990): 487-511.

Kennedy, John W. Cline Library interview, December 1998. In Willow Roberts Powers, *Navajo Trading: The End of an Era* (Albuquerque: University of New Mexico Press, 2001), 40.

Kessler-Harris, Alice. *Women Have Always Worked: A Concise History.* Urbana: University of Illinois Press, 2018.

Kiely, Jan. *The Compelling Ideal: Thought Reform and the Prison in China, 1901-1956.* New Haven: Yale University Press, 2014.

Killing, Alison. "China's Camps Have Forced Labor and Growing US Market." *Buzzfeed,* December 28, 2020. https://www.buzzfeednews.com.

Kingsbury, Susan M., to Dean Helen Taft Manning. Bryn Mawr College, February 26, 1935. In Paul David Blanc, *Fake Silk: The Lethal History of Viscose Rayon* (New Haven: Yale University Press, 2016), 94-95.

Kinnock, Glenys. "America's $24bn Subsidy Damages Developing World Cotton Farmers." *The Guardian,* May 24, 2011. https://www.theguardian.com.

Knight, Sam. "The Tragic Story of Wallace Hume Carothers." *Financial Times,* November 28, 2008. https://www.ft.com.

Koob, Katherine, and Martha Coons. *All Sorts of Good Sufficient Cloth: Linen-Making in New England, 1640-1860.* North Andover: Merrimack Valley Textile Museum, 1980.

Kruger, David. "University of Wyoming Wool Laboratory and Library: 1907-2012." Paper

*Agriculture*. Lexington: University Press of Kentucky, 2014.

Homer. *The Iliad of Homer.* Translated by Richard Lattimore. Chicago and London: University of Chicago Press, 1961.

Hoops, Kat. "What Is the Bayeux Tapestry? Why Is It in France?" *Express,* January 17, 2018. https://www.express.co.uk.

Howe, Brian. "The Secret to Vintage Jeans." *Craftsmanship Quarterly* (Fall 2017). https://craftsmanship.net.

Howell, Martha C. *Women, Production, and Patriarchy in Late Medieval Cities.* Chicago: University of Chicago Press, 1986.

"How Much Do Our Wardrobes Cost to the Environment?" World Bank. September 23, 2019. https://www.worldbank.org.

Hoyt, Elizabeth Ellis. *The Consumption of Wealth,* 1928. In Stuart Ewen, *Captains of Consciousness: Advertising and the Social Roots of the Consumer Culture* (New York: McGraw-Hill, 1976), 95.

Huber, Patrick. "Mill Mother's Lament: Ella May Wiggins and the Gastonia Textile Strike of 1929." *Southern Cultures* 15, no. 3 (2009): 81-110.

Human Rights Watch. "China's Algorithms of Repression: Reverse Engineering a Xinjiang Police Mass Surveillance App." May 1, 2019. https://www.hrw.org.

———. "Honduras: Accusations by Military Endanger Activist." December 19, 2013. https://www.hrw.org.

Huxley, Aldous. *Brave New World.* London: Chatto & Windus, 1932.

Illich, Ivan. *Toward a History of Needs.* New York: Pantheon, 1978.

Indian Health Service. "Two Spirit." https://www.ihs.gov.

*"Indigofera tinctoria."* Missouri Botanical Garden. https://www.missouribotanicalgarden.org.

International Labour Organization. "Wages and Working Hours in the Textiles, Clothing, Leather and Footwear Industries." September 2014. https://www.ilo.org.

Isager, Jacob. *Pliny on Art and Society: The Elder Pliny's Chapters on the History of Art.* Abingdon: Routledge, 1991.

Jacoby, David. "Silk Economics and Cross-Cultural Artistic Interaction: Byzantium, the Muslim World, and the Christian West." *Dumbarton Oaks Papers* 58 (2004): 197-240, at 199.

Jiang, Leiwen, Tong Yufen, Zhao Zhijie, Li Tianhong, and Liao Jianhua. "Water Resources, Land Exploration and Population Dynamics in Arid Areas: The Case of the Tarim River Basin in Xinjiang of China." *Population and Environment* 26, no. 6 (July 2005): 471-503.

*Jiujiang fuzhi,* 1527. In Timothy Brook, *The Confusions of Pleasure: Commerce and Culture in Ming China* (Berkeley: University of California Press, 1999), 113-14.

Johnson, David. *An Improving Prospect?: A History of Agricultural Change in Cumbria.* Gloucestershire: Amberley, 2016.

2001), 199.

Hargis, Peggy Griffith, and Larry J. Griffin. *The New Encyclopedia of Southern Culture, Volume 20: Social Class.* Chapel Hill: University of North Carolina Press, 2012.

*Harper's Weekly,* March 10, 1866. In Ruth Brandon, *Singer and the Sewing Machine: A Capitalist Romance* (New York: Kodansha International, 1996), 121.

"HC Orders Closure of Tiruppur Dyeing Units." *Economic Times of India*, January 29, 2011. https://economictimes.indiatimes.com.

Heaton, Ida. *Scraps of Work and Play.* In Paul David Blanc, *Fake Silk: The Lethal History of Viscose Rayon* (New Haven: Yale University Press, 2016), 89.

Hegel, Georg W. "On Drapery." In Daniel Leonhard Purdy, ed., *The Rise of Fashion* (Minneapolis: University of Minnesota Press, 2004), 145-52.

Hema, L., N. Murali, P. Devendran, and S. Panneerselvam. "Genotoxic Effect of Dye Effluents in Chromosomes of Indigenous Goats (*Capra hircus*)." *Cytologia* 76, no. 269 (September 2011).

Hersey, John. *Hiroshima.* New York: Vintage, 1989.

Hills, Richard L. "Sir Richard Arkwright and His Patent Granted in 1769." *Notes and Records of the Royal Society of London* 24, no. 2 (1970): 254-60.

Hinrichsen, Don, and Henrylito Tacio. "The Coming Freshwater Crisis Is Already Here." In "Finding the Source: The Linkages Between Population and Water." Wilson Center. https://www.wilsoncenter.org.

Hmong Cultural Center and the Hmong Archives in Saint Paul, Minnesota. www.HmongEmbroidery.org.

Hobsbawm, Eric. *The Age of Revolution, 1789-1848.* New York: Vintage, 1962.

Hobsbawm, Eric J., and Chris Wrigley. *Industry and Empire: From 1750 to the Present Day.* New York: New Press, 1999.

Hodgson, A., and S. Collie. "Biodegradability of Wool: Soil Burial Biodegradation." Presented at 43rd Textile Research Symposium in Christchurch, New Zealand, December 2014.

Hoekstra, Arjen. "The Water Footprint of Cotton Consumption." Value of Water Research Report Series No. 18, September 2005. UNESCO Water Footprint Report, September 2005. UNESCO-IHE Institute for Water Education.

Hoerig, Karl A. "Remembering Our Indian School Days: The Boarding School Experience." *American Anthropologist* 104, no. 2 (2002): 642-46.

Holdstock, Nick. *China's Forgotten People: Xinjiang, Terror and the Chinese State.* London: I. B. Taurus, 2015.

*Holinshed's Chronicles,* 1587. In OED Online, "sheet, n.1," July 2018. Oxford University Press. http://www.oed.com.

Hollander, Anne. *Seeing Through Clothes.* New York: Avon Books, 1978.

Holthaus, Gary. *From the Farm to the Table: What All Americans Need to Know About préhistorique française* 5 (1959): 137-38. In Elizabeth Wayland Barber, *Women's Work: The First 20,000 Years* (New York: W. W. Norton, 1994), 51-52.

Gong Y., L. Li, D. Gong, H. Yin, and J. Zhang. "Biomolecular Evidence of Silk from 8,500 Years Ago." *PLOS One* (2016).

Gray, Tim. "A Scarcity Adds to Water's Appeal." *New York Times,* July 11, 2019.

Green, Cecilia. "The Asian Connection: The U.S.-Caribbean Apparel Circuit and a New Model of Industrial Relations." *Latin American Research Review* 33, no. 3 (1998): 7-47.

Greenway, John. *American Folksongs of Protest.* Philadelphia: University of Pennsylvania Press, 1953.

Grimm, Beca. "17 Ways to Take Care of Yourself After a Breakup so You Can Move On in the Healthiest Way Possible." July 2, 2015. http://www.bustle.com.

Gro Intelligence. "US Cotton Subsidies Insulate Producers from Economic Loss." June 6, 2018. https://gro-intelligence.com.

Grose, Timothy. "Beautifying Uyghur Bodies: Fashion, 'Modernity,' and State Power in the Tarim Basin." University of Westminster, October 11, 2019. http://blog.westminster.ac.uk/.

Hakim, Danny. "A Weed Killer Made in Britain, for Export Only." *New York Times,* December 20, 2016, A1.

Hall, Jacquelyn Dowd. "Disorderly Women: Gender and Labor Militancy in the Appalachian South." *Journal of American History* 73, no. 2 (1986): 354-82.

Hamilton, Alexander. *The Papers of Alexander Hamilton, Volume 10, December 1791-January 1792.* Harold C. Syrett, ed. New York: Columbia University Press, 1966.

Hamilton, Alice. *Industrial Poisons in the United States,* 1925. In Paul David Blanc, *Fake Silk: The Lethal History of Viscose Rayon* (New Haven: Yale University Press, 2016), 45.

———. *Industrial Poisons Used in the Rubber Industry.* Bureau of Labor Statistics Bulletin 179, 1915. In Paul David Blanc, *Fake Silk: The Lethal History of Viscose Rayon* (New Haven: Yale University Press, 2016), 79.

———. "Nineteen Years in the Poisonous Trades." *Harper's Magazine,* October 1, 1929. In Paul David Blanc, *Fake Silk: The Lethal History of Viscose Rayon* (New Haven: Yale University Press, 2016), 80-81.

Hampshire County Probate Records. In Laurel Thatcher Ulrich, *The Age of Homespun: Objects and Stories in the Creation of an American Myth* (New York: Alfred A. Knopf, 2001), 139.

Handley, Erin, and Bang Xiao. "Japanese Brands Muji and Uniqlo Flaunt 'Xinjiang Cotton' Despite Uyghur Human Rights Concerns." ABC News, November 3, 2019. https://www.abc.net.au/news.

Hanes, William Travis, and Frank Sanello. *Opium Wars: The Addiction of One Empire and the Corruption of Another.* Naperville, IL: Sourcebooks, 2002.

Hannah Matthews Book, 1790-1813. In Laurel Thatcher Ulrich, *The Age of Homespun: Objects and Stories in the Creation of an American Myth* (New York: Alfred A. Knopf,

Fleurant, Aude, Alexandra Kuimova, Diego Lopes da Silva, Nan Tian, Pieter D. Wezeman, and Siemon T. Wezeman. "The SIPRI Top 100 Arms-Producing and Military Services Companies, 2018." SIPRI, December 2019. https://www.sipri.org.

Flügel, J. C. "The Great Masculine Renunciation and Its Causes." In Daniel Leonhard Purdy, ed., *The Rise of Fashion* (Minneapolis: University of Minnesota Press, 2004), 102-8.

———. *The Psychology of Clothes.* In Kimberly Chrisman-Campbell, *Fashion Victims: Dress at the Court of Louis XVI and Marie-Antoinette* (New Haven: Yale University Press, 2015), 8.

Foley, Neil. *The White Scourge: Mexicans, Blacks, and Poor Whites in Texas Cotton Culture.* Berkeley: University of California Press, 1999.

Food and Agriculture Organization of the United Nations and International Cotton Advisory Committee. "World Apparel Fiber Consumption Survey." July 2013. https://www.icac.org.

Fowler, Glenn. "Imports Shroud Cotton Outlook: Japanese Textiles Are Said to Pose a Life or Death Question for Industry." *New York Times,* April 6, 1956. In Ellen Israel Rosen, *Making Sweatshops: The Globalization of the U.S. Apparel Industry* (Berkeley: University of California Press, 2002), 82.

Frank, Dana. *The Long Honduran Night: Resistance, Terror, and the United States in the Aftermath of the Coup.* Chicago: Haymarket Books, 2018.

Frankel, Jeremy. "Crisis on the High Plains: The Loss of America's Largest Aquifer—the Ogallala." *University of Denver Water Law Review,* May 17, 2018. http://duwaterlawreview.com.

*Frank Leslie's Illustrated Weekly,* July 30, 1859. In Ruth Brandon, *Singer and the Sewing Machine: A Capitalist Romance* (New York: Kodansha International, 1996), 120-21.

Gandhi, Mohandas. *Young India,* October 13, 1921. *Bombay Sarvodaya Mandal.* https://mkgandi.org.

Gardels, Nathan. "Interview with I. Illich." Special issue: "Dialogues on9 Civilization." *NPQ: New Perspectives Quarterly* 26, no. 4 (Fall 2009): 80-89.

*Gastonia Daily Gazette,* April 25, 1929. In Patrick Huber, "Mill Mother's Lament: Ella May Wiggins and the Gastonia Textile Strike of 1929." *Southern Cultures* 15, no. 3 (2009): 90.

Gillam, Carey. "I Won a Historic Lawsuit, But May Not Live to Get the Money." *Time,* November 21, 2018. https://time.com.

———. "Revealed: Bayer AG Discussed Plans to Give Not-for-Profit Funding for Influence." *The Guardian,* November 21, 2019. https://www.theguardian.com.

———. "Thailand Wants to Ban These Three Pesticides. The US Government Says No." *The Guardian,* November 10, 2019. https://www.theguardian.com.

Gillette, Paul J., and Eugene Tillenger. *Inside the Ku Klux Klan.* New York: Pyramid, 1965.

Glass, Brent D., and Michael Hill. "Gastonia Strike." *Encyclopedia of North Carolina.* University of North Carolina Press, 2006. https://www.ncpedia.org.

Glory, A. "Débris de corde paléolithique a la grotte Lascaux." *Mémoires de la Société*

Eaton, Aurore. *The Amoskeag Manufacturing Company: A History of Enterprise on the Merrimack River.* Charleston: The History Press, 2015.

Ebrey, Patricia. "Taking Out the Grand Carriage: Imperial Spectacle and the Visual Culture of Northern Song Kaifeng." *Asia Major* 12, no. 1 (1999): 33-65.

"Ecological and Social Costs of Cotton Farming in Egypt." University of British Columbia Open Case Studies. https://cases.open.ubc.ca.

Elias, Norbert. "Etiquette and Ceremony: Conduct and Sentiment of Human Beings as Functions of the Power Structure of Their Society." In Daniel Leonhard Purdy, ed., *The Rise of Fashion* (Minneapolis: University of Minnesota Press, 2004), 49-63.

Eller, Ronald D. *Miners, Millhands, and Mountaineers: Industrialization of the Appalachian South, 1880-1930.* Knoxville: University of Tennessee Press, 1995.

Engels, Friedrich. *The Condition of the Working Class in England.* David McLellan, ed. Oxford: Oxford University Press, 1993.

Erasmus. *De civilitate morum puerilium.* In Daniel Roche, *The Culture of Clothing: Dress and Fashion in the Ancien Régime* (Cambridge: Cambridge University Press, 1996), 6.

Ernst, Jeff, and Elisabeth Malkin. "Honduran President's Brother, Arrested in Miami, Is Charged with Drug Trafficking." *New York Times,* November 26, 2018. www.nytimes.com.

Erskine, Lillian. "Report to Ralph M. Bashore," March 21, 1938. In Paul David Blanc, *Fake Silk: The Lethal History of Viscose Rayon* (New Haven: Yale University Press, 2016), 102.

Euse, Erica. "The Revolutionary History of the Pantsuit." *Vice,* March 21, 2016. http://www.vice.com.

Ewen, Stuart. *Captains of Consciousness: Advertising and the Social Roots of the Consumer Culture.* New York: McGraw-Hill, 1976.

Ewen, Stuart, and Elizabeth Ewen. *Channels of Desire: Mass Images and the Shaping of American Consciousness.* Minneapolis: University of Minnesota Press, 1992.

"The Exhibition." *Young India,* July 14, 1927. In Lisa Trivedi, "Visually Mapping the 'Nation': Swadeshi Politics in Nationalist India, 1920-1930." *Journal of Asian Studies* 62, no. 1 (2003): 11.

Fagin, Dan. "Dye Me a River: How a Revolutionary Textile Coloring Com-pound Tainted a Waterway: When Aniline Dye Was Synthesized from Coal Tar, Few Studied What the Manufacturing Process Left Behind." *Scientific American,* March 22, 2013. https://www.scientificamerican.com.

Farmer, Jared. "Erosion of Trust." *American Scientist* 98, no. 4 (July/August 2010): 348. https://www.americanscientist.org.

Federici, Silvia. *Caliban and the Witch.* Brooklyn: Autonomedia, 2014.

Filene, Edward A. *Successful Living in the Machine Age,* 1931. In Stuart Ewen, *Captains of Consciousness: Advertising and the Social Roots of the Consumer Culture* (New York: McGraw-Hill, 1976), 92.

Diary of John Campbell. In Katherine Koob and Martha Coons, *Linen-Making in New England, 1640-1860: All Sorts of Good Sufficient Cloth* (North Andover: Merrimack Valley Textile Museum, 1980), 17.

Diary of Matthew Patten of Bedford, New Hampshire. In Laurel Thatcher Ulrich, *The Age of Homespun: Objects and Stories in the Creation of an American Myth* (New York: Alfred A. Knopf, 2001), 195.

Diary of Ruth Henshaw, 1792. In Laurel Thatcher Ulrich, *The Age of Homespun: Objects and Stories in the Creation of an American Myth* (New York: Alfred A. Knopf, 2001), 287.

Dikötter, Frank. *The Cultural Revolution: A People's History, 1962-1976.* New York: Bloomsbury, 2017.

Disher, M. L. *American Factory Production of Women's Clothing.* London: Deveraux Publications, 1947.

Display advertisement, "Death to Squirrels and Gophers!" *Los Angeles Times,* May 26, 1883. In Paul David Blanc, *Fake Silk: The Lethal History of Viscose Rayon* (New Haven: Yale University Press, 2016), 21.

Dohner, Janet Vorwald. "Sheep." In *The Encyclopedia of Historic and Endangered Livestock and Poultry Breeds* (New Haven: Yale University Press, 2001), 159-64.

Dong, Stella. *Shanghai: The Rise and Fall of a Decadent City.* New York: Harper Perennial, 2001.

*Dongjing menghua lu zhu.* In Patricia Ebrey, "Taking Out the Grand Carriage: Imperial Spectacle and the Visual Culture of Northern Song Kaifeng." *Asia Major* 12, no. 1 (1999): 40.

Doniger, Wendy. *The Implied Spider: Politics and Theology in Myth.* New York: Columbia University Press, 2011.

Dou, Eva, and Chao Deng. "Western Companies Get Tangled in China's Muslim Clampdown." *Wall Street Journal,* May 16, 2019. https://www.wsj.com.

Draper, Theodore. "Gastonia Revisited." *Social Research* 38, no. 1 (1971): 3-29.

Drew, Michael. "The Death of the $2 Trillion Auto Industry Will Come Sooner than Expected." July 6, 2020. https://www.oilprice.com.

Dryansky, G. Y. "What's in a Name? Behind the Label—An Insider's Guide to European Style." *Vogue,* October 1986.

Dufrenoy, Marie-Louise. "Sericulture." *Scientific Monthly* 71, no. 2 (1950): 133-34.

Dupin, Charles. "Rattier et Guibal—Caoutchouc." In *Exposition universelle de 1851: Travaux de la Commission française* (Paris: Imprimerie impériale, 1862). In Manuel Charpy, "Craze and Shame: Rubber Clothing During the Nineteenth Century in Paris, London, and New York City." *Fashion Theory: The Journal of Dress, Body & Culture* 16, no. 4 (2012): 438.

"Dust Bowl Slaughter of the Navajo Sheep." Southwest Indian Relief Council. http://www.nativepartnership.org.

*Theory: The Journal of Dress, Body & Culture* 16, no. 4 (2012): 436-60.
Courtaulds Ltd. *National Rayon Week* promotional pamphlet, 1936. In Paul David Blanc, *Fake Silk: The Lethal History of Viscose Rayon* (New Haven: Yale University Press, 2016), 63.
Cronberg, Anja Aronowsky. "Will I Get a Ticket? A Conversation About Life After *Vogue* with Lucinda Chambers," July 3, 2017. Vestoj. http://vestoj.com.
Crowston, Clare Haru. *Fabricating Women: The Seamstresses of Old Regime France, 1675-1791.* Durham and London: Duke University Press, 2001.
Davis, B. J. "Walking Out: The Great Textile Strike of 1934." NCPEDIA. https://www.ncpedia.org.
Davis, Edward Everett. *The White Scourge,* 1940, and *The Cotton Crisis: Proceedings of Second Conference Institute of Public Affairs,* 1935. In Neil Foley, *The White Scourge* (Berkeley: University of California Press, 1999), 5-7.
Davis-Young, Katherine. "For Many Native Americans, Embracing LGBT Members Is a Return to the Past." *Washington Post,* March 29, 2019. https://www.washingtonpost.com.
de Beauvoir, Simone. "Social Life." In Daniel Leonhard Purdy, ed., *The Rise of Fashion* (Minneapolis: University of Minnesota Press, 2004), 126-36.
De Colyar, H. A. "Jean-Baptiste Colbert and the Codifying Ordinances of Louis XIV." *Journal of the Society of Comparative Legislation* 13, no. 1 (1912): 56-86.
Defoe, Daniel, and John McVeigh. *A Review of the State of the British Nation, Volume 4, 1707-08.* In Sven Beckert, *Empire of Cotton: A Global History* (New York: Vintage, 2015), 33.
DeJean, Joan E. *The Essence of Style: How the French Invented High Fashion, Fine Food, Chic Cafés, Style, Sophistication, and Glamour.* New York: Free Press, 2005.
Department of Agriculture, Revenue and Commerce, Fibres and Silk Branch. Memo to the Home Department, Calcutta, June 24, 1874. In Sven Beckert, *Empire of Cotton: A Global History* (New York: Vintage, 2015), 336.
Derisi, Stephanie. "Reviewed Work: The Dirty Side of the Garment Industry: Fast Fashion and Its Negative Impact on Environment and Society by Nikolay Anguelov." *Modern Language Studies* 46, no. 1 (2016): 87-89.
Desai, Anuj, Nedal Nassar, and Marian Chertow. "American Seams: An Exploration of Hybrid Fast Fashion and Domestic Manufacturing Models in Relocalised Apparel Production." *Journal of Corporate Citizenship* 45 (2012): 53-78.
Diary kept by Elizabeth Fuller, Daughter of Rev. Timothy Fuller of Princeton. In Laurel Thatcher Ulrich, *The Age of Homespun: Objects and Stories in the Creation of an American Myth* (New York: Alfred A. Knopf, 2001), 285.
Diary of Elisabeth Foot. In Laurel Thatcher Ulrich, *The Age of Homespun: Objects and Stories in the Creation of an American Myth* (New York: Alfred A. Knopf, 2001), 211, 214-15.
Diary of Elizabeth (Porter) Phelps. In Laurel Thatcher Ulrich, *The Age of Homespun: Objects and Stories in the Creation of an American Myth* (New York: Alfred A. Knopf, 2001), 202.

Company Doing Business in Xinjiang." *The Guardian,* October 26, 2019.
Chafe, William. *The Unfinished Journey: America Since World War II.* Oxford: Oxford University Press, 2003.
Chari, Sharad. *Fraternal Capital: Peasant Workers, Self-Made Men, and Globalization in Provincial India.* Stanford: Stanford University Press, 2004.
Charles Wood to Sir Charles Trevelyan, April 9, 1863. In Sven Beckert, *Empire of Cotton: A Global History* (New York: Vintage, 2015), 297.
Charpy, Manuel. "Craze and Shame: Rubber Clothing During the Nineteenth Century in Paris, London, and New York City." *Fashion Theory: The Journal of Dress, Body & Culture* 16, no. 4 (2012): 433-60.
Chaucer, Geoffrey. *The Former Age,* 1347. In OED Online, "sheet, n.1," March 2021. Oxford University Press. https://www.oed.com.
———. *The Wife of Bath.* Boston: Bedford/St. Martin's, 1996.
Chayes, Sarah. "When Corruption Is the Operating System: The Case of Honduras." Carnegie Endowment for International Peace, May 30, 2017. https://carnegieendowment.org.
Chekhov, Anton Pavlovich. *The Portable Chekhov.* London: Penguin, 1968.
Chi, Zhang, and Hsiao-Chun Hung. "The Neolithic of Southern China—Origin, Development, and Dispersal." *Asian Perspectives* 47, no. 2 (2008): 299-329.
"China Silk Industry Hit by Overproduction." United Press International, May 8, 1995. https://www.upi.com.
"China Textiles and Clothing Exports by Country in US$ Thousand 2018." World Integrated Trade Solution, World Bank. https://wits.worldbank.org/.
"The Chinese Look: Mao a la Mode." *Time,* July 21, 1975.
Chrisman-Campbell, Kimberly. *Fashion Victims: Dress at the Court of Louis XVI and Marie-Antoinette.* New Haven: Yale University Press, 2015.
———. "Fit for a King: Louis XIV and the Art of Fashion." Lecture at Harold M. Williams Auditorium, Getty Center, August 23, 2015.
———. "The King of Couture: How Louis XIV Invented Fashion as We Know It." *The Atlantic,* September 1, 2015. https://www.theatlantic.com.
Cockerell, Isobel. "Inside China's Massive Surveillance Operation." *Wired,* May 9, 2019. https://www.wired.com.
Coit, Eleanor G., and Mark Starr. "Workers' Education in the United States." *Monthly Labor Review* 49, no. 1 (1939): 1-21.
Colette. *Cheri* and *The Last of Cheri.* New York: Farrar, Straus & Young, 1951.
"Consumer Electronics Report 2020." Statista Consumer Market Outlook, August 2020. https://www.statista.com.
"Courrier de la mode." *L'Artiste* 5 (1858). In Manuel Charpy, "Craze and Shame: Rubber Clothing During the Nineteenth Century in Paris, London, and New York City." *Fashion*

York: Vintage, 2015), 45.

Brodwin, Erin, and Aria Bendix. "A Jury Says That a Common Weed-Killer Chemical at the Heart of a $2 Billion Lawsuit Contributed to a Husband and Wife's Cancer." *Business Insider,* May 14, 2019. https://www.businessinsider.com.

Brodzinsky, Sibylla. "Inside San Pedro Sula—The Most Violent City in the World." *The Guardian,* May 15, 2013. https://www.theguardian.com.

Brook, Timothy. *The Confusions of Pleasure: Commerce and Culture in Ming China.* Berkeley: University of California Press, 1999.

Brooks, Minerva K. "Rose Schneidermann in Ohio." *Life and Labor, Volume 2,* September, 1912. Chicago: National Women's Trade Union League.

Browne, George Waldo. *Early Records of Londonderry, Windham, and Derry, New Hampshire, 1719-1762.* In Katherine Koob and Martha Coons, *All Sorts of Good Sufficient Cloth: Linen-Making in New England, 1640-1860* (North Andover: Merrimack Valley Textile Museum, 1980), 15.

Brownson, Orestes Augustus. *The Labouring Classes, an Article from the Boston Quarterly Review.* Fifth Edition. Boston: Benjamin H. Greene, 1842.

Brueck, Hilary. "The EPA Says a Chemical in Monsanto's Weed-Killer Doesn't Cause Cancer—But There's Compelling Evidence the Agency Is Wrong." *Business Insider,* June 17, 2019. https://www.businessinsider.com.

"Bryn Mawr Study of Occupational Disease in Pennsylvania," 1937. In Paul David Blanc, *Fake Silk: The Lethal History of Viscose Rayon* (New Haven: Yale University Press, 2016), 95.

Burns, Robert Homer. "Papers, 1910-1973: #400002." In "Guide to Wyoming and the West Collections." American Heritage Center, University of Wyoming. http://www.uwyo.edu/ahc/files/collectionguides/wy-west2014-ed2019june.pdf.

Byler, Darren. "How Companies Profit from Forced Labor in Xinjiang." SupChina, September 4, 2019. https://supchina.com.

Cable, Hugo Llorens to Department of State. "Open and Shut: The Case of the Honduran Coup," July 24, 2009. In Dana Frank, *The Long Honduran Night: Resistance, Terror, and the United States in the Aftermath of the Coup* (Chicago: Haymarket Books, 2018).

Campbell, Joseph. *The Power of Myth with Bill Moyers.* Edited by Betty Sue Flowers. New York: Doubleday, 1988.

Campbell, Patricia R. "Portraits of Gastonia: 1930s Maternal Activism and the Protest Novel." A dissertation presented to the Graduate School of the University of Florida, 2006, 11.

Carroll, Chris. "Wyoming's Coal Resources: Wyoming State Geological Survey Summary Report." Wyoming State Geological Survey, February 2015. https://www.wsgs.wyo.gov.

Castano Freeman, Ivan. "Grupo Kattan Mulls $70m Wovens Facility in Honduras." *Just-style,* February 25, 2020. https://www.just-style.com. Caster, Michael. "It's Time to Boycott Any

Bhardwaj, Mayank, and Rajendra Jadhav. "After Monsanto Patent Ruling, Indian Farmers Hope for Next-Gen GM Seeds." Reuters, January 10, 2019. https://www.reuters.com.

"Black Thunder Thermal Coal Mine, Wyoming." *Mining Technology.* https://www.mining-technology.com.

Blanc, Paul David. *Fake Silk: The Lethal History of Viscose Rayon.* New Haven: Yale University Press, 2016.

Blaszczyk, Regina Lee. "Styling Synthetics: DuPont's Marketing of Fabrics and Fashions in Postwar America." *The Business History Review* 80, no. 3 (Autumn 2006): 485-528.

Bleizeffer, Dustin. "Wyoming's First Coal Bust." *The Online Encyclopedia of Wyoming History.* Wyoming State Historical Society, June 1, 2020. WyoHistory.org.

*Boston Daily Times,* November 8, 1850. In Ruth Brandon, *Singer and the Sewing Machine: A Capitalist Romance* (New York: Kodansha International, 1996), 50.

Boudot, Eric, and Chris Buckley. "Cultural and Historical Context." In *The Roots of Asian Weaving,* 8-19. Oxford: Oxbow Books, 2015.

Boursault. *Oeuvres Completes,* 1721. In Daniel Roche, *The Culture of Clothing: Dress and Fashion in the Ancien Régime* (Cambridge: Cambridge University Press, 1996), 410.

Bowden, Peter J. *Wool Trade in Tudor and Stuart England.* Abingdon: Routledge, 2013.

Braasch, Gary. "Powder River Basin Coal on the Move." *Scientific American,* December 9, 2013. https://www.scientificamerican.com.

Brandon, Ruth. *Singer and the Sewing Machine: A Capitalist Romance.* New York: Kodansha International, 1996.

Branford, Sue. "Indian Farmers Shun GM for Organic Solutions." *The Guardian,* July 29, 2008. https://www.theguardian.com.

Bratich, Jack Z., and Heidi M. Brush. "Fabricating Activism: Craft-Work, Popular Culture, Gender." *Utopian Studies* 22, no. 2 (2011): 233-60.

Bray, Francesca. "Le travail féminin dans la Chine impériale." *Annales: Histoires, Sciences Sociales,* no. 4 (1994). In Timothy Brook, *The Confusions of Pleasure: Commerce and Culture in Ming China* (Berkeley: University of California Press, 1999), 202.

———. *Technology, Gender and History in Imperial China: Great Transformations Reconsidered.* London: Routledge, 2013.

*Bremer Handelsblatt,* 1853. In Sven Beckert, *Empire of Cotton: A Global History* (New York: Vintage, 2015), 133.

Briggs, Barbara, David Cook, Jack McCay, and Charles Kernaghan. *Paying to Lose Our Jobs,* National Labor Committee, 1992. In Ellen Israel Rosen, *Making Sweatshops: The Globalization of the U.S. Apparel Industry* (Berkeley: University of California Press, 2002), 150.

British East India Company. Letter from Board of Directors, London, April 20, 1796, to Our President in Council at Bombay. In Sven Beckert, *Empire of Cotton: A Global History* (New

*Culture.* New York: Crown, 2012.

Attar, N. R., S. Arsekar, M. N. Pawar, and V. Chavan. "Paraquat Poisoning—A Deadly Poison: A Case Report." *Medico-Legal Update* 9, no. 2 (July 2009): 43-47.

Baeza, Gonzalo. "Book Review: The Last Ballad, by Wiley Cash." *The WV Independent Observer,* September 10, 2017. https://wearetheobserver.com.

Balter, Michael. "Clothes Make the (Hu) Man." *Science* 325, no. 5946 (September 2009): 1329.

Barber, Elizabeth Wayland. *Women's Work: The First 20,000 Years.* New York: W. W. Norton, 1994.

Barnard, Joseph. Account Book, June 30 and December 8, 1762. In Laurel Thatcher Ulrich, *The Age of Homespun: Objects and Stories in the Creation of an American Myth* (New York: Alfred A. Knopf, 2001), 202-3.

Barrett, Michele. *Women's Oppression Today: Problems in Marxist Feminist Analysis.* London: Verso, 1980.

Bate, Roger, and Aparna Mathur. "Corruption and Substandard Medicine in Latin America." *RealClear Health,* October 26, 2016. https://www.realclearhealth.com.

Bates, Claire. "When Foot-and-Mouth Disease Stopped the UK in Its Tracks." *BBC News Magazine,* February 17, 2016. https://www.bbc.com.

Beal, Fred E. *Proletarian Journey: New England, Gastonia, Moscow,* 1937. In Patrick Huber, "Mill Mother's Lament: Ella May Wiggins and the Gastonia Textile Strike of 1929." *Southern Cultures* 15, no. 3 (2009): 90, 101.

Beckert, Sven. *Empire of Cotton: A Global History.* New York: Vintage, 2015.

Belknap, Jeremy. "Manufactures," report #325, in *American State Papers* 6, *Finances,* 1832, 435. In Katherine Koob and Martha Coons, *All Sorts of Good Sufficient Cloth: Linen-Making in New England, 1640-1860* (North Andover: Merrimack Valley Textile Museum, 1980), 22.

Bell, Adrian R., Chris Brooks, and Paul R. Dryburgh. *The English Wool Market, c. 1230-1327.* Cambridge: Cambridge University Press, 2007.

Bellon, Tina. "Bayer Asks U.S. Appeals Court to Reverse $25 Million Roundup Verdict." Reuters, December 16, 2019. http://reuters.com.

Bequelin, Nicholas. "Staged Development in Xinjiang." In "China's Campaign to 'Open Up the West': National, Provincial and Local Perspectives." *The China Quarterly,* no. 178 (June 2004): 358-78.

———. "Xinjiang in the Nineties." *The China Journal* 44 (July 2000): 65-90.

Berger, Joel. "Group Size, Foraging, and Antipredator Ploys: An Analysis of Bighorn Sheep Decisions." *Behavioral Ecology and Sociobiology* 4, no. 1 (1978): 91-99.

Berry, Wendell. *The Unsettling of America: Culture & Agriculture.* Berkeley: Counterpoint Press, 2015.

# 參考書目


Abrantès, Laura, duchesse d'. *Memoirs of Napoleon, His Court and Family,* 1836. In Chrisman-Campbell. *Fashion Victims: Dress at the Court of Louis XVI and Marie-Antoinette* (New Haven: Yale University Press, 2015), 285.

Adams, John. *Diary and Autobiography,* October 26, 1782. In Chrisman-Campbell, *Fashion Victims: Dress at the Court of Louis XVI and Marie-Antoinette* (New Haven: Yale University Press, 2015), 75.

Agee, James, and Walker Evans. *Let Us Now Praise Famous Men.* Boston: First Mariner Books, 2001.

Albers, Anni. *Anni Albers: On Designing.* Middletown: Wesleyan University Press, 1971.

Allgor, Catherine. "Coverture—The Word You Probably Don't Know but Should." National Women's History Museum, September 4, 2014. http://www.womenshistory.org.

Alvic, Phillis. "Other Mountain Weaving Centers." In *Weavers of the Southern Highlands,* 113-34. Lexington: University Press of Kentucky, 2003.

American Textile History Museum. "October 8, 1845." Transcribed: University of Massachusetts, Lowell, Center for Lowell History, Lowell Mill Girl Letters, UMass Lowell Library Guides. https://libguides.uml.edu.

Amos, Jonathan. "Mission Jurassic: Searching for Dinosaur Bones." BBC, August 15, 2019. https://www.bbc.co.uk.

*Ancrene Riwle,* 1225. In "Coverture," *Encyclopaedia Britannica,* October 8, 2007. http://www.brittanica.com.

Andrews, Edmund L. "I.G. Farben: A Lingering Relic of the Nazi Years." *New York Times,* May 2, 1999.

"Announcement by President Bill Clinton on Fair Labor Practices," Rose Garden, The White House, Washington, D.C., 11:36 a.m., August 2, 1996. C-SPAN clip, 22:15. https://www.c-span.org.

"Apparel." Kattan Group. https://www.kattangroup.com.

"Apparel Manufacturing Division." Grupo Karim's. http://www.grupokarims.com.

Appelbaum, Rich, and Nelson Lichtenstein. "An Accident in History." *New Labor Forum* 23, no. 3 (Fall 2014): 58-65.

Applebome, Peter. *Dixie Rising: How the South Is Shaping American Values, Politics, and*

16 譯注：又譯為靈知派或靈智派，為基督教發展初期的一個異端。
17 出處：Schneider, *Cloth and Human Experience*, 11.
18 譯注：粉紅色的貓耳毛線帽，源自 2017 年美國民眾因不滿時任總統川普汙辱女權的發言而發起大規模示威遊行，與會人士紛紛戴上此帽表達抗議。

## 尾聲

1 出處：Campbell, *The Power of Myth*, 206.（譯注：本段中譯引自朱侃如（譯），《神話的力量》，臺北市：漫遊者文化，2021。）
2 出處：Doniger, *The Implied Spider*, 68.
3 出處：Ryder, "The History of Sheep Breeds in Britain," 1.
4 譯注：「系統」在此指形塑並支配人類世界的龐大社會、經濟、政治結構及其運作過程。作者言下之意是透過這些物品，我們得以一窺社會的基本系統，包括它們如何生產、分配及消費，以及背後隱含的權力與不平等。透過仔細分析，可以幫助我們更深入了解周圍的世界。
5 出處：Ross and Adedze, *Wrapped in Pride*, 20.
6 原注：阿散蒂人是迦納國內使用契維語（Twi）的阿坎族（Akan）人數最多的分支。至今該國中南部絕大部分地區居民仍屬阿散蒂族。
7 原注：† 阿坎族為母系社會，其血統、身分地位的繼承及繼任皆源自母系，這種制度賦予國王母親相當大的權力及威望。
8 出處：Ross and Adedze, *Wrapped in Pride*, 113.
9 出處：Ross and Adedze, *Wrapped in Pride*, 117.（譯注：意謂每人命運造化不同，提醒人們要對不幸者伸出援手，因為風水會輪流轉。）
10 譯注：在此指整個與服裝有關的生產、分銷、消費、回收等各方面的系統。
11 出處：Wharton, *A Backward Glance*, 20.
12 出處：Colette, *Cheri*, 122.
13 出處：Mann, "The Blood of the Walsungs," 89.
14 出處：Tiphaigne de La Roche, *Histoire des Galligènes*, 426.
15 出處：Stein, "The Last Surviving Sea Silk Seamstress."

16 出處：Smith, *An Inquiry into the Nature and Causes of the Wealth of Nations*, 897.
17 出處：Marx, *Capital, Volume One.*
18 出處：Hoops, “What Is the Bayeux Tapestry? Why Is It in France?”
19 出處：Lattimore, *The Iliad of Homer*, 103.
20 出處：Hmong Cultural Center and the Hmong Archives in Saint Paul, Minnesota.
21 譯注：作者認為羊毛節所展示的手工藝品及製造過程與現代社會強調的追求效率、控制與所有權的價值觀不同。在這裡，工匠和手工職人受到尊重，而不是被視為廉價的勞動力。這種價值觀強調人與自然的和諧相處，而非人的支配和掌控。
22 譯注：一種街頭藝術，指使用彩色毛線編織作品來妝點市容，堪稱另類形式的塗鴉。
23 出處：Bratich and Brush, “Fabricating Activism,” 249.
24 原注＊：撒克遜時期，凱爾特人的記載指出白色綿羊在當時是異例。
25 出處：”The Sheep,” Orkney Sheep Foundation.
26 出處：Johnson, *An Improving Prospect?*, 40.
27 出處：Berger, “Group Size, Foraging, and Antipredator Ploys,” 91.

## 第十四章

1 出處：McLerran, ed., *Weaving Is Life*, 10.
2 出處：”Remembering Our Indian School Days,” Heard Museum.
3 出處：Hoerig, “Remembering Our Indian School Days,” 643.
4 譯注：指不論如何努力減少或消除，在社會上或經濟體制中始終存在著某些人無法享有資源或機會所造成的長期貧窮現象。
5 出處：Schneider, *Cloth and Human Experience*, 11.
6 出處：Williams, *A Burst of Brilliance*, 6-7.
7 出處：Powers, *Navajo Trading*, 23.
8 出處：Scranton, “An Immigrant Family and Industrial Enterprise,” 365-66.
9 出處：Albers, *Anni Albers : On Designing.*
10 譯注：美國中部在三〇年代的一連串沙塵暴侵襲事件，當時美國發生嚴重乾旱，加上土地長期過度開發，植被遭到破壞導致表土裸露而導致荒漠化，沙土被風暴捲起形成巨型沙塵暴，肆虐中西部各州，對生態及農業影響甚鉅。
11 出處：”Dust Bowl Slaughter of the Navajo Sheep,” Southwest Indian Relief Council.
12 出處：Farmer, “Erosion of Trust.”
13 出處：John W. Kennedy interview, Cline Library, 40.
14 譯注：一種源自五〇年代牙買加的拉丁音樂流派，結合美國爵士樂、節奏藍調、龐克及搖滾等音樂風格元素，節奏輕快，適合跳舞。
15 出處：Peters, “Navajo Transgender Women’s Journey of Acceptance in Society.”

第一條鉚釘粗布工作褲（牛仔褲的前身），後來與舊金山的布料供應商史特勞斯聯名申請專利。此後史特勞斯開始以該公司之名（Levi's）生產藍色鉚釘牛仔褲，並邀請戴維斯到舊金山替他管理生產。

33 出處：Ulrich, *The Age of Homespun*, 17.

34 出處：Alvic, "Other Mountain Weaving Centers," 113.

## 第十三章

1 出處：Woolf, "On Being Ill," 35.

2 出處：Rebanks, *The Shepherd's Life*, 40, 115.

3 出處：Dohner, "Sheep," 78.

4 出處：Hodgson and Collie, "Biodegradability of Wool."

5 出處：McNeil, Sunderland, and Zaitseva, "Closed-Loop Wool Carpet Recycling," 220-24.

6 出處：Bates, "When Foot-and-Mouth Disease Stopped the UK in Its Tracks."

7 出處：Ryder, "The History of Sheep Breeds in Britain," 2.

8 譯注：新石器時代以後至鐵器發明以前的時期，距今約四千至二千年前，相當於中國夏、商、西周時期。

9 譯注：英國人的祖先之一，有火化死者並將骨灰以罐裝掩埋的習慣，因此得名。

10 出處：Bell, Brooks, and Dryburgh, *The English Wool Market*, 8.

11 出處：Bowden, *Wool Trade in Tudor and Stuart England*, 26-27.

12 譯注：又稱「圈田」或「圈地運動」，指英國在十二至十九世紀間發生的大規模土地私有化運動。

13 譯注：中世紀歐洲普遍實施敞田制，莊園領主將轄下二或三塊大土地切割成許多狹長的地塊供佃農耕種，收取地租。除了這些私人耕地，莊園還會安排一塊公有地供居民進行畜牧、砍柴、採集等活動。十五世紀以降，英國興起圈地運動，領主為了以獲利較高的羊毛業取代傳統小麥種植，開始廢止與農戶的契約、不斷擴大私有地範圍，並將大片土地圈圍起來改為牧羊之用。到了十七世紀末、十八世紀初，圈地運動合法化，國會立法准許地主將舊時的公有地及空地圈為私用，許多鄉紳趁機併購公地或農地，整合成大農場以提高產量。失去耕地的佃農與小自耕農因此被迫移居城市謀生，成為工業革命的勞力來源。（參考來源：1. 翰林雲端學院，〈國中歷史—圈地運動〉。網　址：www.ehanlin.com.tw/app/keyword/%E5%9C%8B%E4%B8%AD/%E6%AD%B7%E5%8F%B2/%E5%9C%88%E5%9C%B0%E9%81%8B%E5%8B%95.html。2. 維基百科，〈圈地運動〉。網址：zh.wikipedia.org/zh-tw/%E5%9C%88%E5%9C%B0%E8%BF%90%E5%8A%A8）

14 出處：Federici, *Caliban and the Witch*, 73.

15 出處：Richards, *Debating the Highland Clearances*, 6, 8.

8 出處：Bleizeffer, "Wyoming's First Coal Bust."
9 出處：Dohner, "Sheep," 69.
10 出處：Perkins, "Prehistoric Fauna from Shanidar, Iraq."
11 出處：Barber, *Women's Work*, 73.
12 出處：Amos, "Mission Jurassic."
13 出處：Raymo, Ruddiman, and Froelich, "Influence of Late Cenozoic Mountain Building on Ocean Geochemical Cycles," 649.
14 出處：United Nations Economic Commission for Europe, "UN Alliance Aims to Put Fashion on Path to Sustainability."
15 出處：Paerregaard, *Peruvians Dispersed*, 117.
16 譯注：開放美國雇主僱用外籍人士從事短期或季節性農業工作的工作簽證。
17 出處：Lee and Endres, "Overworked and Underpaid."
18 出處：Lind, "Handspinning Tradition in the United States," 161.
19 出處：Lind, "Handspinning Tradition in the United States," 153.
20 出處：Bratich and Brush, "Fabricating Activism," 245.
21 出處：Bratich and Brush, "Fabricating Activism," 234-35, 240.
22 出處：Bratich and Brush, "Fabricating Activism," 244.
23 出處：Illich, *Toward a History of Needs.*
24 出處：Gardels, "Interview with I. Illich."
25 譯注：又譯為「美國獨特論」、「美國卓異主義」，認為美國是卓越特異的國家，完全不同於外國，在大眾文化中經常用來解釋美國成功的原因及方法，是種意識形態的迷思。
26 出處：Howe, "The Secret to Vintage Jeans."
27 出處："Indigofera tinctoria," Missouri Botanical Garden.
28 出處：Reed, "British Chemical Industry and the Indigo Trade," 114.
29 出處：Howe, "The Secret to Vintage Jeans."
30 譯注：相較於「數位世界」的真實世界。
31 譯注：義大利左翼理論家安東尼・葛蘭西（Antonio Gramsci）所提出的概念，又譯為「有組織觀念（組織性）的知識分子」，指在某一階級中發揮文化與組織功能的知識分子。葛蘭西認為知識分子首要的功能在於組織、教育和領導群眾，相較於維護現有社會組織的傳統知識分子（如學校、政府單位、教會支派、公司、軍隊、新聞、法律系統等），有機知識分子是反對現有機制的新興團體，主要任務是要為上述先前受到壓抑的團體發聲，並說服他們轉換立場加入其行列。出處：Diane Kao、Wen-ling Su（編譯）（2009）。安東尼奧・葛蘭西 *Antonio Gramsci*。取自輔仁大學英文系，英文文學與文化資料庫 http://english.fju.edu.tw/lctd/List/TheoristsIntro.asp?T_ID=17）
32 譯注：戴維斯（1831-1908）本來在雷諾開裁縫店，於 1870 年設計出世界上

10 出處：Kattan Group, Investment Summary.
11 出處：Castano Freeman, "Grupo Kattan Mulls $70m Wovens Facility"; "Apparel," Kattan Group.
12 出處：Paley, "The Honduran Business Elite One Year After the Coup."
13 出處：Frank, *The Long Honduran Night*, 11.
14 出處：Lovato, "Our Man in Honduras."
15 出處："ZIP Choloma-ZIP Buena Vista."
16 出處：Cable, Hugo Llorens to Department of State, 18.
17 出處：Chayes, "When Corruption Is the Operating System," 8.
18 出處：Brodzinsky, "Inside San Pedro Sula."
19 出處："Who Are the Richest Men in Central America and Why"; Tucker, "In Honduras Grupo Karim's Is Not Waiting Around."
20 出處："Apparel Manufacturing Division," Grupo Karim's.
21 出處：Schneider, "In and Out of Polyester," 5.
22 出處：Resnick, "More than Ever, Our Clothes Are Made of Plastic."
23 出處：Resnick, "More than Ever, Our Clothes Are Made of Plastic."
24 出處：World Bank, "How Much Do Our Ward-robes Cost the Environment?"
25 出處：Wallach, *A World Made for Money*, 9-10.
26 出處：Desai, Nassar, and Chertow, "American Seams," 53.
27 出處：Ross, "The Twilight of CSR," 76.
28 出處：U.S. Bureau of Labor Statistics, Occupational Outlook Handbook.
29 出處：O'Connell, "Retailers Reprogram Workers in Efficiency Push."
30 出處：Wallach, *A World Made for Money*, 25.
31 出處：Appelbaum and Lichtenstein, "An Accident in History," 60.
32 出處：Ross, "The Twilight of CSR," 88.
33 出處：Ross, "The Twilight of CSR," 88.

## 第十二章

1 出處：Kruger, "University of Wyoming Wool Laboratory and Library," 2.
2 出處："Wool Products Labeling Act of 1939," Federal Trade Commission.
3 譯注：國際羊毛紡織組織以「Super X's」來標示分級：Super 指新採集下來的純羊毛，X 代表該布料每平方英呎所包含的經緯線數量，數值愈大，羊毛直徑愈細。以「Super100's」為例，代表此布料每平方英呎約由一百根經緯紗線織成，且每根寬度均在十八點七五微米以下。
4 出處：Western, "The Wyoming Sheep Business."
5 出處：Western, "The Wyoming Sheep Business."
6 出處：Burns, "Guide to Wyoming and the West Collection."
7 出處：Braasch, "Powder River Basin Coal on the Move."

7 出處：Rosen, *Making Sweatshops*, 29.
8 出處：U.S. Senate, Trade Agreements Extension Act of 1951, 70.
9 出處：U.S. Senate, Problems of the US Textile Industry, statement of W. J. Erwin, 49.
10 出處：Fowler, "Imports Shroud Cotton Outlook," 82.
11 出處：Schneider, "In and Out of Polyester," 7.（譯注：從九百四十萬噸增加到一千七百七十萬噸。）
12 原注：棉花產量在這段期間雖然也有所增加，但在全球纖維的占比卻下滑。1940-1941 年間，棉花占全球纖維總量的七成五，然而在 1976-1977 年間卻降到只剩四成九。同一時期，羊毛產量儘管維持不變，比例卻從百分之十二點四降為五點七。此時絲綢的市場早已被嫘縈及尼龍取代。
13 出處：Melinkoff, *What We Wore*, 57-58.
14 出處：Melinkoff, *What We Wore*, 39.
15 出處：Fagin, "Dye Me a River."
16 出處：World Bank, "How Much Do Our Wardrobes Cost to the Environment?"
17 出處：Kant, "Textile Dyeing Industry as an Environmental Hazard," 22.
18 出處：Derisi, "Reviewed Work : The Dirty Side of the Garment Industry," 87-89.
19 出處：Vallance, *The Art of William Morris*, 73.
20 出處：Isager, *Pliny on Art and Society*, 125.
21 出處：Barber, *Women's Work*, 113, 115-16.
22 出處：Quant, *Quant by Quant*, 10.
23 出處：Euse, "The Revolutionary History of the Pantsuit."
24 出處：Chafe, *The Unfinished Journey*, 425.
25 出處：Green, "The Asian Connection," 11.
26 譯注：美國時尚女裝設計師，於 2004 年創立同名品牌，以充滿個性、美感及自信的設計為特色，廣受各年齡層女性喜愛。

## 第十一章

1 出處：Miller, "Third or Fourth Day of Spring," 23.
2 出處：Green, "The Asian Connection," 13-14.
3 出處：Rosen, *Making Sweatshops*, 133.
4 出處：Milman, "It's Working," 148.
5 出處：Briggs, Cook, McCay, and Kernaghan, "Paying to Lose Our Jobs," 150.
6 出處：Green, "The Asian Connection," 35.
7 出處：Rosenblum, "Farewell to Kathie Lee, Sweat-shop Queen."
8 出處："Announcement by President Bill Clinton on Fair Labor Practices."
9 原注*：我以此為藉口參觀了凌（鈴）中加工出口區（Linh Trung EPZ），在邊和工業區則佯裝成詹姆士的訪客。

1950 年代，某份波蘭醫學報告提到有家嫘縈絲廠獨自扛下這筆醫療費用，廠方替暴露在二硫化碳環境中的工人設立「夜間療養院」，盡可能提供最好的醫療條件，讓他們在夜班休息時可以接受治療。

56 原注：另一間杜邦公司自己制定的標準上限是美國標準協會的一半，蘇聯則只有百萬分之三點二（3.2ppm），連美國的五分之一都不到。

57 譯注：俄國在帝俄時代唯一允許且僅限猶太人永久定居的區域，位於國土西部，與普魯士帝國和奧匈帝國接壤。

58 出處：Orleck, *Common Sense and a Little Fire*, 18.

59 出處：Brooks, Minerva K., "Rose Schneidermann in Ohio," 288.

60 譯注：參與罷工者為傳達罷工訴求，於工作場所入口或附近設置的集結區域，用意在於爭取未參與、有意繼續工作的勞工或非工會成員、消費者等人的支持，說服他們加入罷工行列。

61 出處：Stein, *The Triangle Fire*, 163-65.

62 出處：Appelbaum and Lichtenstein, "An Accident in History," 62-63.

63 出處：Coit and Starr, "Workers' Education in the United States," 194, 197.

64 出處："Laboring Voice," Time, 62.

65 出處："Longest-Running Shows on Broadway," Playbill.

66 出處：Rome, "Status Quo."

67 出處：Simon, "General Textile Strike."

68 出處："SC Site of Bloody Labor Strike Crumbles," Associated Press.

69 出處：Riddle, "Walls of Silence."

70 出處：Murray, "Textile Strike of 1934."

71 譯注：又稱「無聲的合謀」，指對非法行為保持緘默的密約。

72 出處：Applebome, *Dixie Rising*.

73 出處：Blanc, *Fake Silk*, 85.

74 出處：Tasca et al., "Women and Hysteria,"111.

75 出處：Petricha E. Manchester telegram to Dr. Alice Hamilton, 78.

76 譯注：二戰後期，美國戰略情報局祕密招攬一批德國納粹科學家、工程師及技術人員（多達一千六百多名）赴美替政府進行科學研究工作，涵蓋航太工程、建築、物理等領域。

## 第十章

1 出處：Waller, "When the Nylons Bloom Again."

2 出處：Knight, "The Tragic Story of Wallace Hume Carothers."

3 出處："Polyamide Fibers (Nylon)."

4 出處：Spivak, "Stocking Series, Part I."

5 出處：Kessler-Harris, *Women Have Always Worked*, 155.

6 出處：Hersey, *Hiroshima*, 2-6.

24 原注：美國紡織工人聯合工會（簡稱 UTWA）創立於 1901 年，為美國勞工聯盟（American Federation of Labor，AFL）附屬組織，作風不像共產色彩鮮明的國際勞工組織那麼激進，只接受白人男性入會。

25 出處：Lindsay, “Rayon Mills and Old Line Americans,” 89.

26 出處：”The National Guard and Elizaethton,” 90.

27 出處：”Southern Stirrings,” *Time*, 86.

28 出處：Zieger, Minchin, and Gall, *American Workers, American Unions*, 37.

29 譯注：又稱拖延生產，指故意延長生產一定數量產品的時間。

30 出處：Huber, “Mill Mother’s Lament,” 87.

31 出處：Draper, “Gastonia Revisited,” 11.

32 出處：Huber, “Mill Mother’s Lament,” 87-88.

33 出處：Beal, *Proletarian Journey*, 90.

34 出處：Greenway, *American Folksongs of Protest*, 136.

35 譯注：國際工人保護組織（International Labor Defense）的縮寫。

36 出處：Beal, *Proletarian Journey*, 101.

37 出處：Hubert, “Mill Mother’s Lament,” 101.

38 原注：誠如勞工史學者哈里斯（Alice Kessler-Harris）指出，女性在紡織業的低薪現象從一開始就被當成是天經地義的，因為還有男性作為後援。但這種說法並不完全正確，甚至難以成立。以威金斯及其他處境類似的北卡羅萊納州女工的情況來說，這根本並非事實：她們是家中的經濟支柱，所賺取的微薄工資卻不足以養家餬口。女性同工同酬於是成為罷工者的訴求之一。

39 出處：Larkin, “The Story of Ella May,” 97.

40 出處：*Gastonia Daily Gazette*, 90.

41 出處：*Labor Defender*, 100.

42 出處：Eller, *Miners, Millhands, and Mountaineers*, 110-11.

43 出處：Larkin, “The Story of Ella May,” 94.

44 出處：Huber, “Mill Mother’s Lament,” 102.

45 出處：Beal, *Proletarian Journey*, 102.

46 出處：Baeza, “Book Review : The Last Ballad.”

47 出處：Campbell, “Portraits of Gastonia,” 11.

48 出處：Hamilton, “Nineteen Years in the Poisonous Trades,” 80-81.

49 出處：Hamilton, *Industrial Poisons Used in the Rubber Industry*, 79.

50 出處：Hamilton, *Industrial Poisons Used in the Rubber Industry*, 79.

51 出處：Hamilton, *Industrial Poisons in the United States*, 45.

52 出處：*Susan Kingsbury to Dean Helen Taft Manning*, 94-95.

53 出處：”Bryn Mawr Study of Occupational Disease in Pennsylvania,” 95.

54 出處：Erskine, “Report to Ralph M. Bashore,” 102.

55 原注：這項可怕的「外部成本」教人不寒而慄，但或許更令人悚然的是

28 出處：Schiaparelli, *Shocking Life*, 102-3.
29 出處：Hegel, "On Drapery," 149.
30 出處："The Chinese Look," *Time*.
31 出處：Dryansky, "What 's in a Name?," 300.
32 出處：Cronberg, "Will I Get a Ticket?"
33 出處：Poiret, *King of Fashion*, 266.
34 出處：Brandon, *Singer and the Sewing Machine*, 215.

## 第九章

1 出處：Huber, "Mill Mother's Lament," 102.
2 出處：Mendeleev, *Uchenie o promyshlennosti*, 27.
3 譯注：纖維長的嫘縈又稱為人造絲，較短者稱為人造棉。
4 出處："Our Overseas Trade," *Advertiser*, 63.
5 出處：Blanc, *Fake Silk*, 130-31.
6 出處：Parkinson, "The Latest Member of Our Textile Family," 112.
7 出處：Courtaulds Ltd., *National Rayon Week*, 63.
8 譯注：中文譯名則是為了紀念中國古代傳說中發明養蠶的黃帝之妻嫘祖。
9 出處：Huxley, *Brave New World*, 164.
10 譯注：多家公司為控制價格和限制競爭而組成的同業聯盟。
11 出處："Mystery," *Fortune*, 69.
12 出處："Death to Squirrels and Gophers!" *Los Angeles Times*, 21.
13 出處：Peterson, "Three Cases of Acute Mania from Inhaling Carbon Bisulphide," 18.
14 出處：Dupin, "Rattier et Guibal—Caoutchouc," 438.
15 出處："Courrier de la mode," 436.
16 出處：Charpy, "Craze and Shame," 434.
17 出處：Blanc, *Fake Silk*, xii.
18 出處：Heaton, *Scraps of Work and Play*, 89.
19 出處：Tedesco, "Claiming Public Space, Asserting Class Identity, and Displaying Patriotism," 56.
20 出處："Labor Survey of Washington and Carter Counties and Adjacent Territories," 56-57.
21 原注：格蘭茲多夫以及賓霸公司以每週工作五十六小時計算，平均工資僅九塊二毛美金。（Draper, "Gastonia Revisited," 6.）
22 原注：1920 年，田納西州正式認可賦予女性投票權的美國憲法第十九項條修正案（Nineteenth Amendment），為全美第三十六個批准此案的州。此事或許發揮了鼓舞作用，促使當地勞工起身捍衛勞權。
23 出處：Watson, *Bread and Roses*, 12.

42 出處：Roche, *The Culture of Clothing*, 464.
43 出處：Roche, *The Culture of Clothing*, 315.
44 出處：Abrantès, *Memoirs of Napoleon, His Court and Family*, 285.

## 第八章

1 出處：Poiret, *King of Fashion*, 266.
2 出處：Ewen and Ewen, *Channels of Desire*, 115-16.
3 出處：Ewen and Ewen, *Channels of Desire*, 121.
4 出處：*Boston Daily Times*, 50.
5 出處：Ewen and Ewen, *Channels of Desire*, 121.
6 出處：Woodward, *Through Many Windows*, 80.
7 出處：Richardson, *The Woman Who Spends*, 116-17.
8 出處：Hoyt, *The Consumption of Wealth*, 95.
9 出處：Richardson, *The Woman Who Spends*, 157.
10 出處：Richardson, *The Woman Who Spends*, 157.
11 出處：Ewen and Ewen, *Channels of Desire*, 158.
12 出處：Ewen and Ewen, *Channels of Desire*, 172-73.
13 譯注：美國歷史上興起的反共潮流，共有兩波：第一次發生在 1917-1920 年間，源自對社會主義革命和政治激進主義的恐懼；第二次則發生在二戰後至 1950 年代初麥卡錫主義盛行之際，憂心共產主義對社會的影響以及對聯邦政府的滲透。前者引發 1919 年的「帕爾默搜捕」行動，在時任司法部長米契爾・帕爾默的監督下，鎖定俄羅斯人，特別是工人聯盟成員、無政府主義者、共產黨員及輕率認定的「異地人」進行大規模搜捕。
14 出處：Filene, *Successful Living in the Machine Age*, 92.
15 出處：Nystrom, *Economics of Fashion*, 85.
16 出處：Woodward, *Through Many Windows*, 86.
17 出處：*Saturday Evening Post*, 161.
18 出處：*Ladies' Home Journal*, 178-79.
19 出處：Poiret, *King of Fashion*, 273.
20 出處：Poiret, *King of Fashion*, 266.
21 出處：Poiret, *King of Fashion*, 272.（譯注：指美國人欣賞藝術往往只停留在表面層次，沒有深入思考及理解藝術作品背後的意義。）
22 出處：Poiret, *King of Fashion*, 276.
23 出處：Poiret, *King of Fashion*, 273.
24 出處：Thoreau, *The Portable Thoreau*, 280.
25 出處：Schiaparelli, *Shocking Life*, 101.
26 出處：Schiaparelli, *Shocking Life*, 108-9.
27 出處：Nystrom, *Fashion Merchandising*, 170.

11 出處：De Colyar, "Jean-Baptiste Colbert and the Codifying Ordinances of Louis XIV," 60-65.
12 出處：Chrisman-Campbell, "Fit for a King."
13 譯注：泛指法國歷史上十五到十八世紀（從文藝復興末期至法國大革命為止）期間舊有的政治（中央集權的君主專制）及封建社會結構。
14 出處：Chrisman-Campbell, *Fashion Victims*, 93.
15 出處：Roche, *The Culture of Clothing*, 281.
16 出處：Chrisman-Campbell, "The King of Couture."
17 出處：DeJean, *The Essence of Style*, 6.
18 出處：Chrisman-Campbell, *Fashion Victims*, 317.
19 出處：Miller, "Mysterious Manufacturers," 87.
20 出處：Adams, *Diary and Autobiography*, 75.
21 譯注：國王起床後的接見儀式，享有特權的朝臣可待在寢宮外恭候，只有侍從及極少數受到欽點的貴族能入內伺候國王更衣著裝、整理儀容。
22 出處：Elias, "Etiquette and Ceremony," 53-54.
23 出處：Roche, *The Culture of Clothing*, 49.
24 出處：Roche, *The Culture of Clothing*, 49.
25 出處：Rousseau, *Oeuvres Complètes*, 412.
26 出處：Boursault, *Oeuvres Complètes*, 410.
27 出處：Roche, *The Culture of Clothing*, 147.
28 譯注：十八世紀時法國的貨幣單位，於 1795 年正式被法郎取代為該國的本位貨幣單位。
29 出處：Flügel, "The Great Masculine Renunciation and Its Causes," 107-8.
30 出處：de Beauvoir, "Social Life," 128.
31 出處：Crowston, *Fabricating Women*, 4-5.
32 出處：Sontag, *A Susan Sontag Reader*, 438
33 出處：Voltaire, "Le Mondain," 62.
34 譯注：伏爾泰（Voltaire）為筆名，本名為法蘭索瓦－馬利·阿魯艾（François-Marie Arouet）。
35 出處：Rousseau, "Discourse on the Arts and Sciences," 44-45.
36 出處：*Magasin des modes, 20e,* 177.
37 出處：Proudhomme, *Les Crimes des reines de France*, 31.
38 出處：Rodgers, *The Dandy : Peacock or Enigma?*
39 出處：Chrisman-Campbell, *Fashion Victims*, 3.
40 出處：Chrisman-Campbell, *Fashion Victims*, 3.
41 出處：Roche, *The Culture of Clothing*, 139.（譯注：當時平民多半穿緊身或直筒長褲，而非貴族愛穿的絲質及膝馬褲 [culottes]，後來「無套褲漢」常用來指稱雅各賓派的革命激進分子。）

織。」白話翻譯：「震澤鎮及周遭農村居民皆放棄原有工作，專事絲綢生產；有錢者僱工代勞，沒錢的就在家自行織造，以滿足迅速發展的織品市場需求。」）

35 出處：Moll-Murata, "Chinese Guilds from the Seventeenth to the Twentieth Centuries," 218.

36 出處：Brook, *The Confusions of Pleasure*, 197-98.

37 譯注：明代原設有織造局，後來廢除；清順治年間沿用舊制，改設織造衙門（織造署），負責提供宮廷衣物及各類官用紡織品。江寧織造、蘇州織造與杭州織造並稱「江南三織造」。

38 譯注：又稱背胸、胸背或補子，是一塊正方形的織繡綢子，或織或繡在明清官服的前後胸位置，作為官員品級區分的徽誌，文官以禽鳥代表，武官則是猛獸。（引自國立歷史博物館《館藏章補展》展覽介紹，網址：https://event.culture.tw/NMH/portal/Registration/C0103MAction?actId=00615）

39 出處：Zhang Han, "Baijong ji," 221.（譯注：出自張瀚，《松窗夢語》卷四〈百工紀〉，白話翻譯：「只有產自蘇州的華服，才算得上精緻高雅。」）

40 出處：Brook, *The Confusions of Pleasure*, 197.（譯注：出自張瀚《松窗夢語》第四卷，白話翻譯：「即使是秦（今陝西）、晉（今山西）、燕（今山東）、周（今河南）等地的大商人，皆不辭千里遠赴杭州採購織品。」）

41 出處：Robins, *The Corporation That Changed the World*, 145.

42 出處：Dong, *Shanghai*, 8.

43 出處：Hanes and Sanello, *Opium Wars*, 6.

44 出處：Ma, "Between Cottage and Factory," 195-213.

45 出處：So, *The South China Silk District*, 116.

46 出處：Dikötter, *The Cultural Revolution*, 81.

47 出處：Dikötter, *The Cultural Revolution*, 83.

## 第七章

1 譯注：此處翻譯引自朱生豪（譯），《理查三世》，臺北市：國家出版社，2012。（William Shakespeare, 1591）

2 出處：Bray, *Technology, Gender, and History in Imperial China*, 1-3.

3 出處：Riccardi-Cubitt, "Chinoiserie."

4 出處：Jacoby, "Silk Economics and Cross-Cultural Artis-tic Interaction," 199.

5 出處：Dufrenoy, "Sericulture," 133-34.

6 出處：Lee-Whitman and Skelton, "Where Did All the Silver Go," 33.

7 出處：Molière, *Middle-Class Gentleman*, 31-32.

8 出處：Roche, *The Culture of Clothing*, 479.

9 出處：Erasmus, *De civilitate*, 6.

10 出處：Roche, *The Culture of Clothing*, 7.

18 出處：“China Silk Industry Hit by Overproduction.”

19 譯注：長江三角洲城市群，簡稱「長三角」，範圍遍及長江下游、江蘇南部與浙江北部一帶，主要城市包括上海、南京、無錫、常州、蘇州、南通、揚州、鎮江、杭州、溫州、寧波、嘉興、湖州、紹興、宣城等。

20 出處：Boudot and Buckley, “Cultural and Historical Context,” 8.

21 出處：Liu, *The Silk Road in World History*, 1.

22 譯注：戰國七雄，指秦、楚、韓、趙、魏、齊、燕等七個主要大諸侯國。

23 出處：Sima Qian, *Shi Ji*, 2.（譯注：出自司馬遷《史記》卷四十三〈趙世家〉。白話翻譯：「如今陛下您捨棄古聖先賢的禮樂制度而仿效外族服裝，是擅改古時教化、改易古人正道且違逆人心之舉，不僅背棄學者之教，更有違中國風俗，望陛下慎重考慮。」）

24 譯注：此處以劉邦稱漢王的年代起算，實則包含楚漢相爭的西楚時期（西元前 206 年至前 202 年）。

25 譯注：西漢建元年間，漢武帝派張騫兩度通使西域，先後企圖說服大月氏及烏孫等國與之聯手，夾擊匈奴。

26 譯注：張騫二度出使西域，四年期間與副使先後抵達烏孫、大宛、康居、大月氏、大夏、安息（古波斯地區，今伊朗一帶，西方史書稱為帕提亞帝國）、身毒（印度古稱）等國。

27 原注：最起碼從十六世紀以降，中國輸出西方的絲綢主要係由葡萄牙、西班牙和其他歐洲國家的船隻經由海路運送。

28 出處：Sheng, “Determining the Value of Textiles in the Tang Dynasty,” 185-86.

29 譯注：古代隨皇帝出行的儀仗隊伍之最大規模。皇帝需要親自出宮的場合包括御駕親征、臨幸貴族大臣私第、主持具有宗教色彩的政治活動，比方到廟宇參拜上香、祭天等。

30 出處：Ebrey, “Taking Out the Grand Carriage,” 33.

31 出處：*Dongjing menghua lu zhu*, 40.（譯注：出自孟元老《東京夢華錄》〈駕行儀衛〉。完整全文如下：「象七頭，各以文錦被其身，金蓮花座安其背，金轡籠絡其腦，錦衣人跨其頸，次第高旗大扇，畫戟長矛，五色介胄。跨馬之士，或小帽錦繡抹額者，或黑漆圓頂幞頭者，或以皮如兜鍪者，或漆皮如戽斗而籠巾者，或衣紅黃罨畫錦繡之服者，或衣純青純皂以至鞋袴皆青黑者，或裹交腳幞頭者，或以錦為繩如蛇而繞繫其身者……」。此處白話譯文引用自嚴文儒〔譯〕、侯迺慧〔校閱〕，《新譯東京夢華錄》，臺北市：三民，2016。）

32 譯注：以經線互絞所形成的織物結構，布面質地緊密結實，有明顯穩固的孔隙。一般的羅紗多以三經互絞而成，種類包括橫羅、直羅及花羅等。

33 出處：Zhang Tao, sixteenth-century chronicle, 17.

34 出處：*Zhenze Xianzhi*, 114.（譯注：出自《震澤縣志》，卷二十五。全句為：「震澤鎮及近鎮各村居民，乃盡逐綾紬之利，有力者僱人織挽，貧者皆自

50 出處：Rosen, Making Sweatshops, 209.

## 第六章

1 出處：Song Ruozhao, "Analects for Women," 827-31.

2 譯注：《女論語》又名《宋若昭女論語》，為唐代貞元年間（八世紀）宋若莘所撰，其妹宋若昭註解，是現今僅存兩部唐代女子教育課本之一。此處引自《女論語》第二篇〈學作〉。

3 譯注：其他樹葉如柞樹、柘樹或蒲公英葉、萵苣等亦可飼蠶，但仍以桑葉最適合。

4 出處：Boudot and Buckley, "Cultural and Historical Context," 8.

5 出處：Chi and Hung, "The Neolithic of Southern China," 315-18.

6 出處：Pearson and Underhill, "The Chinese Neolithic," 813.

7 出處：Gong, "Biomolecular Evidence of Silk from 8,500 Years Ago."

8 出處：Pankenier, "Weaving Metaphors and Cosmo-Political Thought in Early China," 30.（譯注：《列女傳》據傳為劉向所作，此句出自母儀傳〈魯季敬姜〉篇。）

9 出處：Pankenier, "Weaving Metaphors and Cosmo-Political Thought in Early China," 14.（譯注：出自《禮記．禮器》篇。）

10 出處：Pankenier, "Weaving Metaphors and Cosmo-Political Thought in Early China," 16.（譯注：出自《墨子》卷三〈尚同上〉。譯成白話為「古時聖王制定五種刑法來治理人民，就好比絲線有紀、網罟有綱一樣，目的在於收緊全天下不順從主上的百姓。」）

11 譯注：出自《詩經．小雅．大東》：「維天有漢，監亦有光，跂彼織女，終日七襄。雖則七襄，不成報章。睆彼牽牛，不以服箱。」

12 出處：Pankenier, "Weaving Metaphors and Cosmo-Political Thought in Early China," 8.（譯注：出自柳宗元〈乞巧文〉，「天孫」為織女的別稱。此句譯成白話為「聽聞天上織女手藝最為靈巧，能夠連綴複雜的天體，編織大小星辰，縫製出精美華麗的衣裳。」）

13 出處：Wang, *Ke Yue zhilue*, 195.（譯注：出自《客越志略》，此處應指嘉興北部的王江涇鎮。明代中葉，王江涇已成為全國絲綢業發達的市鎮。依文中描述，當地盛產桑蠶，每年五月，各地大商賈前來採購蠶絲，銀兩堆積如山。）

14 出處：Brook, *The Confusions of Pleasure*, 195.（譯注：出自張濤《歙縣志》，白話翻譯：「當地種滿桑樹，沒有人不養蠶。」）

15 譯注：位於浙江省嘉興市桐鄉市，盛行養蠶，占當地傳統農業之大宗。

16 譯注：桑蠶依照飼養季節可分為春、夏、早秋、中秋和晚秋等種類。

17 出處：Joy, "Spinning Apparatus of Silk Worm Larvae Bombyx Mori L the Spinneret," 872.

30 出處：Jiang et al., "Water Resources, Land Exploration and Population Dynamics in Arid Areas," 482-83.

31 出處：Jiang et al., "Water Re-sources, Land Exploration and Population Dynamics in Arid Areas," 491-92.

32 出處：Joniak-Lüthi, "Han Migration to Xinjiang Uyghur Autonomous Region," 163.

33 出處：Jiang et al., "Water Resources, Land Exploration and Population Dynamics in Arid Areas," 485-86.

34 譯注：存在於一世紀至三世紀的古中亞大國，由大月氏的貴霜部落翕侯（相當於酋長）建立，鼎盛時期疆土跨及中亞和北印度，從今日的塔吉克綿延至裏海、阿富汗及印度河流域。因地處絲路必經要道，貿易發達，成為當時中國、南亞及羅馬等東西方物資的中轉站，從中賺取豐厚商利，奠定國力富強的基礎。

35 出處：Liu, *The Silk Road in World History*, 47.

36 出處：Jiang et al., "Water Resources, Land Exploration and Population Dynamics in Arid Areas," 473-74.

37 出處：Bequelin : "Xinjiang in the Nine-ties," 75.

38 出處：Bequelin, "Staged Development in Xinjiang," 360.

39 出處：Holdstock, *China's Forgotten People*, 107.

40 出處：Caster, "It's Time to Boycott Any Company Doing Business in Xinjiang"; Human Rights Watch, "China's Algorithms of Repression."

41 出處：Cockerell, "Inside China's Massive Surveillance Operation."

42 出處：Byler, "How Companies Profit from Forced Labor in Xinjiang."

43 出處：Dou and Deng, "Western Companies Get Tangled in China's Muslim Clampdown."

44 出處：Handley and Xiao, "Japanese Brands Muji and Uniqlo Flaunt 'Xinjiang Cotton.'"

45 出處：Handley and Xiao, "Japanese Brands Muji and Uniqlo Flaunt 'Xinjiang Cotton.'"

46 出處：Zenz, "Coercive Labor in Xinjiang : Labor Transfer and the Mobilization of Ethnic Minorities to Pick Cotton."

47 譯注：在證據法上指可以被證據否定的推定，也稱「可爭議的（disputable）」推定，在無相反證據時，被認為有效。（引自元照英美法詞典，高點法律網，http://lawyer.get.com.tw/dic/DictionaryDetail.aspx?iDT=73375）

48 出處：U.S. Department of State, "Secretary Antony J. Blinken, National Security Advisor Jake Sullivan, Director Yang and State Councilor Wang at the Top of Their Meeting."

49 出處："China Textiles and Clothing Exports by Country in US$ Thousand 2018," World Bank.

8 譯注：正確說法應該是「上海五國論壇」，由中國與俄哈吉塔等四國元首針對邊境和平舉行峰會，逐漸演變成固定型式的年度定期會晤，並於 2001 年納入烏茲別克，正式成立「上海合作組織」。

9 出處：Richards, "Frontier Settlement in Russia," 255, 258.

10 出處：Shipov, "Khlopchatobumazhnaia promyshlennost," 345.

11 出處：Beckert, *Empire of Cotton*, 345.

12 出處：Rashid, "The New Struggle in Central Asia," 36.

13 出處：Beckert, *Empire of Cotton*, 346.

14 出處：Rashid, "The New Struggle in Central Asia," 36.

15 出處：Tal, "Desertification," 153.

16 譯注：原作者誤植為「蘇聯」（Soviet Union，正式譯名為「蘇維埃社會主義共和國聯盟」，簡稱蘇聯，最早由蘇俄與白俄羅斯、烏克蘭、外高加索聯邦等三個自治共和國於 1922 年成立），若以文中年分（1918 年）為準，此處應指蘇俄（全名為「俄羅斯蘇維埃聯邦社會主義共和國」）。

17 譯注：阿姆河流經塔吉克、阿富汗、烏茲別克、土庫曼等四國，並未經過伊朗，此處應為作者誤植。

18 出處：Gray, "A Scarcity Adds to Water's Appeal."

19 出處：Perrin, "Water for Agriculture," 20.

20 出處："Ecological and Social Costs of Cotton Farming in Egypt."

21 出處：State Council, "Xinjiang de Fazhan yu Jinbu," 20.

22 出處：Millward, *Eurasian Crossroads*, 20.

23 譯注：自漢代以後廣泛實施，可分為軍屯與民屯兩種，同時達成戍衛與農墾目的。

24 出處：Kiely, *The Compelling Ideal*, 126-27.

25 譯注：對外又稱「中國新建集團公司」，為中國最大的兼具戍邊屯墾、實行「黨、政、軍、企」一體制的特殊社會組織，下設「師」及近兩百座農牧團場，並擁有多家上市企業，表面上主要任務是協助農業發展，但同時也兼具維持地方秩序功能。

26 出處：Seymour, "Xinjiang's Production and Construction Corps and the Sinification of Eastern Turkestan," 188.

27 譯注：指位於山地背風面，因乾燥空氣下沉導致雨量顯著偏少的地區。

28 出處：Jiang et al., "Water Resources, Land Exploration and Population Dynamics in Arid Areas," 473-75.

29 譯注：一般稱為「巴仁事件」，主謀為「東突厥斯坦伊斯蘭黨」組織創辦人則丁．玉素甫。該年 4 月 5 日至 6 日，巴仁鄉當地兩百多名維族人圍攻人民政府，與武警發生激烈衝突。中國出動武警、解放軍及民兵鎮壓，隨後在全疆展開大規模的「打擊分裂主義」行動。此事件被官方定調為暴力恐怖活動的開端，引發後續許多以獨立為訴求的反政府暴動，但皆遭當局鎮壓。

（dupatta）組成，穿法不像紗麗繁複，且行動方便兼具時尚，相當受南亞女性歡迎。

37 出處：Solidaridad—South & South East Asia, "Under-standing the Characteristics of the Sumangali Scheme."

38 譯注：年齡層多介於十五至十八歲之間。紡紗廠工作環境大多相當惡劣且條件嚴苛，工時長、薪資低。學徒不能離開廠房，須長時間輪班；工資實則包含食宿費用及聘僱約滿的獎金，予以扣除後才是每月實領的薪水。多數人常因傷病或屆臨約滿被廠方惡性解僱而領不到獎金。

39 譯注：十九世紀初期，當地開始發展石化工業；1860 年代，該溪遭人排放大量汙水，造成嚴重汙染，此後隨著石油工業發展，汙染問題始終未獲改善，直至 1967 年，紐約市政府才在當地建造汙水處理廠。

40 出處：Hema et al., "Genotoxic Effect of Dye Effluents," 269.

41 出處：Kumar and Achyuthan, "Heavy Metal Accumulation in Certain Marine Animals," 637.

42 出處："HC Orders Closure of Tiruppur Dyeing Units."

43 譯注：艾草松雞（sage grouse）是美國瀕危鳥類，主要生長在山艾分布地區，由於人為環境開發、外來植物入侵等因素，山艾棲地日益破碎化，致使艾草松雞生存面臨威脅。

44 出處：Chari, *Fraternal Capital*, 1.

45 出處：Chari, *Fraternal Capital*, 62.

46 出處：Hoekstra, "The Water Footprint of Cotton Consumption," 23.

47 譯注：水足跡的概念如同碳足跡，指某特定產品在生產過程中所耗用的水量，以虛擬水的數據表示該產品消費地球水資源的程度。引自環境資源中心（2008 年 5 月 2 日），〈別管碳足跡了！水足跡才是你應該關心的事！〉。網址：https://e-info.org.tw/node/32319

48 出處：Soth, Grasser, and Salerno, "Background Paper : The Impact of Cotton," 1.

49 出處：Hinrichsen and Tacio, "The Coming Freshwater Crisis Is Already Here."

## 第五章

1 出處：Holdstock, *China's Forgotten People*, 99.

2 譯注：包括哈薩克、烏茲別克、吉爾吉斯、塔吉克和土庫曼等中亞五共和國。

3 譯注：1955 年 10 月 1 日，中華人民共和國改新疆省為新疆維吾爾自治區，成為五大民族自治區之一。

4 出處：Holdstock, *China's Forgotten People*, 40.

5 出處：Bequelin, "Xinjiang in the Nineties," 65.

6 出處：Bequelin, "Staged Development in Xinjiang," 359.

7 出處：Holdstock, *China's Forgotten People*, 12.

15 出處：*Bremer Handelsblatt*, 133.

16 出處：Mann, *The Cotton Trade of Great Britain*, 56.

17 原注：主張自由市場及「看不見的手」（市場機制）的支持者費盡苦心，試圖證明印度的情況是特例。1962 年，針對強迫農民種棉供應全球市場的問題，印度達瓦稅區的軋棉廠廠長表示：「（儘管）我們深信，一般而言，藉由立法來干涉貿易事務並非明智之舉，但我們不得不堅信當局有必要對此另外制定更嚴格的法律。」（出處：*Times of India*, February 12, 1863, in Beckert, *Empire of Cotton*.）

18 出處：Beckert, *Empire of Cotton*, 123.

19 出處：Charles Wood to Sir Charles Trevelyan, 297.

20 出處：Hobsbawm, *The Age of Revolution*, 35.

21 出處：Department of Agriculture, Memo to the Home Department, 336.

22 出處：Trivedi, "Visually Mapping the 'Nation,'" 11.

23 出處：Singhal, "The Mahatma's Message."

24 出處："The Exhibition," 11.

25 出處：Chari, *Fraternal Capital*, 164-65.

26 譯注：指生產過程中，用來生產產品或服務以供消費的財貨，如機器設備、工具、原料等。

27 譯注：衡量名，相當於 100 公斤。

28 出處：Branford, "Indian Farmers Shun GM for Organic Solutions."

29 出處：Seetharaman, "These Two Issues Could Put the Brakes on the Bt Cotton Story."

30 出處：Venkateshwarlu, "Genetically Modified Cotton Figures in a New Controversy in Andhra Pradesh."

31 譯注：長期以來孟山都向印度國內種籽研發公司收取高昂的技術授權費，成本經過轉嫁後導致棉籽零售價格大幅提高，衝擊棉農生計，造成輿論反彈並演變成社會政治問題。為此印度主要產棉區地方政府透過邦內立法來限制棉籽零售上限，引發業者不滿，於是向法院遞狀興訟，最終部分省分立法遭高等法院推翻。引自朱子亮（2016 年 3 月 17 日），〈孟山都與印度之棉花基改技術授權糾紛〉，國家實驗研究院科技政策研究與資訊中心之科技產業資訊室，https://iknow.stpi.narl.org.tw/Post/Read.aspx?PostID=12254

32 出處：Bhardwaj and Jadhav, "After Monsanto Patent Ruling, Indian Farmers Hope for Next-Gen GM Seeds."

33 出處：Stafford, "Endosulfan Banned as Agreement Is Reached with India."

34 出處：Attar et al. "Paraquat poisoning."

35 原注：賤民（Dalits）是印度傳統種姓制度中最低階的社會族群。

36 譯注：一種流行於旁遮普（Punjabi）地區的女性輕便套裝，由長版上衣「卡米茲」（kameez）搭配寬鬆的燈籠長褲「莎爾瓦」（salwar）及長巾

33 出處：Pouchieu et al., "Pesticide Use in Agriculture and Parkinson's Disease," 299.

34 出處：Jordan, "Farmworkers, Mostly Undocumented, Become 'Essential' During Pandemic."

35 原注：美國農業勞工遭受致命傷害的風險高於採礦、建築及倉儲等工作，居所有行業之冠。研究顯示有三分之一到三分之二的農工職業傷病事件未經披露；四成二至五成的拉美裔農工在職場受傷後，長期忍痛工作，並未就醫治療。(Snipes, "'The Only Thing I Wish I Could Change.'")

36 出處：Holthaus, *From the Farm to the Table*, 140.

37 出處：Monroe and Williamson, *They Dance in the Sky*, 31-34.

38 出處：Gro Intelligence, "US Cotton Subsidies Insulate Producers from Economic Loss."

39 出處：Kinnock, "America's $24bn Subsidy Damages Developing World Cotton Farmers."

40 出處：Gillette and Tillenger, *Inside the Ku Klux Klan*, 36.

41 出處：Gillette and Tillenger, *Inside the Ku Klux Klan*, 65.

42 出處：Gillette and Tillenger, Inside the Ku Klux Klan, 26.

43 出處：Wuthnow, *Rough Country*, 174-76.

44 出處：Rice, *White Robes, Silver Screens*, 17.

45 出處：Rice, *White Robes*, 17.

46 譯注：美國五〇年代知名搖滾歌手（1936-1959），搖滾樂壇最早的青春偶像之一，被認為是影響後輩深遠的先驅人物。

**第四章**

1 出處：Gandhi, *Young India.*

2 出處：Beckert, *Empire of Cotton*, 15.

3 出處：Textile Narratives and Conversations.

4 出處：Beckert, *Empire of Cotton*, 18.

5 譯注：從葡萄牙出發，取道大西洋繞過好望角、非洲東岸，於翌年抵達印度西南岸的卡利庫特。

6 譯注：荷蘭東印度公司成立於 1602 年；丹麥東印度公司成立於 1616 年。

7 出處：Beckert, *Empire of Cotton*, 36.

8 出處：Beckert, *Empire of Cotton*, 45.

9 出處：British East India Company, 45.

10 出處：Defoe and McVeigh, *A Review of the State of the British Nation*, 33.

11 出處：Mirsky and Nevins, *The World of Eli Whitney*, 83.

12 出處：Mirsky and Nevins, *The World of Eli Whitney*, 84-85.

13 出處：Hills, "Sir Richard Arkwright and His Patent Granted in 1769," 257-60.

14 出處：Hobsbawm and Wrigley, *Industry and Empire*, 24, 87.

在大英帝國內從事黑奴交易，美國國會亦於同年宣布自翌年（1808）起，進口黑奴視為違法。

9 出處：Mooney, *Historical Sketch of the Cherokee*, 124.

10 出處：*Macon Telegraph*, 281.

11 出處：Agee and Evans, *Let Us Now Praise Famous Men*, xxi.

12 出處：Stoddard, *The Rising Tide of Color*, 5-6.

13 出處：Foley, *The White Scourge*, 6.

14 出處：Davis, *The White Scourge and* "Cotton Crisis," 6-7.

15 出處：Little, "The Ogallala Aquifer."

16 譯注：1803 年美國以一千五百萬美元向法國購買土地，面積廣達五億英畝以上，與當時美國原有國土相當，此舉使得美國疆域倍增，史稱「路易斯安那購地案」（Louisiana Purchase）。

17 出處：Meinig, *The Shaping of America*, 76.

18 出處：Frankel, "Crisis on the High Plains."

19 出處：Mitsch et al., "Reducing Nitrogen Loading to the Gulf of Mexico from the Mississippi River Basin."

20 出處：National Oceanic and Atmospheric Administration, "Large 'Dead Zone' Measured in Gulf of Mexico."

21 出處：Hakim, "A Weed Killer Made in Britain, for Export Only."

22 出處：Monge et al., "Parental Occupational Exposure to Pesticides and the Risk of Childhood Leukemia in Costa Rica," 293.

23 出處：Prada, "Paraquat."

24 譯注：在臺灣名為「年年春」，是全球使用最廣的除草劑。

25 出處：Brueck, "The EPA Says a Chemical in Monsanto's Weed-Killer Doesn't Cause Cancer."

26 出處：Schlanger, "Monsanto Is About to Disappear."

27 出處：Andrews, "I.G. Farben."

28 出處：Gillam, "I Won a Historic Lawsuit."

29 出處：Brodwin and Bendix, "A Jury Says That a Common Weed-Killer Chemical at the Heart of a $2 Billion Lawsuit Contributed to a Husband and Wife 's Cancer."

30 出處：Bellon, "Bayer Asks U.S. Appeals Court to Reverse $25 Million Roundup Verdict."

31 譯注：非當事人意見陳述，指「非為訴訟案任一方之個人或團體，但對於法院之議題有意見，可以意見書或以法庭之友身分參加答辯。」引自洪琬姿（2012 年 9 月），〈美國顏色商標案例介紹〉，www.taie.com.tw/tc/p4-publications-detail.asp?article_code=03&article_classify_sn=65&sn=749。

32 出處：Ponnezhath, Klayman, and Adler, "U.S. Government Says Verdict in Bayer's Roundup Case Should Be Reversed."

23　出處：Allgor, "Coverture."
24　出處：*Hampshire County Probate Records*, 139.
25　出處：Ulrich, *The Age of Homespun*, 116-17.
26　出處：Barrett, *Women's Oppression Today*, 179-80.
27　出處：Brandon, *Singer and the Sewing Machine*, 41.
28　出處：Engels, *The Condition of the Working Class in England*, 155-56.
29　原注：紡織廠的工作向來比家庭幫傭更受歡迎，但在 1964 年以前，黑人女性始終被紡織廠拒於門外。
30　出處：Brandon, *Singer and the Sewing Machine*, 68-99.
31　出處：Brandon, *Singer and the Sewing Machine*, 68.
32　出處：Brandon, *Singer and the Sewing Machine*, 32.
33　出處：Brandon, *Singer and the Sewing Machine*, 19.
34　出處：Brandon, *Singer and the Sewing Machine*, 19.
35　出處：Brandon, *Singer and the Sewing Machine*, 44.
36　出處：Brandon, *Singer and the Sewing Machine*, 58.
37　出處：*New York Daily Tribune*, 108.
38　出處：Mechanic's Journal, 109.
39　出處：*Frank Leslie's Illustrated Weekly*, 120-21.
40　出處：*Harper's Weekly*, 121.
41　出處：Singer Sewing Machine Company booklet, 126-27.
42　譯注：於 1971 年改名為羅斯福島（Roosevelt Island），位於美國紐約市東河上，在十九世紀時設有醫院及監獄。
43　出處：U.S. Commission of Labor, *Working Women in Large Cities*, 78.
44　出處：Chekhov, *The Portable Chekhov*, 242-43.
45　出處：Ewen and Ewen, *Channels of Desire*, 110.
46　出處：Hollander, *Seeing Through Clothes*, 133.

**第三章**

1　出處：Berry, *The Unsettling of America*.
2　譯注：棉花的蒴果，內含長有絨毛的棉籽，即棉花纖維的來源。
3　譯注：此商品在國內又譯為「益收生長素」，是一種催熟用的植物生長調節劑。
4　出處：Foley, *The White Scourge*, 3.
5　出處：Karda, "Lubbock Region Cotton Industry Impacts Economy."
6　出處：U.S. Department of Agriculture, "2017 Census of Agriculture County Profile: Lubbock County."
7　出處：Beckert, *Empire of Cotton*, 104.
8　譯注：英國於 1807 年通過《奴隸貿易法案》（Slave Trade Act 1807），禁止

33 出處：Hannah Matthews Book, 199.

34 出處：Hamilton, *The Papers of Alexander Hamilton*, 253, 327.

35 出處：Eaton, *The Amoskeag Manufacturing Company*, 23.

36 出處：*New England Farmer*, "Flax."

37 出處：Judd, *History of Hadley, Massachusetts*, 27-28.

38 出處：American Textile History Museum, "October 8, 1845."

39 出處：Brownson, "The Labouring Classes," 13.

**第二章**

1 出處：Sheeran, *Shape of You.*

2 出處：Grimm, "17 Ways to Take Care of Yourself After a Breakup."

3 譯注：指編織的密度，數字越大，單位面積內的紗線愈多，布料愈緊實。

4 出處：*The Proverbs of Ælfred.*

5 出處：Chaucer, *The Former Age*.

6 出處：Roche, *The Culture of Clothing*, 152.

7 原注：當時布商直接與農民簽約，省下行會生產的高昂勞力成本，因而促使亞麻織品價格下降，帶動民眾的使用習慣，使其日漸普及。

8 出處：Phillips and Phillips, *History from Below*, 133.

9 出處：Mannyng, *Mannyng's Chronicle*.

10 出處：Middleton, *The Revenger's Tragedy*.

11 譯注：原文為「O when she had writ it, and was reading it ouer, she found Benedicke and Beatrice betweene the sheete.」照劇本情節，此處的「sheete」應該是紙張之意，而非作者闡釋的床單。

12 出處：*Holinshed's Chronicles*

13 出處：Rimbault, "Le corps à travers les manuels," 373.

14 出處：Chrisman-Campbell, *Fashion Victims*, 192.

15 出處：Vaublanc, *Mémoires*, 192.

16 出處：Winthrop, *The Journal of John Winthrop*, 352.

17 出處：Schneider, "The Anthropology of Cloth," 411.

18 出處：Matthews, "Distaff, Worldwide, Deep Antiquity."

19 出處：Ulrich, *The Age of Homespun*, 130.

20 出處：Ancrene Riwle.

21 原注：在英國，這項規定一直要等到 1882 年頒布《已婚婦女財產法》（Married Woman's Property Act）才廢止。至於美國則是早從 1839 年的密西西比州就開始透過州立法逐步廢除，並一路持續到 1880 年代。相對而言，土地房屋是種更充裕的交易商品，在美國發揮了不同於在英國的作用。加拿大在 1970 年代立法廢除了該項規定。

22 出處：Ancrene Riwle.

4 出處：”UF Study of Lice DNA Shows Humans First Wore Clothes 170,000 Years Ago,” University of Florida News.

5 出處：Balter, “Clothes Make the (Hu) Man.”

6 譯注：又稱生態位（ecological niche），指物種所處的環境以及其本身生活習性的總稱，包含生物的住所、活動空間、食物種類等等，每個物種都有自己獨特的生態棲位。（引用自 http://www.qask.com.tw/Answer.aspx?c=c1&id=51279）

7 出處：Glory, “Débris de corde paléolithique à la grotte Lascaux,” 51-52.

8 出處：Wilford, “Site in Turkey Yields Oldest Cloth Ever Found,” C1.

9 譯注：指阿拉伯、非洲東北部、亞洲西南部、巴爾幹半島等地區，有時亦指奧斯曼帝國所轄區域。

10 原注：這不表示女性不能靠紡織開店創業。紀錄顯示，埃及阿波羅尼亞（Apollonia）地區有位婦女於西元 298 年花了三百金衡盎司（約 9.33 公斤）的白銀買了一台織布機，開設織坊自己賺錢。

11 出處：Keller, “From the Rhineland to the Virginia Frontier,” 488.

12 出處：Quataert, “The Shaping of Women’s Work in Manufacturing,” 1129.

13 出處：Quataert, “The Shaping of Women’s Work in Manufacturing,” 1129.

14 出處：Federici, *Caliban and the Witch*, 92.

15 出處：Howell, *Women, Production, and Patriarchy in Late Medieval Cities*, 182.

16 出處：Kessler-Harris, *Women Have Always Worked*, 4.

17 出處：Kessler-Harris, *Women Have Always Worked*, 1.

18 出處：Ulrich, *The Age of Homespun*, 95.

19 出處：Diary of John Campbell, 17.

20 出處：Belknap, “Manufactures,” 22.

21 出處：Minutes of “A Meeting with the Delegates of the Eastern Indians,” 95.

22 出處：Lapham, *History of the Town of Bethel, Maine, 1891*, 269.

23 出處：Eaton, *The Amoskeag Manufacturing Company*, 17.

24 出處：Macphaedris, *Papers*, 97.

25 出處：Browne, *Early Records of Londonderry, Windham, and Derry, New Hampshire, 1719-1762*, 15.

26 出處：Browne, *Early Records of Londonderry, Windham, and Derry, New Hampshire, 1719-1762,* 15.

27 出處：Massachusetts Supreme Judiciary Court, *Case Papers*, 202.

28 出處：Diary of Elizabeth (Porter) Phelps, 202.

29 出處：*Weekly Wanderer*, 367.

30 出處：Diary of Elisabeth Foot, 211.

31 出處：Diary of Elisabeth Foot, 214-15.

32 出處：Diary of Matthew Patten of Bedford, N.H., 195.

# 注釋

## 序

1 譯注：一種墨西哥女性傳統服飾，版型簡單而寬鬆，通常由兩或三塊長方形布料拼織而成，以織錦花紋點綴，相當美麗。
2 譯注：分布在中國及俄羅斯境內的少數民族。
3 譯注：又稱「小環境」，指生物個體直接接觸或緊鄰的環境，是微觀的生物棲息環境，又稱為微棲地（microhabitat）。引自：陳漢官（2002）。小環境。取自 http://terms.naer.edu.tw/detail/1315977/
4 出處：Shahbandeh, "U.S. Apparel Market—Statistics & Facts."
5 出處：Statista, "Consumer Electronics Report 2020"; Fleurant, "The SIPRI Top 100 Arms-Producing and Military Services Companies, 2018."
6 出處："NIKE, Inc. (NKE)," "Ford Motor Company (F)," *Yahoo! Finance*.
7 出處：United Nations Economic Commission for Europe, "UN Alliance Aims to Put Fashion on Path to Sustainability."
8 出處："A New Textiles Economy," Ellen MacArthur Foundation.
9 出處：Solidarity Center, "Global Garment and Textile Industries."
10 出處：United Nations Economic Commission for Europe, "UN Alliance Aims to Put Fashion on Path to Sustainability."
11 出處：International Labour Organization, "Wages and Working Hours in the Textiles, Clothing, Leather and Footwear Industries."
12 出處：Vartan, "Fashion Forward."
13 出處：Food and Agriculture Organization of the United Nations and International Cotton Advisory Committee, "World Apparel Fiber Consumption Survey."
14 譯注：節目正式名稱應該是 *Mister Rogers' Neighborhood*（羅傑斯先生的鄰居，暫譯），播出時間為 1968-2001 年。

## 第一章

1 譯注：bushel，穀物容量單位，類似中國傳統的升、斗等計量容器。在英國約等於 36.4 公升，美國約為 35.2 公升。
2 出處：Wily, *A Treatise on the Propagation of Sheep*, 36.
3 出處：Barber, *Women's Work*, 147.

HISTORY 117

**穿過了**：從人類服裝史發掘全球製衣體系背後的祕辛

**Worn:** A People's History of Clothing

| | |
|---|---|
| 作者 | 索菲・譚豪瑟（Sofi Thanhauser） |
| 譯者 | 林士棻 |
| 主編 | 王育涵 |
| 校對 | 陳樂樨 |
| 企畫 | 林欣梅 |
| 美術設計 | 許晉維 |
| 內頁排版 | 張靜怡 |
| 總編輯 | 胡金倫 |
| 董事長 | 趙政岷 |
| 出版者 | 時報文化出版企業股份有限公司<br>108019 臺北市和平西路三段 240 號 7 樓<br>發行專線｜02-2306-6842<br>讀者服務專線｜0800-231-705｜02-2304-7103<br>讀者服務傳真｜02-2302-7844<br>郵撥｜1934-4724 時報文化出版公司<br>信箱｜10899 臺北華江橋郵政第 99 信箱 |
| 時報悅讀網 | www.readingtimes.com.tw |
| 人文科學線臉書 | http://www.facebook.com/humanities.science |
| 法律顧問 | 理律法律事務所｜陳長文律師、李念祖律師 |
| 印刷 | 家佑印刷有限公司 |
| 初版一刷 | 2023 年 9 月 29 日 |
| 定價 | 新臺幣 650 元 |

時報文化出版公司成立於一九七五年，並於一九九九年股票上櫃公開發行，於二〇〇八年脫離中時集團非屬旺中，以「尊重智慧與創意的文化事業」為信念。



ISBN 978-626-374-325-0｜Printed in Taiwan

穿過了：從人類服裝史發掘全球製衣體系背後的祕辛／索菲・譚豪瑟（Sofi Thanhauser）著；林士棻譯．
-- 初版．-- 臺北市：時報文化出版企業股份有限公司，2023.9｜480 面；14.8×21 公分．
譯自：Worn: A People's History of Clothing｜ISBN 978-626-374-325-0（平裝）
1. CST：服裝 2. CST：紡織業 3. CST：時尚 4. CST：歷史｜423.09｜112014643